Geomorphologische Prozeßforschung und Landschaftsökologie

im Bonner Raum

ARBEITEN ZUR RHEINISCHEN LANDESKUNDE

ISSN 0373−7187

Herausgegeben von

W. Lauer · P. Höllermann · W. Matzat · K.-A. Boesler · G. Aymans · J. Grunert

Schriftleitung: H.-J. Ruckert

Heft 60

Geomorphologische Prozeßforschung und Landschaftsökologie im Bonner Raum

herausgegeben von Jörg Grunert

anläßlich der
17. Tagung des Deutschen Arbeitskreises für Geomorphologie
in Bonn (30.9. - 4.10.1991)

1991

In Kommission bei
FERD. DÜMMLERS VERLAG · BONN
— Dümmlerbuch 7160 —

Geomorphologische Prozeßforschung und Landschaftsökologie im Bonner Raum

herausgegeben von Jörg Grunert

Mit 52 Abbildungen, 15 Fotos und 19 Tabellen

Mit Beiträgen von:

Dirk Barion, Klaus-Achim Boesler, Johannes Botschek, Harald Bühre, Karl-Heinz Erdmann, Wolfgang-Albert Flügel, Jörg Grunert, Ulrike Hardenbicker, Dirk Haserich, Dieter Klaus, Stephan Luckhaus, Brigitte Odinius, Sabine Roscher, Petra Sauerborn, Heinz Schöler, Armin Skowronek, Maternus Thöne, Markus Weber, Thomas Weyer, Harald Zepp

In Kommission bei
FERD. DÜMMLERS VERLAG · BONN
1991

Gedruckt mit Unterstützung des Landschaftsverbandes Rheinland

Alle Rechte vorbehalten

ISBN 3-427-71601-5

© 1991 Ferd. Dümmlers Verlag, 5300 Bonn 1
Herstellung: Richard Schwarzbold, Witterschlick b. Bonn

VORWORT

Der vorliegende Band erscheint aus Anlaß der 17. Tagung des Deutschen Arbeitskreises für Geomorphologie, die vom 30.9. bis 4.10.91 in den Bonner Geographischen Instituten stattfindet. Er soll einen breiten, keinesfalls jedoch vollständigen Überblick über abgeschlossene und laufende Arbeiten an den Geographischen Instituten sowie am Institut für Bodenkunde der Landwirtschaftlichen Fakultät, die innerhalb des Rahmenthemas liegen, vermitteln.

Die folgenden Aufsätze lassen sich thematisch in drei Gruppen einteilen:

Die erste Gruppe umfaßt Beiträge zur Geomorphologie des Bonner Raumes mit dem Schwerpunkt auf gravitativer Hangformung (Hardenbicker) und der Erkennbarkeit entsprechender Formen (Rutschungen) im Luftbild (Weber). Ein Beitrag befaßt sich mit der äolischen Morphodynamik im Rheintal in historischer Zeit (Grunert, Bühre), ein weiterer mit der geomorphologischen Detailkartierung im Siebengebirge und deren Weiterentwicklung zu einer geoökologischen Karte (Barion).

Die zweite Gruppe enthält Abhandlungen zur Bodenerosion, die von Autoren verschiedener Institutszugehörigkeit - Geographische Institute, Institut für Bodenkunde der Landwirtschaftlichen Fakultät, Bundesforschungsanstalt für Naturschutz und Landschaftsökologie - verfaßt wurden und über den aktuellen Stand der Bodenerosionsforschung im Bonner Raum informieren sollen. In den Abhandlungen sind wesentliche Ergebnisse von Dissertationen (Botschek, Erdmann) sowie von Diplomarbeiten (Odinius, Roscher, Sauerborn) zusammengefaßt worden. Die Reihung erfolgte nach der Anordnung der Faktoren der allgemeinen Bodenabtragsgleichung.

In der dritten Gruppe werden größere Forschungsprojekte aus dem Bereich der Landschaftsökologie vorgestellt. Der erste Beitrag (Skowronek, Weyer) berichtet über die Möglichkeit, der zunehmenden Versauerung unserer Waldböden mit gezielter Kalkung zu begegnen. Das Vorhaben wurde vom Ministerium für Umwelt, Raumordnung und Landwirtschaft NRW gefördert. Der zweite Beitrag (Zepp) befaßt sich mit der Umsetzung und Verbesserung der Kartieranleitung Geoökologische Karte 1 : 25.000 in einem repräsentativen, bei Rheinbach gelegenen Gebiet. Das Vorhaben wurde vom Ministerium für Wissenschaft und Forschung NRW unterstützt. Im dritten Beitrag (Flügel, Luckhaus, Schöler) wird das Konzept einer umfassenden geohydrologischen Bearbeitung des Sieg-Einzugsgebietes dargestellt. Das Projekt ist Teil eines von der DFG an der Universität Bonn neu eingerichteten Sonderforschungsbereichs 350: "Kontinentale Stoffsysteme und ihre Modellierung". Beim vierten Beitrag (Haserich, Thöne, Klaus, Boesler, Grunert) handelt es sich um den Versuch, die Gesamtheit aller natürlichen und ökonomischen In- und Outputfaktoren eines landwirtschaftlichen Testbetriebes zu erfassen und nach dem Energieansatz einheitlich zu bilanzieren. Das von der DFG geförderte Projekt wird maßgeblich von D. Klaus geleitet. Es gehört in den größeren Rahmen eines MaB-Projektes (Boesler, Grunert): "Sozialökonomische und ökologische Wechselwirkungen landwirtschaftlicher Nutzung und Nutzungsänderungen im verdichtungsnahen Bereich - ein Modellsystem für den Rhein-Sieg-Kreis".

Zu danken ist allen Autoren für ihre Bereitschaft, an der Gestaltung dieses Bandes mitzuwirken. Mein besonderer Dank gilt Herrn Weber für die redaktionelle Überarbeitung und Druckvorbereitung der Texte sowie Herrn Lenz für die Bereitstellung eines leistungsfähigen Computer-Druckers. Dank gilt nicht zuletzt auch den Herausgebern und der Schriftleitung für die Zusage, den Band in die Reihe "Arbeiten zur Rheinischen Landeskunde" aufzunehmen.

Bonn, den 10. September 1991

Jörg Grunert

INHALTSVERZEICHNIS

	Seite
ULRIKE HARDENBICKER Verbreitung und Chronologie der Hangrutschungen im Bonner Raum	9
MARKUS WEBER Welchen Beitrag kann die Luftbildinterpretation zur Erfassung und Datierung von Hangrutschungen leisten? - Erste Ergebnisse aus dem Bonner Raum -	19
JÖRG GRUNERT, HARALD BÜHRE Bericht über einen fränkischen Krugfund in Bonn-Oberkassel und seine Aussage für die Morphodynamik im Rheintal in historischer Zeit	31
DIRK BARION Auswertung geomorphologischer Kartierungen im Siebengebirge für die geoökologische Karte	43
JOHANNES BOTSCHEK, JÖRG GRUNERT, ARMIN SKOWRONEK Bodenerosionsforschung an der Landwirtschaftlichen Fakultät und am Geographischen Institut der Universität Bonn - eine kommentierte Bibliographie	55
KARL-HEINZ ERDMANN, PETRA SAUERBORN Die Erosivität der Niederschläge in Nordrhein-Westfalen	71
JOHANNES BOTSCHEK Bodenerodierbarkeit in Nordrhein-Westfalen	81
KARL-HEINZ ERDMANN, SABINE ROSCHER Untersuchungen zur Bodenerosion im Bonner Raum unter Einsatz eines geographischen Informationssystems	93
BRIGITTE ODINIUS, KARL-HEINZ ERDMANN Der Einfluß unterschiedlicher Hanglängen auf die Bodenerosion - Experimentelle Untersuchungen im Bonner Raum -	107
ARMIN SKOWRONEK, THOMAS WEYER Experimentelle Bodenschutzkalkungen im Kottenforst bei Bonn - ein Beitrag zur angewandten Landschaftsökologie	119
HARALD ZEPP Zur Systematik landschaftsökologischer Prozeßgefüge-Typen und Ansätze ihrer Erfassung in der südlichen Niederrheinischen Bucht	135
WOLFGANG-ALBERT FLÜGEL, STEPHAN LUCKHAUS, HEINZ SCHÖLER Wasserbilanzen, Stoffeintrag, -transport und Wechselwirkungen und regionale Modellierung des hydrologischen Prozeßgefüges im Einzugsgebiet der Sieg	153
DIRK HASERICH, MATERNUS THÖNE, DIETER KLAUS, KLAUS-ACHIM BOESLER, JÖRG GRUNERT Energiebilanzanalyse zur Bewertung von Geosystemleistungen im Bonner Raum	163

VERBREITUNG UND CHRONOLOGIE DER HANGRUTSCHUNGEN IM BONNER RAUM

von Ulrike Hardenbicker

Summary

Until now the Bonn area has not counted as a landslide danger area. Nevertheless, the landslides episodes only give an incomplete picture of past landslides activities. The few historically documented landsides have, as a rule, been caused by mining activities. However in the last few years, increasing bilding and settlement of hillsides subjects to threat of landslides, has led to more and more such episodes. Human interference with the stability of hillside or extraordinary rainfall periods set the landslides in motion, although the underlying cause is the geological and geomorphological make-up of the Bonn area.

Zusammenfassung

Der Bonner Raum gehörte bisher nicht zu den klassischen Rutschgebieten Deutschlands. Die dokumentierten Rutschereignisse geben jedoch ein unvollständiges Bild der tatsächlich abgegangen Erdrutsche wieder. Die wenigen beschriebenen historischen Rutschereignisse sind in der Regel durch bergbauliche Tätigkeit ausgelöst worden. Aber auch anthropogene Eingriffe anderer Art oder außergewöhnliche Niederschlagsereignisse führten zu Rutschungen. Die Hauptursachen liegen aber in den geologischen und geomorphologischen Verhältnissen des Bonner Raumes.

1. Einleitung

Die im Frühjahr 1988 durch langanhaltende Regenfälle ausgelösten Rutschungen veranlaßten uns, geomorphologische Untersuchungen zur Rutschgefährdung des Bonner Raumes aufzunehmen. Detaillierte ingenieurgeologische Ergebnisse über einzelne rutschgefährdete Hanglagen standen bereits zur Verfügung[1]. Ältere Rutschungsereignisse, die in historischen Berichten sowie in Berichten und Gutachten verschiedener Behörden dokumentiert sind, beschreiben im wesentlichen anthropogen ausgelöste Rutschungen. Erste geomorphologische Geländekartierungen wiesen vor allem die z. T. übersteilten, unbebauten Talhänge des Rheins und seiner Nebentäler als rutschanfällig aus. Im gesamten Untersuchungsgebiet ist die Zahl der tatsächlichen bzw. kartierten Rutschungen wesentlich höher als die bisher dokumentierten Rutschereignisse.

In der älteren Literatur werden Massenbewegungen ohne genauere Unterscheidung als Bergschlipf, Erdrutsch, Fließung, Sackung oder Senkung beschrieben (v. DECHEN 1865, FLIEGEL 1904, HEUSLER 1876, WIEDEMANN 1930, WILCKENS 1927). Die Rutschungen und ihre Synonyme sind von den Bergstürzen zu unterscheiden. Während bei ersteren die Schichten auf charakteristischen Gleitflächen abrutschen, wobei Kontakt zum Liegenden besteht, stürzen bei letzteren die Gesteinsmassen ab, losgelöst vom Untergrund.

Rutschungen im besiedelten Raum weisen meist einen Ursachenkomplex aus natürlichen und anthropogenen Faktoren auf. Das typische Element dieser plötzlichen Massenbewegungen von Erdreich und Felsbrocken durch Schwerkraft sind Scherflächen, auf denen die Massen gleiten können. Gleitflächen entstehen, wenn die sogenannte Scherfestigkeit des Gebirges überschritten wird. Sie

---

[1] An dieser Stelle sei der Stadt Bonn (Amt 62) für die gute Zusammenarbeit herzlich gedankt.

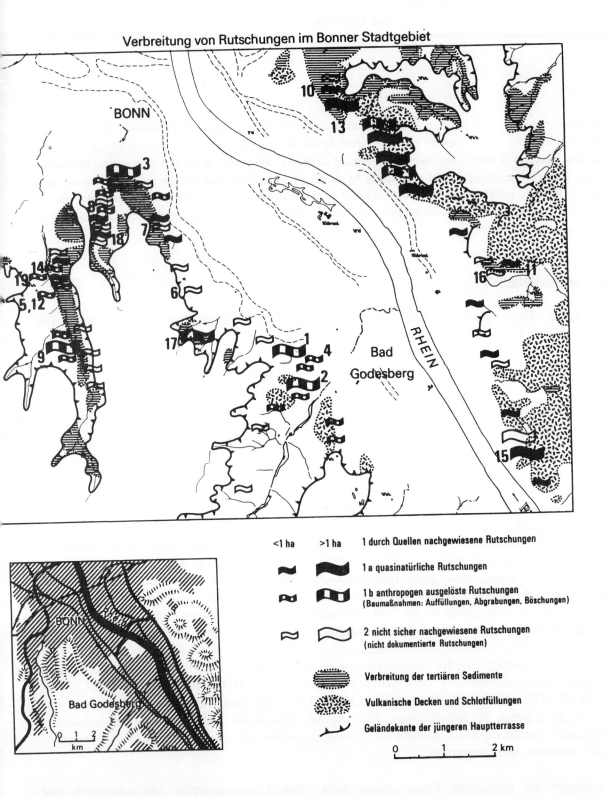

Abb. 1: Rutschungen im Bonner Raum (Numerierung siehe Tab. 1)

Tab. 1: Chronologie dokumentierter Rutschereignisse im Bonner Raum (Rutschereignissen außerhalb des Kartenausschnittes von Abb. 1 wurden keine Nummern zugeteilt) ----->

Nr.	Monat/	Jahr	Ortsbezeichnung der aufgetreten Rutschungen; Rutschungsschäden	Ursachen
	Dezember	1846	Oberwinter/Remagen, Unkeler Steinbruchsweg Zerstörung der Landstraße und der Bahngleise	Anlage eines Steinbruchs, künstliche Auflast durch Haldenmaterial, Regenf?
1	Winter "	1859/60 1862/63	Bad Godesberg, Schweinheimer Heide," Im Saufrössel unterhalb der Viktorshöhe	Durchfeuchtung, Auflast durch eine ausgelaugter Alauntone (Halde)
	März	1876	Oberwinter Steinskante; Zerstörung der Sraße und der Bahnanlagen	langanhaltende Regenfäll
2	August Sept.	1900-1901 1907	Bad Godesberg, Quellenstraße, Beschädigung von Fabrikgebäuden, der Straße und der Kanalisation	Anlage einer Tongrube, Ausschachtung einer Ziegelei, mangelhafte Entwässer
3	Mai	1904	Bonn-Poppelsdorf, Lotharstraße (Ziegelei)bis Kloster am Venusberg, am Venusberghang; Beschädigung von Gebäuden und Wegen	Abbau eines Widerlagers durch eine zu Ziegelei
	Frühjahr	1923-57	Witterschlick bei Bonn, Rutschungen am Berghang östlich vom Bahnhof Witterschlick; Zerstörung der Bahnanlagen, von Wegen und Mauern	Großräumige Abgrabungen, Aufschüttung Tunnelanlagen im Rahmen des Tonabbaus
4	Feb./März	1926	Bad Godesberg, Ostrand des Burgfriedhofes; Zerstörung von Grabanlagen	langanhaltende Regenfälle, Anlage von Gräbern
5	Feb./März	1926	Lengsdorf, Provinzialstr. zwischen Lengsdorf u. Öckesdorf, teilweise Zerstörung der Straße	langanhaltende Regenfälle, künstliche Auflast durch Fahrbahndamm
6	Feb./März	1926	Dottendorf, in der Nähe der Straßenbahnendhaltestelle, am Venusberghang;	langanhaltende Regenfälle
7	März	1937	Kessenich, Bergstraße, Abhang des Venusberges, Zerstörung von Wasserleitungen, Mauern und Zäunen, Beschädigung von Straße und Häusern	starke Niederschläge, Wassereinleitung
8	Juni	1961	Ippendorf, Am Mühlenberg, Westhang des Melbtales; Freilegung der Hausfudamente, teilweise Zerstörung von Stützmauern	alte Rutschungen, starke Niederschläge Anfang Juni 1961, künstliche Auflast u veränderte Drainage
9	November bis heute	1963	Bonn-Röttgen, Westhang des Katzenlochbaches, Zuschüttung der Baches, Gefährdung von Ortsteilen durch mögliche Flutwelle	Verfüllung der in den 30er Jahren stillgelegten Tongruben
10	1969-1970 bis heute		Bonn-Küdinghoven, Rutschung im Nordwestabschnitt des Friedhofes; Zerstörung von Grabanlagen, Risse an Gebäuden und Straßen	Aufschüttungen und Grabungen im Friedhofsbereich
11		1972	Südhang der Dollendorfer Hardt, Siebengebirge Zerstörung von Wanderwegen, Vernichtung des Baumbestandes im Rutschbereich	alte Rutschungen, Anlage eines Wanderweges
12		ab 1971	Bonn-Röttgen, Provinzialstr (L 261), 100 m südl. der Rutschung von 1988, Rutschungsbeginn, Abriß der Rutschung beschädigt Straße	künstliche Auflast durch Straßendamm
13	Juni/Juli bis	1977 heute	Umfangreiche Rutschungen zwischen dem Autobahnkreuz Bonn-Ost und der Anschlußstelle Königswinter (B42n) sowie im Bereich der Gemeinde Ramersdorf, erhebliche Schäden im Bereich der Baustelle, Beschädigung von Straßen und Gebäuden (z. B. Kommende Ramersdorf)	Aushubarbeiten im Zuge des Autobahnbaue starke Veränderung der Hangmorphologie durch Basaltabbau (Basaltschutthalden) vorigen Jhrdt; alte Rutschungen
14	Anfang	1982	Rutschung am Osthang des Katzenlochbaches (gegenüber Rutschung an der Provinzialstr, 1988), Zuschüttung des Bachbettes	künstlich Aufschüttung von Erdmassen au den Unterhang
15		1982	Rutschung in Königswinter, am Westhang des Drachenfelsen,Weinhaus Rüdenet; Zerstörung des Hauses, Beschädigungen sowie Zerstörung von Weinberganlagen, Wegen, Mauern, Wasserleitungen und Bäumen	Flurbereinigungsmaßnahmen von 1979, langanhaltende Regenfälle 1981/82
16	Winter	1981/82	Dollendorfer Hardt, Südwesthang, Rutschungen Weinbergen; Zerstörung von Weinstöcken, Beschädigung der Wege	Terrassierung des Hanges; langanhaltend Niederschläge
17	Ende	1987	Rutschung in Bonn-Friesdorf, unterhalb des Annaberger Schlosses, am Ostabhang des Venus berges	Abraumhalden und Grabungen durch den Alaunbergbaus Ende der vergangenen Jahrhunderts
18	April	1988	Bonn- Ippendorf, Ostrand des alten Friedhofes; Zerstörung von Grabanlagen und von Wegen	alte Rutschungen, Grabarbeiten
19	April	1988	Provinzialstraße zwischen Bonn-Lengsdorf und Öckesdorf Aufstauung	Halde, alte Rutschung, starke Niederschläge

Quellenangaben zu Tab. 1 (Nr. s. Tab. 1):

1: DECHEN v. H. (1865): Physiographische Skizze des Kreise Bonn. 55 S., Bonn.
2: FLIEGEL, G. (1904): Über einen Bergrutsch bei Godesberg am Rhein. - Verh. Naturhist. Ver. Rheinld. u. Westf., 61 Jg., 3, S. 9-25.
3: BONNER STADTARCHIV: Pr 24/22 (1903- 1908)
4: WIEDEMANN, A. (1930): Geschichte Godesbergs, 589 S., Bonn.
5, 6: BONNER STADTARCHIV: ZA 53/82, General Anzeiger vom 1. u. 4. Juni 1926.
7: BONNER STADTARCHIV: Pr 31/1320.
8: BIERTHER, W. (1961): Geologisches Gutachten (unveröffentl.), Bonn
9: BONNER STADTARCHIV: N 1988/1426 u. N 1988/1427.
10: DÜLLMANN, H. (1979): Ingenieurgeologisches Gutachten (unveröffentl.), Aachen.
11: BÜHRE, H. (1988): Geomorphologische Kartierung des Beueler Stadtgebietes, des Ennerts und des Pleiser Ländchens. - Dipl.-Arb. am Geogr. Inst. Bonn (unveröffentl.)
12: BATKE, O. (1985): Baugrunduntersuchungen (unveröffentl.), Bonn.
13: MÜLLER, L. (1987): Spezielle geologische und geotechnische Untersuchungen bei der Sanierung von Rutschungen im nördlichen Siebengebirge. - Mitt. Ing.- u. Hydrogeol. 27. 234 S., Aachen.
14: BIERTHER, W. (1982): Geologisches Gutachten (unveröffentl.), Bonn
15: GENERAL ANZEIGER vom 29.04.1984 (Bonn)
16: BÜHRE, H. (1988): s.o.
17: GENERAL ANZEIGER vom 02.07.1988 (Bonn).
18: INGENIERGEOLOGISCHES BÜRO KAISER-KÜHN (Hrsg.) (1988): Hangrutsch Alter Friedhof Ippendorf, Baugrundgutachten (unveröffentl.), Bonn.
19: GENERAL ANZEIGER vom 23.04.1988 (Bonn)

werden in der Regel durch Schichtfugen, Schiefer- und Kluftflächen vorgegeben. Besonders fossile, z.T. verwitterte Geländeoberflächen sowie die Gleitflächen älterer Rutschungen können als Gleitfläche wirken.

KEIL (1959) betont die Bewegungsart der Rutschung und spricht von einer Doppelbewegung: Eine Vertikalbewegung in Schwerkraftrichtung, die einer Setzung entspricht, und eine Horizontalbewegung, die eine seitliche Verlagerung bewirkt.

2. Hangrutschungen im Bonner Raum

2.1 Quellenlage

Erste Literaturrecherchen, aber besonders erste Auswertungen von Archiven (z. B. Zeitungsarchive, Archiv des Geologischen Landes-amtes NRW) sowie ingenieurgeologischen Gutachten brachten viele Hinweise auf Rutschereignisse. Einzelnen sehr gut und aufwendig untersuchten Rutschungen stehen kaum bekannte Rutschgebiete gegenüber. Ein wesentliches Ziel der Untersuchungen ist die Kartierung aller Rutschgebiete. Außerdem wurde untersucht, in welchem Maße die rezenten Rutschungen durch anthropogene Eingriffe ausgelöst wurden und ob die heutigen Rutschgebiete räumlich begrenzt, oder in Nachbarschaft zu älteren und/oder fossilen Rutschgebieten auftreten.

Die vorhandenen Daten geben ein verzerrtes Bild der räumlichen und zeitlichen Verteilung der Rutschungen in Bonner Raum wieder. So sind vorwiegend Rutschungen beschrieben und untersucht worden., die durch anthropogene Eingriffe verursacht wurden oder durch die ein finanzieller bzw. materieller Schaden entstand. Auf Rutschungen in nicht bebauten Gebieten und unter Wald gibt es kaum Hinweise. Auch mangelnde Kenntnis der Rutschungsphänomene vor 1950 hat sicherlich zur niedrigen Anzahl der Rutschereignisse beigetragen. Erst in den letzten Jahren führten die vorgeschriebene ingenieurgeologische Begutachtung und Betreuung von Bauprojekten zu vermehrten Dokumentationen und Hinweisen auf Rutschungen. Daraus läßt sich aber nur bedingt ein Nachweis für vermehrte Rutschungstätigkeit herleiten.

2.2 Ausgewählte Rutschereignisse

Im Frühjahr des Jahres 1926 gingen in Bonn-Lengsdorf, -Dottendorf und -Godesberg infolge langanhaltender Niederschläge fast gleichzeitig drei Rutschungen ab.

Ende Februar/Anfang März 1926 rutschte die in diesem Bereich hangparallel verlaufende Provinzialstraße zwischen Bonn-Lengsdorf und -Ückesdorf von der Straßenmitte zum Abhang in einer Länge von 30 Metern ab, wobei eine Abrißkante von 3 Metern Höhe ausgebildet wurde (GENERAL ANZEIGER 10.03.1926). Daduch wurde die Fahrbahn auf eine Fahrbahnhälfte verengt. Ähnliche Rutschungen geringeren Ausmaßes waren an der gleichen Stelle schon in früheren Jahren beobachten worden.

Die Rutschmasse erreichte bei anhaltenden Regenfällen über eine Strecke von 250 m schnell die 20 m tieferliegende Talsohle. Dabei konnten Bewegungen von 40 - 50 cm pro Tag beobachtet werden. Wasserlachen, Rinnsale, Bodenrisse und umgestürzte Bäume prägten das Aussehen der Rutschmasse. Bis zum Juni 1926 weitete sich das Rutschgebiet langsam aus. Verschiebungen der Erdmassen zerstörten eine kleine Brücke und veränderten das Bachbett. Kleinere Abbrüche an der Abrißkante gefährdeten die provisorische Benutzung der übriggebliebenen Fahrbahnhälfte.

Ebenfalls im Februar und März 1926 rutschte in Godesberg ein etwa 100 m breiter Streifen des Abhanges unterhalb des Nordendes des Burgfriedhofes bis zu der früher als Brunnen benutzten Quelle "Fußpütz" ab. Die Rutschung weitete sich hangauf- und hangabwärts aus, so daß ein Teil des Friedhofes sowie die Quelle zerstört wurden (GENERAL ANZEIGER 03.06.1926; WIEDEMANN 1930). Die Abrißkante verlief hufeisenförmig von Ost nach Nordwest. Sie verlängerte sich stark nach Nordwesten, wodurch das hier liegende Waldgelände ins Rutschen kam. An der Abrißkante und am Hangfuß wurden Wege zerstört und angrenzende Häuser beschädigt.

Die größte Rutschung des Frühjahrs 1926 fand in einem unbewohnten Waldgebiet am steilen Venusberghang in Bonn-Dottendorf in der Höhe der Straßenbahn-Endhaltestelle statt. Diese Rutschung ist nur durch eine kleine Zeitungsmeldung dokumentiert; leider fehlen genauere Ortsangaben.

Das gleichzeitige Abgehen mehrer Rutschungen im Frühjahr 1926 im Bonner Raum zeigt den engen Zusammenhang mit außergewöhnlichen Niederschlagsereignissen bzw. Feuchteverhältnissen auf. Es verwundert daher nicht, daß die Rutschungsereignisse im Frühjahr 1926 mit dem Jahrhunderthochwasser des Rheins zusammenfielen.

1988 war ein weiteres Rutschungsjahr. Im Frühjahr 1988 bildeten sich an der Provinzialstraße zwischen Bonn-Lengsdorf und Ückesdorf sowie an der Ostseite des alten Friedhofs in Bonn Ippendorf erneut Rutschareale aus. Sie wurden durch eine Primärrutschung initiiert und entwickelten sich zu Serienrutschungen. Während der Oberhang durch das erste Rutschereignis entlastet wurde, erfolgte am Unterhang eine starke Belastung. Die nachfogende Serienrutschung wurde aber nicht nur durch Veränderung der Auflast (gravitativ), sondern auch durch zunehmende Durchfeuchtung (hydrologisch) ausgelöst. Durch Rißbildung konnte Niederschlagswasser in die Rutschmasse eindringen und im Bereich der Gleitfläche eine Zunahme des hydrostatischen Drucks bewirken. Umfangreiche sekundäre Rutschungen am Unterhang waren somit die Folge.

3. Grundlagen für die Kartierung im Bonner Raum

3.1 Geologische Voraussetzung

Die stark tonigen, kaolinitischen Verwitterungsprodukte des devonischen Grundgebirges und die ebenfalls kaolinitischen, oligozänen/miozänen Unterflözsedimente sind rutschanfällig. Besondere

Rutschanfälligkeit zeigen jedoch die verwitterten, smectitischen Trachyttuffe des Siebengebirges. Ihr Tongehalt ist mit einem Mittelwert von 20-30 % eher gering, kann jedoch bis auf 46 % steigen und erreicht an nachgewiesenen Gleitflächen sogar 60 % (MÜLLER 1987). In Gebieten, wo vertonte Trachyttuffe von wasserdurchlässigen Basalten oder Basaltschutt überlagert werden, treten bevorzugt Rutschungen auf.

Die oligozänen/miozänen Unterflözsedimente, die sich aus wechsellagernden Tonen, Feinsanden und dünnen Braunkohleneinlagerungen zusammensetzen und Mächtigkeiten bis 30 m erreichen, können an mehreren Stellen des Schichtgebäudes Gleitflächen ausbilden. Die ehemaligen Wechselfolgen der devonischen Tonschiefer mit allen Übergängen zu quarzitischen Sandsteinen liegen zum Teil als reine Ton- oder Sandlagen vor.
In diesen Schichten gefährden verschiedene Porenwasserdrücke die Hangstabilität. Devonische Verwitterungstone und tertiäre Tone der Unterflözsedimente weisen kaum quellfähige Tonminerale (Smectite) auf.

3.2 Morphologie der rezenten Rutschhänge

Nur bei jungen Rutschungen sind die Formen noch frisch und unverkennbar. Sie werden schon nach wenigen Jahrzehnten, manchmal schon nach Jahren, durch Nachbrüche, Erosion und besonders durch den Bewuchs so überprägt, daß sie kaum noch als Rutschungen zu erkennen sind.

Die jüngeren Rutschungen im Arbeitsgebiet besitzen in der Regel einen 30 - 100 m langen, halbrunden, 3 - 10 m tiefen Abriß am Oberhang, der durch sekundäre Nachbrüche nochmals unterteilt sein kann. Unterhalb des Abrisses folgt meist in gleicher Breite eine Hohlform, die besonders bei latenten Rutschungen stark vernäßt ist. Das Verhältnis Breite zur Länge beträgt in der Regel 1:3, wobei die Längenausdehnung durch Erreichen der Talsohle beendet wird. Die unteren Teile der Rutschungen sind meist markant durch Rutschungsloben geprägt, die der ehemaligen Hangoberfäche aufliegen. Sie zeichnen sich besonders durch eine unruhige Oberfläche und örtlich starke Vernässung aus.

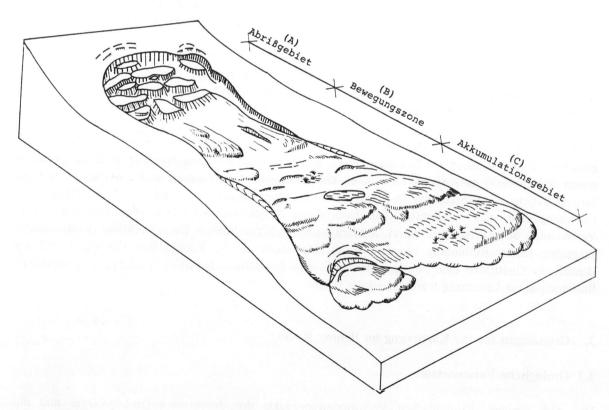

Abb. 2: Idealtyp einer Rutschung nach KLENGEL u. PASEK (1974)

Abb. 2 gibt nach KLENGEL & PASEK (1974) den Idealtyp einer Hangrutschung mit der dazugehörigen Terminologie wieder. Danach werden folgende Unterscheidungen getroffen:
Am ursprünglichen Hang tritt ein Abrißgebiet (A) mit Abrißwand, Einzelschollen, Längsspalten und Zugrissen auf. Im mittleren Rutschbereich (B), der eigentlichen Bewegungszone, geben seitliche Abrisse, Querrisse und wallartige Preßfugen Hinweise auf die Bewegungsrichtung. Kleinere Abrisse, Aufwölbungen, abflußlose Senken mit Naßstellen sowie Wassertümpel im mittleren Rutschungsbereich sowie in der Rutschungszunge können auf Sekundärrutschungen hinweisen. Der Fuß der Rutschung (C), das Akkumulationsgebiet, unterscheidet sich deutlich von ungestörten Hangbereichen. In Abhängigkeit vom Wassergehalt der Rutschmassen kann der Rutschungsfuß nur aufgeschoben sowie walzenartig überschoben werden oder zungenförmig ausfließen.

Rutschgebiete sind primär durch ihre sich gegenseitig bedingenden Kleinformen (korrelate Formen) geprägt; Vegetation und Hydrologie können nur in Verbindung mit der Morphologie zur Ausweisung von Rutschgebieten herangzogen werden.

3.3 Vegetationsbild und Hydrologie der Rutschhänge

Eine Kombination von Naßstellen in ungewöhnlicher Hanglage, angezeigt durch feuchtigkeitsliebende Pflanzen, wie Binsen, Schachtelhalm u. ä., mit unruhigem Gelände weist auf Rutschungen hin. Art und Form des Baumbewuchses gibt nur bedingt Hinweise auf Rutschungen. Da die Bäume bei Rutschbewegungen einer Scholle unbeschadet mit abgleiten können, sind Aussagen über Rutschungsereignisse mit ihrer Hilfe nur bedingt möglich. Krümmung des Stammes oder Stellung der Äste können in Rutschgebieten zwar Hinweise auf Hangbewegungen geben. Die Ausweisung von Rutschungen darf jedoch nicht nur aufgrund der Schiefstellung oder des Säbelwuches von Bäumen erfolgen, da diese Phänomene auf steilen Hängen oft eine Folge von Bodenkriechen oder Winddruck sind.

Die unteren Teile der Rutschungshänge weisen wegen der teilweise schlammigen Rutschmassen bei austretendem Grundwasser einen hohen Totholzanteil sowie einen jüngeren Bewuchs von Erlen und Weiden auf. Dieser hebt sich vom hochstämmigen Wald der umgebenden ungestörten Hangbereiche ab. Gute Beispiele hierfür finden sich im oberen Katzenlochbachtal.

Am Westhang des oberen Katzenlochbaches bedingen unruhige Morphologie und verschiedene Grundwasserstände im Rutschungsgebiet eine größere Diversität der Vegetation als auf ungestörten Hangbereichen sowie auf der Hauptterrassenfläche.

Das an den Talflanken hervorquellende Bodenwasser markiert die obere Grenze der stauenden teriären oder devonischen Tone.
LOHMEYER & KRAUSE (1975) beschreiben stellenweise über 25 m^2 große Naßgallen, deren Sohle teils steinig-grusig, teils schlammig ist, sofern kein Seggen- oder Bruchwaldtorf aufliegt. Hangquellmoore treten stets an der Grenze Hauptterrasse (jHT)/Tertiär oder Devon auf. Die Wasserversorgung der Hangquellen auch in jahreszeitlichen Trockenphasen wird durch Wasserstauungen auf den tertiären oder devonischen Tonen im Bereich der Hauptterrasse gewährleistet. Der geologische Untergrund über der wasserstauenden Tonschicht im Bereich der Hangquellmoore wird aber als sehr unterschiedlich beschrieben (DOHMEN u. DORFF 1984). Er besteht aus sogenannten Fließsanden, Kiesen und Sanden der Hauptterrassen sowie aus Lößlehm.
Großmaßstäbige geomorphologische Kartierungen des oberen Katzenlochbachtales ergaben jedoch, daß diese Hangquellmoore Vernässungen auf einer Rutschmasse darstellen. Besonders in der Senke unterhalb der Abrißkante sind Quellmoore zu finden. Während das Abgleiten der ersten Rutschungsschollen die Entwässerung des oberen Hanges ermöglichte, verhinderten weiter unterhalb wasserundurchlässige Rutschmassen die Versickerung des an der Abrißkante ausfließenden Wassers. Der oberflächliche Abfluß auf der Rutschmasse wurde durch zahlreiche Hohlformen, die ihrerseits vermoorten, verzögert.

Der kleinräumig wechselnde Wasserhaushalt sowie die unruhige Morphologie bedingen einen ebenso kleinräumigen Wechsel der Bodentypen und Humusformen (Anmoorgleye, Naßgleye und Pseudogleye). Die am stärksten vernäßten Bereiche sind gehölzfrei, sie gehen randlich in einen Walzenseggen-Erlenbruch mit Wiesen- und Bitterschaumkraut über. An den etwas weniger vernäßten Standorten siedelt, angezeigt durch den auffallenden Riesenackerschachtelhalm sowie die Hängesegge, ein Winkelseggen-Erlen/Eschenwald (DOHMEN & DORFF, 1984).

4. Historische und fossile Rutschgebiete

Historische Rutschungen sind meist in früheren Jahrhunderten, mehr oder weniger unter den gegenwärtigen Klimabedingungen entstanden und weisen seit mehreren Dekaden keine Bewegungen auf. Unter fossilen Rutschungen werden dagegen solche verstanden, die unter anderen klimatischen und geomorphologischen Bedingungen entstanden und meist unter jungquartären und holozänen Deckschichten (Löß- und Hanglehm) begraben sind (KLENGEL & PASEK 1974).

Ungewöhnliche Höhenlage von Verebnungen und Terrassenablagerungen am Hang verbunden mit einer auffälligen Hangform sowie ungewöhnlich mächtige Deckschichten weisen somit im Bonner Raum auf fossile und historische Rutschungen hin. Historische Rutschungen können auch am charakteristischen Verlauf der Isohypsen auf der TK 1 : 5 000 erkannt werden (s. Abb. 3 a), b)). Ein sehr unruhiger Verlauf der Isohypsen in Hanggebieten weist oft auf ein größeres Rutschgebiet hin, beispielweise am westexponierten Hang des oberen Katzenlochbaches.

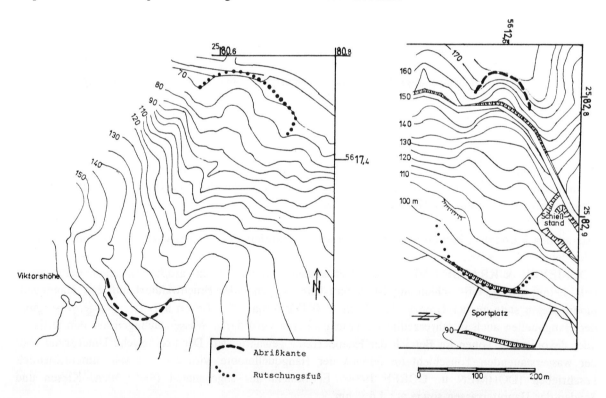

Abb 3 a), b): Isohypsenverlauf im Bereich älterer Rutschungen; a) Gemarkung In der Saufrüssel bei Bonn-Bad Godesberg (s. Tab. 1); b) Gemarkung An der Bunten Kuh in Niederbachem.

Fossile Rutschungen können dagegen nur durch aufwendige Bohrungen nachgewiesen werden. So sind in den letzten 30 Jahren im Rahmen ingenieurgeologischer Gutachten mehrere fossile Rutschungen im Bonner Raum erkannt worden. Sie sind meist mit historischen und rezenten Rutschungen vergesellschaftet.

Als Beispiel sei die Trasse der B42 n am Fuße des nordwestlichen Siebengebirges aufgeführt. Die Trasse liegt in einem Hangbereich, dessen ursprünglich sehr unruhige Morphologie durch den früheren Basaltabbau am Oberhang und durch die Aufhaldung von Abraum unterhalb der Steinbrüche stark verändert wurde. Der zum Teil lehmhaltige Basaltschutt wurde unterhalb der ehemaligen Basaltsteinbrüche an der Rabenley und am Kuckstein in langgestreckten, breiten Rampen hangabwärts geschüttet (Blauer See, Märchensee, Dornheckensee). Die durch den max. 20 m tiefen Trassenaushub verursachten rezenten Rutschungen stellen Teile eines alten reaktivierten Rutschungshanges dar. Im Süden der Haldenzone haben sich die Trachyttuffe bis zu 100 m über Flugsand/ Sandlöß hinwegbewegt. Fehlende holozäne Bodenbildungen an der Oberfläche des Flugsandes und Sandlösses geben einen Anhaltspunkt für das spätglaziale Alter der Rutschung (HEITFELD, VÖLTZ u. DÜLLMANN, 1980).

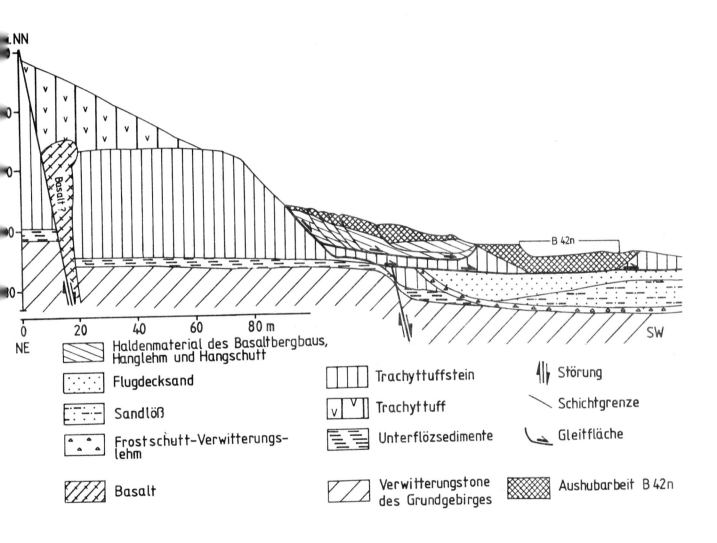

Abb. 4: Fossile Rutschungen bei Oberkassel (B42 n) an den Westhängen des Siebengebirges (nach HEITFELD, VÖLTZ u. DÜLLMANN, 1980)

Der im 11. Jahrhundert als Standort für den Beobachtungsturm "Steiner Häuschen" gewählte Hangvorsprung entspricht der Stirn dieser älteren Rutschmassen. Nachbesserungen von Rissen am Fundament der Ruine dokumentieren Hangbewegungen noch nach dem 11. Jahrhundert. Weiter deutet die Flurbezeichnung "Am versunkenen Berg" auf historische Rutschungen an dieser Stelle hin.

Schlußfolgerungen

Trotz der guten Quellenlage über Rutschereignisse im Bonner Raum bleibt der vorliegende Überblick unvollständig. Bsonders nach 1950 wurden zahlreiche ingenieurgeologische Gutachten angefertigt, die bei den geomorphologischen Kartierungen der betreffenden Rutschgebiete eine wertvolle Hilfe waren. Der Nachteil aller dieser Quellen ist jedoch ihre räumliche Beschränkung auf besiedelte Gebiete. Die Quellenlage über Rutschungen in Waldgebieten ist demgegnüber sehr schlecht. In diesen flächenmäßig größeren Gebieten kommen aber zahlreiche Rutschungen unterschiedlichen Alters vor, die erstmals durch eine geomorphologische Kartierung (1: 5 000) erfaßt wurden. Die flächendeckende Kartierung der Waldgebiete des Bonner Raumes wird zur Zeit vervollständigt.

Literatur

DOHMEN, H. & DORFF. R. (1984): Forstliche Standortskarte Nordrhein-Westfalen 1:10 000 Erläuterungen für das Kartiergebiet Kottenforst-Ville.-Heft 1, 145 S.

v. DECHEN, H. (1865): Physiographische Skizze des Kreises Bonn. -55 S., Bonn.

FLIEGEL, G. (1904): Über einen Bergutsch bei Godesbeg am Rhein.- Verhandl. des Naturhistorischen Vereins d. preußischen Rheinlande und Westfalens 61: 9-25

HEITFELD, K.-H., VÖLTZ, H. & H. DÜLLMANN (1980): Gutachten über die ingenieugeologischen und hydrologischen Verhältnisse im Bereich der Haldenzone (B 42 n) zwischen Bau-km 26 + 900 und 27 + 950 einschließlich Empfehlungen für die Böschungssanierung (im Auftrag des Straßenbauamtes Bonn); Aachen, 69 S.

HEUSLER, C. (1876): Gebirgs- und Erdbewegungen an der Steinskante in Oberwinter.- Corr. Nat. Ver. 33: 129-130.

KEIL, C. (1956): Ingeniergeologie und Geotechnik, S. 392 - 550, Halle.

KLENGEL, K. J. & PASEK, J (1974): Zur Terminologie von Hangbewegungen.- Z. f. angewandte Geologie, Bd 20, H 3, S. 128 - 132.

LOHMEYER, W. & KRAUSE, A. (1975): Zur Kenntnis des Katzenlochbach-Tales bei Bonn.- Schriftenreihe f. Vegetationskunde, H. 8, S. 7-20.

MÜLLER, L. (1987): Spezielle geologische und geotechnische Untersuchungen bei der Sanierung von Rutschungen im nördlichen Siebengebirge. Mitt. Ing.-u. Hydrogeol. 27, 234 S.

WIEDEMANN, A. (1930): Geschichte Godesbergs und seiner Umgebung. - 2. Aufl., 589 S., Godesberg.

WILCKENS, O. (1927): Geologie der Umgegend von Bonn. Berlin (Borntraeger), 273 S.

WELCHEN BEITRAG KANN DIE LUFTBILDINTERPRETATION ZUR ERFASSUNG UND DATIERUNG VON HANGRUTSCHUNGEN LEISTEN? - ERSTE ERGEBNISSE AUS DEM BONNER RAUM -

von Markus Weber

Summary

This paper is mainly based on the stereoscopic interpretation of air photos covering the period between 1957 and 1988. These are black and white photos to a scale of 1 : 12.000 and coloured infrared photos to the scale of 1 : 3500 and 1 : 5000. The complete series have made available by the administration of the city Bonn. On the bases of a map of landslide phenomena in some parts of the Bonn area the possibilities of photo-interpretation are going to be tested. As a good example, the evolution of the landslide on the southern slope of the Dollendorfer Hardt Mt. (Siebengebirge) could be observed over a long period of time. Another objective was to test the possibilities of photo-interpretation by recognizing small geomorphological structures.

Zusammenfassung

Der vorliegenden Abhandlung liegen im wesentlichen stereoskopische Auswertungen von Luftbildern aus den Jahren 1957 bis 1988 zugrunde. Es handelt sich um Schwarz-Weiß-Luftbilder des Maßstabes 1 : 12.000 und Falschfarben-Luftbilder der Maßstäbe 1 : 3500 und 1 : 5000. Die Luftbildserien wurden freundlicherweise von der Stadt Bonn zur Verfügung gestellt. Die Brauchbarkeit der Methode wird z.Zt. anhand einer bereits vorliegenden, im Gelände erfolgten Rutschungskartierung von Teilen des Bonner Raumes überprüft. Die Entwicklung einer Rutschung über einen längeren Zeitraum konnte an einem Fallbeispiel, der Rutschung an der Südseite der Dollendorfer Hardt (Siebengebirge), verfolgt werden. Ein weiteres Ziel bestand darin, die Leistungsfähigkeit der Methode bei der Erkennung geomorphologischer Kleinstrukturen zu testen.

1. Einführung und Problemstellung

Als Beispielgebiet für eigene Luftbildauswertungen wurde im Rahmen laufender geomorphologischer Untersuchungen der Bonner Raum gewählt. Grund dafür sind die z.Zt. über 70 im Gelände erfaßten Mesoformen, die das Abgehen von Hangrutschungen in historischer Zeit belegen oder vermuten lassen. Im Rahmen einer Doktorarbeit werden sie von U. Hardenbicker aufgenommen[2].
Die entstehenden Karten - in die auch die Auswertung historischer Quellen einfließt - werden mit verschiedenen Luftbildserien verglichen. Ausgewählte Teilgebiete sollen ohne die Hilfe o.g. Karten betrachtet und ihnen später gegenübergestellt werden. Hierfür kommt insbesondere das Siebengebirge in Frage, für das noch keine Karte der Hangrutschungen existiert.

Mit Hilfe eines Wild-Aviopreten werden panchromatische (Schwarz-Weiß- bzw. PAN-) Luftbilder aus den Jahren 1957, 1962, 1963, 1967, 1972, 1977 und 1986 sowie Color-Infrarot- (Falschfarben- bzw. CIR-) Aufnahmen von 1980 und 1989 stereoskopisch ausgewertet. Die PAN-Bilder liegen im Maßstab von 1 : 12 000 bis 1 : 13 000, die CIR-Aufnahmen in den Maßstäben von 1 : 3500 bzw. 1 : 5000 vor. Diese und weitere Bilder sowie die zu bestimmten Bildflügen gehörenden Luftbildkarten werden vom Kataster- und Vermessungsamt sowie vom Grünflächenamt der Stadt Bonn zur Verfügung gestellt. Für

---

[2]Die Arbeit wird von Herrn Prof. Dr. Jörg Grunert betreut.

deren freundliche Unterstützung möchte ich mich an dieser Stelle herzlich bedanken.

Aufgrund der oben beschriebenen Gegebenheiten lassen sich folgende Fragestellungen bearbeiten:
a. Der Vergleich einer detaillierten Aufnahme / Kartierung der Rutschungen im Gelände mit den im Luftbild sichtbaren Mustern ermöglicht es, die Möglichkeiten und Grenzen der Luftbildinterpretation unter hiesigem Klima, Pflanzenwuchs und anthropogener Beeinflussung auszuloten.
b. Die Auswertung verschieden alter Luftbildserien ("multitemporale Luftbildauswertung") ermöglicht es,
   1. das Alter der seit 1925, insbesondere jedoch der seit 1955 abgegangenen Rutschungen einzugrenzen;
   2. das Verhalten einer über einen längeren Zeitraum aktiven Rutschung zu beschreiben und daraus Schlüsse zu ziehen;
   3. Aussagen über die Erkennbarkeit einer frisch entstandenen und in den folgenden Jahren allmählich verheilenden Mesoform zu treffen sowie umgekehrt die Aussagekraft von Mustern, die ältere, 6-24 Jahre zurückliegende Rutschungen vermuten lassen, anhand früherer Luftbilder zu überprüfen (Vergleich mono/ multitemporale Luftbildauswertung).

Der Einsatz der multitemporalen Luftbildinterpretation zur Identifizierung von Rutschgebieten ist insbesondere vor dem Hintergrund der oft unzureichenden Quellenlage interessant. Rutschereignisse in forst- und landwirtschaftlich genutzten Gebieten sind im Bonner Raum vielfach nicht beschrieben (vgl. U. HARDENBICKER, in diesem Heft). Dies dürfte in anderen von diesem Phänomen betroffenen Gegenden nicht anders sein.

Allgemein läßt sich sagen, daß bereits stattgefundene Rutschungen das Risiko in sich bergen, wieder in Bewegung zu geraten und sich auszuweiten. COLWELL (1983) bemerkt hierzu: "In addition, areas that have recently slid usually require immediate and close scrutiny because additional movement may occur." (S. 2056) "Once an old landslide is found, it serves as a warning that the general area has been unstable in the past and that new disturbances may start new slides." (S. 2059).

Diese Aussagen gewinnen bei einem angestrebten Nutzungswandel von Flächen an Bedeutung, insbesondere bei der erstmaligen Bebauung von Hanglagen.

2. Auswertung der Luftbilder

2.1 Vorbemerkungen

Die im folgenden zur Illustration benutzten Fotos können nur einen unvollkommenen Eindruck von den Möglichkeiten eines leistungsfähigen Stereoskops wiedergeben. Das dort dreidimensional erscheinende Relief bedeutet einen entscheidenden Gewinn an Information. Weiterhin sind gerade beim Erkennen von Rutschungen kleinste Details von Bedeutung: Eine Mesoform von 120 m Länge mißt auf den verwendeten PAN-Luftbildern gerade 1 cm; kleine Schollen und Risse erscheinen winzig. Häufig wurde mit 12,5-facher Vergrößerung gearbeitet, welche die durch die Körnung begrenzten Möglichkeiten des Films ganz ausschöpft. Durch den Druck wird auf den Beispielfotos die Erkennbarkeit von Details beeinträchtigt, so daß deswegen und aus Platzgründen nur eine 2,5- bis maximal 4,5-fache Vergrößerung gewählt wurde.

Die Rutschungen im Bonner Raum sind in der Regel 30 - 100 m breit bei einem Verhältnis von Breite zu Länge von etwa 1 : 3 (U. HARDENBICKER, in diesem Heft). Gegenüber dem angrenzenden ungestörten Hang betragen die Höhenunterschiede von Abrißgebiet, Gleitbahn und Ablagerungsgebiet ein bis zehn Meter. Die Abmessungen der hiesigen Mesoformen haben die Größenordnung der meisten weltweit beobachteten Rutschungen, die in der Regel weniger als 150 m lang und breit sind (COLWELL 1983, S. 1835).

Im Beispielgebiet sind die meisten Bildflüge im Sommer durchgeführt worden. Dieser Aufnahmezeitpunkt erschwert das Erkennen älterer Rutschungen in Waldgebieten erheblich oder macht es unmöglich.

Die Winteraufnahmen von 1957 und 1972 erleichtern das Identifizieren von Rutschungen, auch wenn das Gewirr der Äste und ihrer Schatten stört. Im Maßstab von 1 : 12 000 liegen die Äste größtenteils gerade an oder unter der Auflösungsgrenze des Films, was sich zusätzlich störend bemerkbar macht.

2.1.1 Allgemeine Feststellungen zu den PAN-Luftbildern 1 : 12 000

a. Frisch abgegangene Rutschungen, die so nachhaltig waren, daß sie die Vegetation beseitigt haben, sind - erwartungsgemäß - gut abgebildet. Die baumfreie Fläche ist sehr gut erkennbar. Die Festlegung, ob ein solche Fläche im Winter tatsächlich vegetationsfrei, oder nicht doch mit hell verfärbtem Gras bedeckt ist, kann nicht immer mit letzter Sicherheit getroffen werden. In bewaldetem Gebiet und bei ungünstigem Aufnahmewinkel kann ein flacher Hauptabriß durch überhängende Bäume verdeckt sein. Die weiteren Abbrüche innerhalb der Rutschung sowie größere Risse sind mäßig bis sehr gut identifizierbar, ebenso die mit der Hohlform korrespondierende Vollform (Zunge).

b. Die durch eine Rutschung entstandene Hohlform ist in bewaldetem Gebiet nur bei großen Rutschungen über mehr als 15 Jahre sichtbar. Ein Beispiel dafür findet sich am Kahlenberg bei Dottendorf. Die Hohlform allein reicht jedoch zur einwandfreien Identifizierung einer solchen gravitativen Massenbewegung nicht aus.

Winteraufnahmen sind den Sommeraufnahmen besonders beim Ausmachen eines großen, älteren (bis über 20 Jahre alten) Abrißgebietes überlegen.

c. In bewaldetem Gebiet sind in vielen Fällen Gleitbahn und Vollform nach wenigen Jahren nicht mehr als solche erkennbar. Sie sind nur noch über Hinweise zu erschließen. Der Grund hierfür ist häufig eine schnelle Aufforstung nach dem Rutschungsereignis.

Über die Art und Aussagekraft solcher Hinweise, d.h. der von der näheren Umgebung abweichenden Muster, soll im folgenden gesprochen werden. Dabei wird auch die m.E. notwendige Auswertung verschieden alter Luftbildserien deutlich:

- Werden Rutschungen, die eine baumfreie Fläche geschaffen haben, sich selbst überlassen, so können die Auswirkungen des Ereignisses noch 15 bis über 20 Jahre sichtbar sein (Fotos 8, 9, 10, 11, s. Pfeil).

  Von solchen Stellen im Wald auf ehemalige Rutschungen zu schließen, kann jedoch in die Irre führen. Die entsprechenden Muster im Süden von Foto 11 (1986) entpuppen sich in Foto 8 (1967) als Abholzungen mit ungewöhnlichem, an Rutschungen erinnerndem Grundriß. Die entasteten Stämme liegen - im Stereoskop eindeutig identifizierbar - noch kreuz und quer auf den entstandenen Lichtungen.

- Der Schluß auf eine inzwischen zugewachsene Rutschung über die veränderte Zusammensetzung der Pflanzenarten hat sich im Beispielgebiet als nicht praktikabel erwiesen. Diese Auffassung teilen auch Fachleute der Bundesanstalt für Naturschutz und Landschaftsökologie. Eine genaue Erkennbarkeit der Baumarten erfordert oft Maßstäbe von 1 : 2000 oder größer (COLWELL 1983, S. 2240). Hinzu kommt die häufige Aufforstung von Rutschungsflächen mit verschiedenen Laub- und Nadelhölzern.

- Jüngere oder ältere Schonungen, die relativ schmal sind und senkrecht zum Hang verlaufen, können ein Hinweis auf noch nicht lange zurückliegende Rutschungen sein. Die Fotos 6, 7 und 12, 13 belegen dies recht eindrucksvoll.

  Dieser Hinweis kann jedoch falsch sein, wie die Fotos 8 und 11 zeigen. Der abgebildete Teil des Hanges weist nach der Kartierung von U. HARDENBICKER acht ältere Rutschungen auf. Diese werden durch das Verteilungsmuster von frisch angelegten Schonungen und älterem Baumbestand völlig überprägt, so daß sie auf den Fotos nicht erkennbar sind. Ältere Luftbilder zeigen, daß die Rutschungen nicht das Verteilungsmuster der Schonungen haben können.

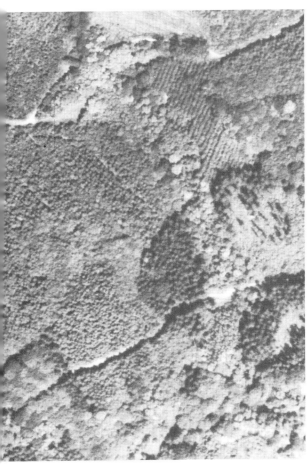

Die Fotos 1 bis 7 (seitenweise von links oben nach rechts unten fortlaufend) zeigen die im Text behandelte Rutschung am Südhang der Dollendorfer Hardt bei Dollendorf. Die Aufnahmen im Maßstab von 1 : 12.000 entstanden 1957, 1962, 1963, 1967, 1972, 1977 und 1986. Sie sind im Maßstab von etwa 1 : 3500 wiedergegeben.

Foto 8

Foto 11

Foto 9

Foto 10

<----- Die Fotos 8 bis 11 zeigen ein Areal des westexponierten Hanges des Katzenlochbachtales südwestlich von Ippendorf. Im Norden des Fotos 8 (von 1967) befindet sich eine Rutschung, die im oder nach dem Jahr 1963 abgegangen ist. Das allmähliche Zuwachsen der entstandenen Form kann auf den Fotos 9 (1972, Winter), 10 (1977) und 11 (1986) verfolgt werden. Beim Betrachten des Südens von Foto 11 fallen insbesondere unter dem Stereoskop Muster auf, die scheinbar auf ähnlich alte Rutschungen hinweisen. Der Vergleich mit Foto 8 zeigt, daß es sich um vor 19 Jahren abgeholzte Flächen ungewöhnlicher Form handelt.

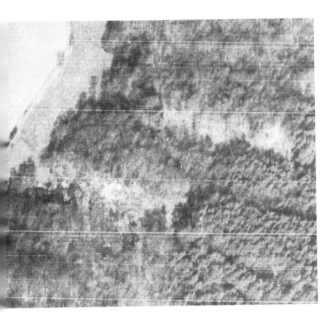 

Die Fotos 12 (von 1972) und 13 (1977) zeigen im Süden eine Rutschung, die nach 1967 abgegangen ist. Die 1972 deutlich sichtbare Form ist nur 5 Jahre später wegen der inzwischen erfolgten Aufforstung nicht mehr erkennbar.

d. Viele Rutschungen hinterlassen innerhalb ihres Ablagerungsgebietes ein unruhiges Kleinrelief, dessen Aussehen von Material und Rutschungstyp beeinflußt wird. Wenn es durch den Menschen nicht beseitigt bzw. stark verändert wird, kann es sich über Jahrhunderte (vgl. POMEROY 1982, S. 10 u. 41) und längere Zeiträume erhalten. Im Beispielgebiet liegt solches Relief unter Wald und Grünland vor. Sogenannte "areas of hummocky ground", Flächen kuppigen Reliefs sind z.B. im überwiegend als Grünland genutzten unteren Katzenlochbachtal (bei Lengsdorf) sichtbar. Die hier vergleichsweise großen, aber flachen Kuppen sind im Luftbild gut zu erkennen, da das Relief, durch das Stereoskop gesehen, meist zwei- bis vierfach überhöht erscheint. Sie weisen oft auf gravitative Massenbewegungen hin, die lange Zeit zurückliegen können.
Das anders geartete, häufig aus bogenförmigen, steilen und im Querschnitt kleinen Wällen bestehende Kleinrelief im Akkumulationsgebiet der Rutschung auf der Südseite der Dollendorfer Hardt (s. Fotos 1 bis 7) ist im Luftbild dagegen nur wenige Jahre sichtbar. Dies liegt an der geringen Größe der Formen in Verbindung mit der rasch aufkommenden Vegetation.

e. Langsame Rutschbewegungen konnten auf den Luftbildern vorerst nicht ausgemacht werden. Auftretende Risse in Äckern werden schnell überpflügt. Unter Grünland sind sie nur unter günstigen Umständen erkennbar und können mit Viehgangeln verwechselt werden. Im bewaldeten Gebiet waren schiefstehende oder umgestürzte Bäume nicht zu sehen. Dies kann mit den Maßstäben von 1 : 12 000 bis 1 : 13 000 zusammenhängen. POMEROY (1982) gibt auf Seite 42 unter den Erkennungsmerkmalen für relativ junge bis rezente Rutschungen an "Tilted trees where the photo scale is larger than

1 : 12 000."
Dort, wo Rutschareale mit Hilfe von CIR-Luftbildern im Maßstab 1 : 3500 überprüft wurden, konnten allerdings ebenfalls nur selten schiefstehende oder umgestürzte Bäume festgestellt werden.

2.1.2 Allgemeine Feststellungen zu den CIR-Luftbildern 1 : 3500 und 1 : 5000

a. Der wesentlich günstigere Maßstab - selbst von Haus zu Haus gespannte Stromdrähte sind sichtbar - erschließt viele zusätzliche Informationen, sofern die Vegetationsdecke nicht zu dicht ist. Unter dieser Voraussetzung sind auch kleinere Risse gut wahrnehmbar; das Kleinrelief innerhalb einer Rutschung ist sehr gut zu erkennen.
Wie auch bei den PAN-Bildern ist das Auffinden von nicht mehr frischen Rutschungen unter Wald meist erheblich behindert oder unmöglich (Aufforstung).
Wenn der Wald nicht zu dicht ist, sind schiefstehende Bäume gut zu erkennen. Sie treten im Beispielgebiet jedoch nur selten auf und fallen damit als Hinweis auf Rutschungen fast ganz aus.

b. COLWELL (1983) gibt auf Seite 2062 an, daß die Vegetation auf vernäßten Standorten der besseren Wasserversorgung wegen im CIR-Luftbild eine intensivere Rotfärbung zeigt als die benachbarten Pflanzen. Da viele der hiesigen Rutschungen Vernässungen aufweisen, müßte dies auch im Beispielgebiet zu beobachten sein. Dies ist jedoch nicht der Fall. Die Angabe scheint für (sommer)trockenere Klimate zu gelten.

c. Dort, wo die Naßstellen nicht durch die Kronen der Bäume oder durch Büsche abgedeckt werden, sind sie gut sichtbar: Der Boden oder die niedrigwüchsige Vegetation erscheinen in einem warmen, dunklen Braun bzw. in Übergängen dazu. Diese gehen von einem weniger leuchtenden, dunkleren Rot aus.
Nicht vernäßtes, unbewachsenes Substrat erscheint im Beispielgebiet in einem kalten Gelb-Grün.
Eine normierte Farbangabe ist nicht sinnvoll, da die Farben verschieden alter CIR-Luftbildserien sehr stark voneinander abweichen können.

d. Eine eigene Hypothese besagt, daß die Vitalität der Pflanzen durch die Bewegungen des Untergrundes und deren Folgen beeinträchtigt worden ist. Es ist beispielsweise bekannt, daß Rotbuchen auch relativ langsame Bewegungen des Substrats - im Gegensatz zu anderen Baumarten - nicht vertragen. Zu den Folgen der Rutschungen kann neben anderen plötzlichen Standortveränderungen ein ungleichwertiger Wasserhaushalt der durchwurzelten Bodenzone gehören, falls sie als solche erhalten geblieben ist. Dies könnte sich ebenfalls in einer erhöhten Anzahl beeinträchtigter oder abgestorbener Pflanzen äußern.
Gesunde Vegetation erscheint auf dem CIR-Bild in roten Farben oder in magenta (=violett). Die Intensität des Rotanteils nimmt mit zunehmender Beeinträchtigung der Pflanzen ab. In diesem Stadium ist die eingeschränkte Vitalität für das bloße menschliche Auge häufig nicht sichtbar (previsual symptom of plant stress). Schließlich weisen auf den Luftbildern die Farben cyan (=blaugrün) und blau, aber auch grün, schwarz und weitere Farben auf die fortgeschrittene Schädigung der Pflanzen hin (advanced plant stress) (vgl. AVEREY & BERLIN 1985; SABINS 1987).
Trotz der Eignung des CIR-Films zur Identifizierung beeinträchtigter Vegetation und des günstigen Maßstabs ließ sich die o.g. Hypothese im Beispielgebiet nicht bestätigen.

2.2 Fallbeispiel Dollendorfer Hardt (Fotos 1-7)

Die Dollendorfer Hardt erhebt sich nordöstlich von Oberdollendorf und erreicht eine Höhe von 246 m. An ihrem Südhang befindet sich eine Rutschung, die bei einer Längserstreckung von über 300 m von etwa 200 bis 110 m ü.NN reicht. Sie war über einen längeren Zeitraum aktiv.
Leider existieren von dieser Rutschung keine CIR-Luftbilder, so daß ausschließlich auf die vor-

liegenden PAN-Luftbilder 1 : 12 000 zurückgegriffen werden kann. Die unterschiedliche Qualität und Aussagekraft der Aufnahmen ist deutlich sichtbar.
Im folgenden wird der dreidimensionale Eindruck, der unter dem Stereoskop bei meist 6- bis 12-facher Vergrößerung gewonnen wurde, geschildert. Die Begriffe "links" und "rechts" werden - wie bei Flüssen - mit dem Gefälle gesehen gebraucht.

Die Winteraufnahme von 1957 zeigt das spätere Rutschgebiet noch größtenteils von Wald bestanden. Im oberen Bereich ist ein fast völlig unbewachsener, glatter Steilhang sichtbar, der nach oben hin scharf begrenzt und nicht verstürzt ist. An seinem Fuß verläuft ein offensichtlich neu angelegter Fahrweg, der einen leichten, hangaufwärts gerichteten Bogen aufweist und an einen älteren, in der Mitte bewachsenen Fahrweg anschließt. Der Steilhang setzt sich unterhalb des Weges fort. Sein Fuß ist durch relativ junge Bäume verdeckt.
Diese Beobachtungen sprechen dafür, daß der geschilderte Bereich schon in Bewegung gewesen ist und vor kurzem durch den Menschen "saniert" wurde. Einen zwingenden Hinweis auf Rutschbewegungen stellen sie jedoch nicht dar.

Die Interpretation der Sommeraufnahme von 1962 wird durch die Schatten benachbarter Bäume erschwert. Sie zeigt eine voll entwickelte, rezente Rutschung mit Abrißgebiet, Gleitbahn und Ablagerungsgebiet (vgl. Terminologie in Abb. 2 des Aufsatzes von U. HARDENBICKER in diesem Heft). Die Rutschung hat die Vegetationsdecke vollständig beseitigt. Der ehemals oberhalb des Abrisses gelegene Fahrweg mußte hangaufwärts in einem großen Bogen neu angelegt werden.
Der halbbogenförmige Abriß ist relativ steil, nicht verstürzt und zeigt fast keinen Bewuchs. Seine Breite beträgt etwa 50 m.
Unterhalb schließt sich eine über die gesamte Breite der Rutschung reichende, mächtige Scholle an, die sich auf einer tiefliegenden Gleitfläche bewegt hat. Sie besitzt eine dreiecksförmige, dunkler getönte Depression, die ganz rechts auf einer Breite von 3-4 m vernäßt ist. Die besonders dunkle Tönung in diesem Bereich weist darauf hin. Die talwärtige Seite der Depression zeigt eine kleine, ansteigende Böschung, die zu einer helleren Fläche überleitet. Sie ist nicht oder kaum bewachsen, hat ein sehr unruhiges Kleinrelief mit steil ansteigenden Formen und ist von bogenförmigen Transversalrissen durchzogen.
Der Abhang unterhalb dieser Fläche ist noch der ersten großen Scholle zuzuordnen. Er zeigt zahlreiche halbbogenförmige Absitzungen und Risse.
Die zweite große Scholle füllt ebenfalls die gesamte Breite der Rutschung aus. Sie hat sich offenbar auf einer tiefliegenden, sesselförmigen Gleitfläche bewegt und dabei eine nach hinten abkippende Bewegung (Rotation) vollzogen. Daher liegt die Oberfläche der Scholle unmittelbar am Abriß tiefer als weiter talwärts. Anhand der Luftbilder ist eine gleichartige Bewegung der ersten Scholle anzunehmen.
Der rückwärtige Bereich der zweiten Scholle ist gleichzeitig etwas nach links geneigt, so daß die Entwässerung gewährleistet ist und keine Vernässung stattgefunden hat. Auf diese "Depression" folgt eine bergwärts einfallende Fläche, die - vergleichbar dem entsprechenden Areal der ersten Scholle - ein unruhiges Kleinrelief trägt. Sie ist jedoch vergleichsweise dichter bewachsen.
Der talwärts folgende Hang hat ein deutlich geringeres Gefälle als der vergleichbare Abfall der ersten Scholle, was auf weicheres Material hindeutet. Details sind wegen der Überschattung durch die benachbarten Bäume schlecht zu erkennen. Auf dem Hang befindet sich aber mindestens noch eine weitere, quer zur Bewegungsrichtung verlaufende, schmale Sekundärscholle (vgl. 1963).
Dieser Unterhang der zweiten Hauptscholle verschmälert sich nach unten hin und geht in eine in das Gelände eingetiefte, an der engsten Stelle nur ca. 12 m breite Gleitbahn über. Deren Flanken sind meist unbewachsen. Sie setzen sich nach oben bis auf die Höhe der ersten Hauptscholle und nach unten in das Ablagerungsgebiet hinein fort, was aus dem Luftbild von 1963 besser hervorgeht. Sie sind an einigen Stellen seitlichem Druck ausgesetzt gewesen, so daß Wälle entstanden sind.
An die schmale, eingetiefte Gleitbahn schließt sich das bis 30 m breite Ablagerungsgebiet an, welches nur in seinem oberen Teil über die Umgebung aufragt. Das Material ist durch Aufstau von unten nach oben fortschreitend akkumuliert worden und erfüllt jetzt auch große Teile der ehemaligen Gleitbahn. Die Oberfläche der Akkumulationsmasse besitzt ein unruhiges Kleinrelief, das aus bogenförmigen,

steilen Wällen besteht.

Unmittelbar unterhalb der Rutschungszunge befinden sich drei bis vier Reihen gerade stehender Nadelbäume, die an eine - noch ungestörte - Schonung grenzen.

Das im Sommer fotografierte <u>Luftbild von 1963</u> zeigt sehr günstige Beleuchtungsverhältnisse.
Folgendes hat sich im Vergleich zu 1962 verändert:
- Die Rutschung ist stärker bewachsen. Ausgenommen davon sind lediglich Teile ihrer Flanken.
- Der Hauptabriß ist in seinem linken Teil bis zur Hälfte seiner Höhe verstürzt. Das Material bildet eine nur mäßig steile Halde, die auch eine etwas stärker bewachsene Kuppe aus offensichtlich noch zusammenhängendem Material enthält. Die Halde setzt sich mit einem deutlichen Knick gegen die Oberfläche der ersten Scholle ab.
- Die erste Scholle ist weitgehend unverändert geblieben. Die auf ihr befindliche Depression wird jetzt künstlich (durch zwei Gräben) entwässert.
- Aus der zweiten Großscholle heraus sind weitere Bewegungen erfolgt. Es ist ein großer Abbruch mit mehreren abgerutschten, geringmächtigen Schollen sichtbar, wobei die erste noch treppenartig abgesetzt erhalten ist und sich über zwei Drittel der Rutschungsbreite erstreckt. Weitere Schollen, die z.B. an ihrem flachen Bewuchs erkennbar sind, sind stark deformiert. Ihre Längsachse steht - falls vorhanden - senkrecht zur ersten Scholle.

Das Gefälle dieses Abbruchs ist im Vergleich zu 1962 geringer und gleichmäßiger geworden und steht jetzt in noch stärkerem Gegensatz zum steilen, aber stabil gebliebenen Unterhang der ersten Großscholle.
- Die Nadelbaumreihen am Fuß der Rutschungszunge sind in ihrem Bestand dezimiert. Die verbliebenen Fichten stehen jedoch gerade, obwohl sie um mehr als 20 m (!) in die unterhalb liegende Schonung geschoben worden sind. Der obere Teil der verbliebenen Schonung hat sich zu einem flachen Wulst aufgewölbt.

In der <u>Sommeraufnahme von 1967</u> zeigt sich, wie schnell zur Ruhe gekommene Teile einer Rutschung durch die aufkommende Vegetation unkenntlich werden. Lediglich der Hauptabriß ist zum Teil noch unbewachsen. Das Akkumulationsgebiet ist nach unten hin zunehmend dichter und mit älteren Pflanzen bestanden.

Die um 20 m verschobenen Fichten sind abgeholzt worden. Der flache Wulst innerhalb der Schonung ist nur noch undeutlich zu erkennen.

Neben einem neugebildeten kleinen Abriß auf der linken Seite im oberen Teil der Rutschung fällt vor allem der weiterhin aktive Unterhang der zweiten Großscholle ins Auge. Er ist auf einer Länge von etwa 50 m größtenteils vegetationsfrei. Sein oberer Bereich ist durch sehr kleine, niedrig und dicht bewachsene Schollen gekennzeichnet, die sich auf einer teilweise freiliegenden und auch dort unbewachsenen Gleitfläche bewegen. Am Fuß dieses Hanges ist jedoch keine wulstige Zunge entstanden, was neben den immer wieder stattfindenden Bewegungen auf weiches, vernäßtes Material hindeutet.

Im Vergleich zum Winterluftbild von 1957 fällt die schlechte Qualität der <u>Winteraufnahme von 1972</u> ins Auge. Dennoch lassen sich folgende Feststellungen treffen:
- Das Abrißgebiet der Rutschung hat sich weiter hangaufwärts verlagert. Der Fahrweg mußte erneut verlegt werden.
- Der frisch entstandene Abriß ist nur etwa 10 m breit. Seine große Steilheit deutet auf relativ standfestes Material hin.

Die anschließende Gleitbahn ist ebenfalls sehr steil und enthält trotzdem Reste zweier flacher Schollen und weiteres abgerutschtes Material. Die bewachsenen Schollenreste heben sich wegen ihrer dunklen Tönung deutlich von der hellen Gleitbahn ab. Sie sind etwa auf der Höhe des jetzt unterbrochenen Weges von 1962 zu sehen. Das zur Gleitbahn gehörige Ablagerungsgebiet besteht aus einer kegelförmigen, stark geneigten Halde und sitzt der ersten Hauptscholle auf.

Die Beobachtungen sprechen für gering verfestigtes, sandiges Rutschmaterial.
- Die erste Hauptscholle scheint weiterhin stabil geblieben zu sein, obwohl ihr Unterhang vergleichs-

weise stark geneigt und von Transversalrissen durchzogen ist.
- Auf dem wesentlich flacheren Unterhang der zweiten Hauptscholle ist ein gebogenes, etwa 7 m breites und 20 m langes Teilgebiet aktiv. Es ist weitgehend unbewachsen und durch eine hellere Tönung von seiner Umgebung abgegrenzt, wobei es jedoch merklich dunkler ist als der oben beschriebene Abriß mit Gleitbahn und Halde. Das Teilgebiet beginnt oben mit einem Abriß. In seinem unteren Bereich hat das dort akkumulierte Material eine "klassische" Zunge gebildet (vgl. Abb. 2 im Aufsatz von U. HARDENBICKER in diesem Heft).

Die Sommeraufnahme von 1977 besitzt wegen ihrer schlechten Qualität eine verringerte Aussagekraft. Sie führt jedoch deutlich vor Augen, daß die erst vor etwa 5 Jahren entstandenen Formen bereits bis zur Unkenntlichkeit überwuchert sind. Daß dies nicht immer der Fall ist, zeigt die Rutschung Nr. 1 auf den Fotos 8 bis 11 (vgl. Punkt 2.1.1 c.).

Auf dem wesentlich besseren, ebenfalls im Sommer aufgenommene Luftbild von 1986 bildet sich als Hinweis auf die Rutschung der im Vergleich zur Umgebung jüngere Laubwald ab, der die entstandene Mesoform nachzeichnet. Daneben deuten Wege, die oberhalb des Hauptabrisses bzw. im Akkumulationsgebiet bogenförmig verlaufen, auf die zurückliegenden Bewegungen des Untergrundes hin.

3. Schlußfolgerungen und Ausblick

Die vorliegende Untersuchung macht deutlich, daß die Luftbildauswertung für die Beschreibung und Kartierung von Hangrutschungen sinnvoll ist. Die Methode ist sehr kostengünstig, sofern die Luftbildserien mehrerer Befliegungen, die einen längeren Zeitraum abdecken, bereits vorliegen. Sofern nur die Luftbildserie einer Befliegung zur Verfügung steht, ist die Aussagekraft erheblich verringert (monotemporale Luftbildauswertung). Infolge anthropogener Maßnahmen, wie etwa Erdbewegungen, Aufforstungen usw., bleiben charakteristische Rutschungsformen in dichter besiedelten Gebieten oft nicht lange erhalten.
Die Schwierigkeiten liegen in der sehr zeitaufwendigen Einarbeitung in die Luftbildinterpretation. Dies gilt gleichermaßen für PAN- wie auch für CIR-Bilder, zumal sie i.d.R. in einem für das Erkennen von Hangrutschungsformen ungünstigen Maßstab (1 : 12 000) vorliegen. Optimal wäre aber der Maßstab 1 : 2500. Ein weiterer Nachteil ist der meist in den Sommermonaten liegende Aufnahmezeitpunkt. Dadurch sind ältere Rutschungsformen unter Hochwald nicht zu erkennen, während größere, frische Abrisse in Waldgebieten deutlich hervortreten.
Auch nach gründlicher Einarbeitung in die Methode ist es unerläßlich, die Luftbilder mehrfach zu bearbeiten, um eine hohe Interpretationssicherheit zu erzielen.
Es ist geplant, in nächster Zeit die internationale Literatur zur Methodik der Rutschungskartierung mit Hilfe der Fernerkundung auszuwerten und die Erkenntnisse für die eigenen Untersuchungen im Bonner Raum nutzbar zu machen.

Literatur

AVEREY, T.E. & G.L. BERLIN (1985): Interpretation of aerial photographs. - 554 p., New York.

COLWELL, R.N. (Hrsg.) (1983): Manual of remote sensing. - Americ. Soc. of. Photogr., Vol. I, II, 2240 p., Falls Church, Virginia.

CORTEN, F.L. (1966): Physik des Luftbildes in "richtigen" und "falschen" Farben. - Bildmessung und Luftbildwesen, 34, S. 191-201.

POMEROY, J.S. (1982): Landslides in the Greater Pittsburgh Region, Pennsylvania. - Geological Survey Professioal Paper 1229, 48 p.

SABINS, F.F. (1987): Remote sensing: Principles and interpretation. - 449 p., New York.

Luftbilder

CIR-Luftbilder 8/1980, freigeg. RP Düsseldorf 18 L 149, M 1 : 3500
CIR-Luftbilder 8/1989, freigeg. RP Münster 13.393/ 89, M 1 : 5000
Mit freundlicher Genehmigung des Grünflächenamtes (Amt 67-2) der Stadt Bonn.

PAN-Luftbilder der Jahre 1957, 1962, 1963, 1967, 1972, 1977, 1986, M 1 : 12.000 bis 1 : 13.000
Mit freundlicher Genehmigung des Landesvermessungsamtes Nordrhein-Westfalen.

BERICHT ÜBER EINEN FRÄNKISCHEN KRUGFUND IN BONN-OBERKASSEL UND SEINE AUSSAGE FÜR DIE MORPHODYNAMIK IM RHEINTAL IN HISTORISCHER ZEIT

von Jörg Grunert und Harald Bühre

Summary

A pottery fragment of frankonian age was found in the sediment of the footslope of the Kuckstein Mt. east of Oberkassel. It is of high interest for the local morphogenesis because it was located on the lower middle terrasse of the Rhine in 75 m a.s.l., embedded in the basal part of a sandy eolian sediment, named Flugdecksand, which overlays another eolian, loess-type sediment, named Sandloess. The Sandloess contained a number of thin periglacial debris layers. Both sediments were attributed by several authors to the end of the late glacial period. The pottery fragment indicates, however, a significant younger age of the Flugdecksand sediment which obviously was deposited not before the 7th century. Consequently it must have been eroded in historical times, due to extensive clearing of the natural vegetation by man. Probably sedimentation terminated between the 10th and 12th century, and the Flugdecksand shortly afterwards was covered by a big trachyt-landslide moving down from the Rabenlay Mt. These conclusions are based on various drilling investigation done by geological consultants in that area.

Zusammenfassung

Der Fund eines fränkischen Tonkruges am Fuß des Kucksteins bei Oberkassel durch BÜHRE 1988 war für die Morphogenese an dieser Stelle von beträchtlicher Bedeutung. Der Krug lag im Niveau der unteren Mittelterrasse in 75 m ü.NN und war in den basalen Teil eines Sedimentkörpers aus Flugdecksand eingebettet, der Sandlöß überlagerte. Der Sandlöß war von Bändern aus Hangschutt durchzogen. Nach Auffassung mehrerer Autoren stammen beide Sedimente aus dem Spätglazial. Der Krugfund zeigte jedoch, daß der Flugdecksand viel jünger sein mußte. Er kann erst nach dem 7. Jh. aufgeweht worden sein. Als Hauptursache wird Rodungstätigkeit im gleichen Gebiet angenommen. Wie durch Bohrungen von Geologen nachgewiesen werden konnte, wurde der Flugdecksand an einer Stelle später noch von einer Trachyt-Hangrutschung überfahren. Sie ging vermutlich zwischen dem 10. und 12. Jh. von der Rabenlay ab.

1. Einführung und Problemstellung

Der holozänen Morphodynamik an den Rändern des Rheintals ist bislang zu wenig Beachtung geschenkt worden. Das wissenschaftliche Interesse galt vor allem der sog. Inselterrasse des Rheins. Erst mit der Schaffung großer Aufschlüsse durch Bauvorhaben in jüngster Zeit ist die Deutung der Morphogenese am Fuß der Talhänge möglich geworden. Ein solcher Aufschluß war in den Jahren 1982 - 86 beispielsweise die Baustelle der neuen Autobahn (B 42n) bei Oberkassel und 1988 der Neubau des Sportplatzes Oberkassel in unmittelbarer Nachbarschaft. Hier fand BÜHRE im Januar 1988 das Fragment eines fränkischen Tonkruges, das einige Schlüsse auf die äolische Dynamik an dieser Stelle während des jüngsten Holozäns erlaubt. Im folgenden wird die Genese der Inselterrasse kurz dargelegt, um dann ausführlich die äolische Morphodynamik am Rande des Rheintals zu diskutieren.

Über die holozäne **fluviale Entwicklung** des Rheintals bei Bonn gab es in der Vergangenheit unterschiedliche Auffassungen. Der Streit bezog sich vorwiegend auf den jüngsten Schotterkörper des Rheins, der von JUNGBLUTH (1917) als "Inselterrasse" bezeichnet und als eine selbständige, jüngste

Terrassenaufschüttung angesehen wurde. STICKEL (1936) hat die Auffassung von JUNGBLUTH (1918), AHRENS (1930), QUIRING (1926) und BURRE (1933) gegenübergestellt und diskutiert. Er kommt zu dem Schluß, daß es sich nicht um eine selbständige Aufschüttung handeln kann. Vielmehr "...läßt der morphologische Charakter der Inselterrasse keinen Zweifel darüber, daß es sich bei ihr um ein vom Rhein wieder zerschnittenes, aber mit dem Rheinbett noch in Verbindung stehendes Stromrinnenniveau handelt, das nur noch im Bereich des höchsten Hochwassers liegt" (STICKEL 1936, S. 353). Als Beweis wird die breite und verzweigte, rechtsrheinisch gelegene Rinne von Beuel-Limperich genannt. Sie liegt in 50-51 m ü.NN und damit 3-4 m über dem mittleren Rheinpegel bzw. 5 m unter dem Niveau der älteren, würmeiszeitlichen Niederterrasse (äNT). Die Stellung zur jüngeren Niederterrasse (jNT), die von KAISER (1961) als kleines Vorkommen in 53-55 m ü.NN südlich von Beuel kartiert wurde, ist dagegen unklar. Wahrscheinlich ist die "Inselterrasse" ein Erosionsniveau derselben, das bereits im frühen Holozän entstand.

Eine Entsprechung findet die Beuel-Limpericher Rinne auf der linken Rheinseite in einem Rinnensystem, das sich von Friesdorf über Bonn-Innenstadt bis zur sog. Gumme bei Alfter erstreckt und ebenfalls der "Inselterrasse" zugerechnet werden muß.

Wann der Rhein im Verlauf des mittleren Holozäns diese Rinnen verließ, ist ungewiß. Nach HOMBITZER (1913) lag der Rheinlauf bei Bonn zur Römerzeit schon fest, wenngleich eingeschränkt wird, daß Beuel "... noch zur Römerzeit auf einer etwa 2 km langen und 0,5 km breiten Insel gelegen haben soll..." (HOMBITZER 1913, S. 113).
Daraus wird gefolgert, daß die Beuel-Limpericher Rinne zumindest noch bei Hochwasser überflutet und durchströmt wurde. An dieser Situation hat sich in historischer Zeit nichts mehr geändert, wie aus der Abhandlung von DIETZ (1967) hervorgeht. Daß die Rinne auch heute noch bei starken Rheinhochwässern durchströmt werden könnte, wird aus den Flutmarken des Extremhochwassers von 1784 deutlich, die in 56 m ü.NN (!) und damit im Niveau der älteren Niederterrasse liegen. Zahlreiche Häuser in Bonn und Beuel wurden damals von den Fluten weggerissen. Durch die Eindeichung ist die Überflutung heute jedoch unmöglich geworden.

MÜLLER (1959) und PAAS (1962) beschreiben die Bodenbildung auf den jüngsten Terrassenflächen. Für das Hochflutbett ist ein allochthoner brauner Kalkboden typisch. Jüngere Niederterrassen und "Inselterrassen" tragen eine Parabraunerde aus Hochflutlehm, die auf Flugsand in eine Sand-Parabraunerde übergeht. Ebenfalls zu einer Sand-Parabraunerde verwittert sind Flugsande auf der unteren Mittelterrasse (70-75 m ü.NN) bei Oberkassel, der Lokalität des Krugfundes, die nachfolgend besprochen wird.

Parallel zur holozänen fluvialen Entwicklung auf der Sohle des Rheintals kam es hier sowie an den westwärts gewandten Talhängen lokal auch zu **äolischen Ablagerungen**. Bekannt sind linksrheinisch die sog. Düne bei Tannenbusch und rechtrheinisch ein kleines Dünensandvorkommen bei Limperich, beide auf der älteren Niederterrasse gelegen. Ihr Alter wird mit spätglazial/ frühholozän angegeben (WILCKENS 1927). Die Wahner Heide, als das größte zusammenhängende Dünengebiet der näheren Umgebung, wird von WILCKENS (1927a) ebenfalls in das trockene, kalte und vegetationsfeindliche Klima der frühen Nacheiszeit datiert. Für das Holozän wird keine weitere äolische Aktivität angenommen. Dem stehen die eigenen Befunde aus dem Rheintal bei Oberkassel gegenüber, wonach es hier selbst noch in historischer Zeit lokal zur Aufwehung von Flugsanddecken kam. Es ergeben sich daher folgende Fragen:

1. Welche fluvialen Veränderungen haben sich im Holozän bzw. in früher historischer Zeit im Bereich der Rheinaue sowie der angrenzenden Insel- und jüngeren Niederterrasse ereignet?
2. Welche äolischen Vorgänge haben sich im gleichen Zeitaum im Bereich des Rheintals, vor allem am Fuß des östlichen, luvseitigen Talhanges abgespielt?

Die erste Frage ist mit den bisherigen Ausführungen (s.o.) schon weitgehend beantwortet worden; zur zweiten Frage ergeben sich durch Fund einer aus dem 7. Jahrhundert stammenden, unter Flugsand in situ begrabenen Tonscherbe bei Oberkassel wesentliche neue Erkenntnisse.

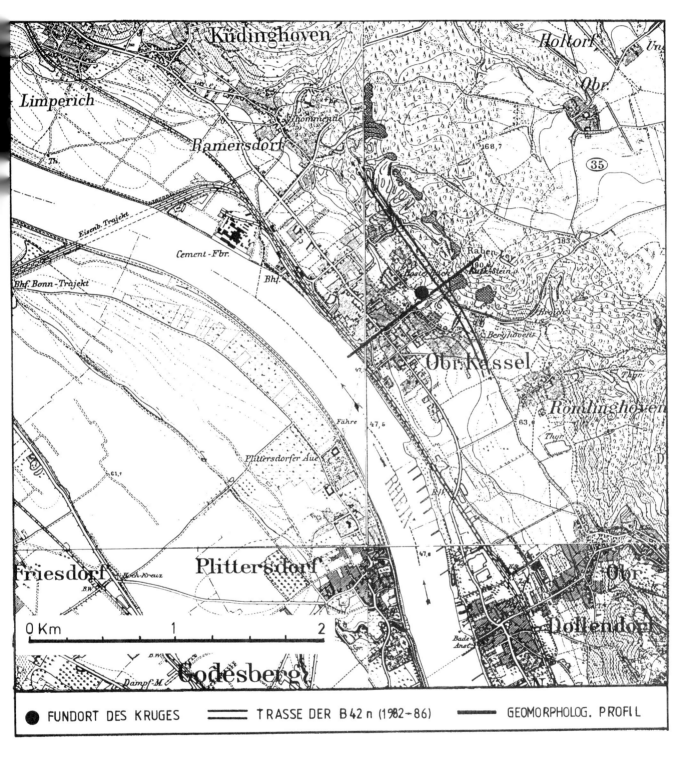

Abb. 1: Topographie des Rheintales bei Oberkassel um 1890. Quelle: TK 25, Ausg. 1890, Blätter 5208 Bonn, 5209 Siegburg, 5308 Bad Godesberg und 5309 Königswinter.

2. Die Geländebefunde

2.1. Beschreibung des Fundortes

Im Zeitraum von 1986 bis 1988 wurde in Bonn-Oberkassel zwischen dem Fußballplatz und der neuen Trasse der Bundesautobahn 42n unterhalb des Kucksteins ein neuer Sportplatz angelegt (DÜLLMANN u. MEYER 1980). Bei einer Profilaufnahme des anstehenden sandigen Sediments im Rahmen einer geomorphologischen Kartierung durch BÜHRE (1988) wurde ca. 1,50 m unter der Geländeoberkante das Oberteil eines Tonkruges gefunden. Der Krug lag mit der Tülle wandeinwärts, die maximale Öffnung war nach SW gerichtet. Bei der ersten Sicherung durch BÜHRE wurde festgestellt, daß der Krug vollständig, ohne jeden Hohlraum, mit Sand verfüllt war. Der Fund wurde an das Rheinische Landesmuseum in Bonn weitergeleitet. Die Untersuchung ergab, daß das Fundstück aus dem 7. Jahrhundert (fränkische Zeit) stammt.
Ergänzend dazu meinte Dr. GIESELER vom Museum: "Die Scherbe gehört zu einer sog. Pilger- oder Feldflasche. Der Typ ist sehr langlebig. Das Stück könnte noch dem 12. Jahrhundert angehören. Genauere Aussagen könnten nur durch einen Vergleich mit anderen dort gefundenen Scherben gemacht werden". Weitere Funde blieben jedoch leider aus.

Im Rheinischen Landesmuseum wurde der Krug mit der Registriernummer 30/87 aus drei Ansichten gezeichnet (s. Abb. 2). Die maximale Höhe beträgt 13 cm, die rekonstruierte Gesamthöhe 25 cm; der maximale Durchmesser beträgt 15 cm.

Foto 1: Aufschluß an der Nordseite des 1988 im Bau befindlichen Sportplatzes von Oberkassel, mit Blick auf die durch Steinbruchbetrieb geschaffenen Basaltwände von Kuckstein und Rabenlay. Davor erstreckt sich Rutschungsgelände über vertontem Trachyttuff. Im linken Bildteil hat eine Rutschung den liegenden Flugdecksand/ Sandlöß überfahren. Die Aufschlußwand ist in liegenden Sandlöß und hangenden Flugdecksand gegliedert. (Aufnahme: Bühre, Juni 1988).

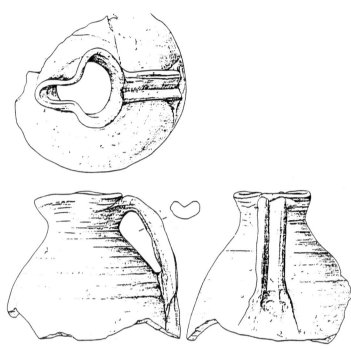

Foto 2: Ansicht des fränkischen Tonkruges aus dem 7. Jh., dessen Oberteil fast unbeschädigt erhalten geblieben ist. Die max. Höhe beträgt 13 cm, die rekonstruierte Gesamthöhe 25 cm; der max. Durchmesser beträgt 15 cm. (Aufnahme: Bühre, Januar 1988).

Abb. 2: Zeichnung des Kruges aus drei Ansichten durch das Rheinische Landesmuseum (Reg.Nr.: 30/ 87).

Ähnliche Funde von fränkischen Krügen werden in den Bonner Jahrbüchern 1976, 1978 und 1981 gemeldet. In Stommeln, Kreis Köln, stieß man beim Eintiefen von Gräben sogar auf mehrere Funde (RHEIN. LANDESMUSEUM u. VEREIN v. ALTERTUMSFREUNDEN: Bonner Jahrbücher 1976, S.424 ff.). Das Bonner Jahrbuch 1978 (S.727 ff.) beschreibt ein fränkisches Frauengrab, ebenfalls mit zahlreichen Funden, in Bonn-Medinghoven. Auch in Bonn-Oberkassel wurde schon vor 10 Jahren das Unterteil eines spätfränkischen Gefäßes, das 0,80 m unter der Erdoberfläche lag, beim Bau eines Hauses gefunden (Bonner Jahrbücher 1981, S. 568). Weiter wird in der Literatur bei BIBUS (1980, S.156) der Fund einer Scherbe innerhalb der Niederterrasse erwähnt, die "... zweifelsfrei ein spätmittelalterliches Alter besitzt". Bei einem Deutungsversuch stellt er jedoch fest: "Aufgrund der widersprüchlichen stratigraphischen Befunde muß das tatsächliche Alter der Terrasse innerhalb des Holozäns offen bleiben."

Im Unterschied zu dem Fund von BIBUS liegt der Krug von Oberkassel jedoch auf der unteren Mittelterrasse in ca.75 m ü.NN und damit fast 20 m über dem Niveau der älteren Niederterrasse. Seine Bedeutung für die Interpretation der fluvialen Dynamik des Rheins im Holozän ist daher gering; über die äolische Dynamik im Rheintal während dieser Zeit vermittelt er jedoch wichtige Erkenntnisse. Die Aufschlußwand, in der der Krug von BÜHRE gefunden wurede, besaß zum Zeitpunkt der

Untersuchung 1988 folgenden Aufbau:

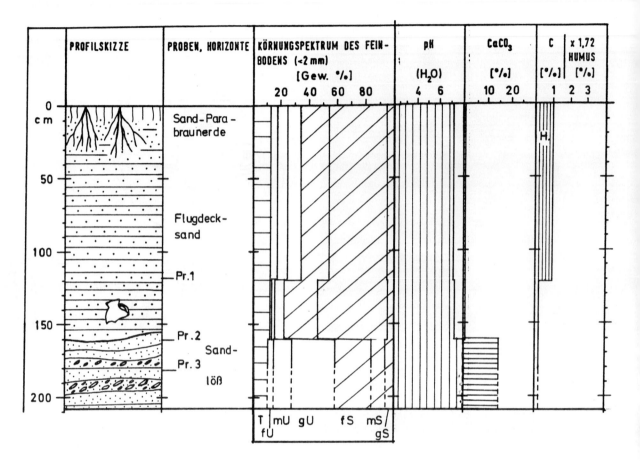

Abb. 3: Profilskizze der Aufschlußwand, in der der Krug durch BÜHRE 1988 gefunden wurde sowie Analysediagramm von 3 typischen Sedimentproben. Die Gliederung der Wand in liegenden Sandlöß und hangenden Flugdecksand ist sehr deutlich. (Analytik: Bühre, Entwurf: Grunert).

1. An der Basis war ein feinsandig-schluffiges Sediment angeschnitten, das stellenweise Basaltschutt und -blöcke enthielt. Nach DÜLLMANN & MÜLLER (1982, S. 14) handelt es sich dabei um Sandlöß, der während seiner Ablagerung mit gröberem Frostschutt aus höheren Teilen des Hanges schichtweise durchsetzt wurde. Eine Probe daraus ("Bankprobe") ergab ein Korngrößenmaximum bei Feinsand und Grobschluff sowie einen hohen Carbongehalt von 14,8%. In einem anderen Gutachten zum Bau der B 42n von HEITFELD & VÖLTZ (1978) wird schlicht vermerkt, daß würmeiszeitlicher Frostschutt und Hanglehm von Sandlöß überlagert wurden.

2. Der Sandlöß im unteren und mittleren Teil der Aufschlußwand war 3-4 m mächtig und reichte am Fundort des Kruges bis 1,65 m unter Geländeoberkante. Er war von dünnen Hangschuttbändern durchzogen. Der Feinsand- und Grobschluffgehalt einer Probe aus 1,80 m Tiefe betrug 27% und 31%; ihr Carbongehalt betrug 13,5%, der pH-Wert (H_2O) 8,2. Die Ähnlichkeit mit der "Bankprobe" aus dem liegenden, eindeutig hoch- bis spätglazialen Sediment ist demnach groß, weshalb der Vermutung in beiden Gutachten zuzustimmen ist, die Sandlößaufwehung habe im Spätglazial stattgefunden.

3. Über dem Sandlöß lagerte 1,65 m mächtiger Flugdecksand, auf dem eine ca. 30 cm tief reichende Parabraunerde entwickelt war. Die Farbe des Flugdecksandes wird bei HEITFELD & VÖLTZ (1978) mit "rost-schokoladenfarben", bei HEITFELD, VÖLTZ & DÜLLMANN (1980) mit "blaßrosa bis hellbraun" angegeben. Eigene Proben ergaben Munsell-Farbwerte zwischen 10 YR 4/4 und 10 YR 5/6 (dry). Der Sandlöß wird in dem Gutachten dagegen übereinstimmend mit "hellgelb bis graugelb"

beschrieben; nach Munsell besitzt er den Farbwert von 10 YR 6/4 (dry). Das Korngrößenmaximum des Flugdecksandes liegt im Bereich Mittelsand (Pr. 1: 38%, Pr. 2: 49%) und Feinsand (Pr. 1: 20%, Pr. 2: 25%). In den Gutachten wird der Flugdecksand daher zutreffend als feiner Mittelsand, der Sandlöß als grobschluffiger Feinsand beschrieben. Der Carbonatgehalt liegt mit 0,5% (Pr. 1) und 0,4% (Pr. 2) sehr niedrig und unterscheidet sich deutlich von den hohen Werten des Sandlösses. Die pH-Werte (H_2O) betragen 7,2 und 7,3. Der Humusgehalt liegt in den untersuchten Proben deutlich unter 1%.

Im abgebohrten Gebiet soll der Flugdecksand örtlich bis 10 m Mächtigkeit erreichen, was von den Verfassern allerdings bezweifelt wird. Seine reliefausgleichende Bedeutung scheint in jedem Fall aber groß zu sein. So ist es beispielsweise nicht möglich, im Untersuchungsgebiet die untere Mittelterrasse als ebenes Niveau in 70 - 75 m ü.NN auszukartieren, weil sie durch Sandaufwehung zu einer glacisähnlich geneigten Fläche umgeformt wurde. Die Ablagerung des Flugdecksandes wird nach den Gutachten im Spätglazial, d.h. unmittelbar nach der Sandlößakkumulation vermutet.

2.2. Morphdynamik in der Umgebung des Fundes

Hinter der Fundstelle des Kruges erhebt sich der Basalt-Steilhang von Kuckstein und Rabenlay, der aber nicht dem natürlichen Talhang entspricht. Dieser wude von 1832-1952 durch Steinbruchbetrieb beträchtlich zurückverlegt. Eine Rekonstruktion der ursprünglichen Hang - Deckschichten ist daher nicht mehr möglich; wohl aber wird die Geländearbeit durch umfangreiche Haldenschüttungen beträchtlich erschwert. Beispielsweise stand nur 50 m südlich der Fundstelle ein Basaltbruchwerk, das eine starke Überhaldung erzeugt hat. DÜLLMANN & MÜLLER (1982, S. 9-10) bemerken in ihrem Gutachten zum Autobahnneubau bei Oberkassel: "Dieses Haldenmaterial ist im Bereich der Trasse der geplanten B 42n noch in jüngster Vergangenheit unregelmäßig und abschnittsweise bis zu seiner Schüttungsbasis wieder abgebaut worden. Dabei ist auch sandiges Material (Flugsand) des natürlichen Anstehenden abgetragen worden". Hiermit ist der Beleg erbracht, daß zumindest Flugdecksand unter jungen Steinbruchhalden beträchtlich weiter hangaufwärts reicht, als dies auf der Geländeoberfläche nachweisbar ist.

Wie schwierig die Klärung der Morphogenese an dieser Stelle ist, mögen folgende Angaben verdeutlichen: Als einzige Karte vor dem Beginn des Steinbruchbetriebes 1832 steht nur die Aufnahme von TRANCHOT - MÜFFLING zur Verfügung. Sie läßt keine genauen Hanganalysen zu. Ein Hinweis auf die ehemalige Hangform findet sich indes bei STEINMANN (zit. bei BAUER 1989, S. 30): "Vor Anlage des heutigen Steinbruchs 'im Stingenberg' bildete die Rabenlay an ihrem Vorsprunge, dem sog. Kuckstein, einen Steilabsturz, der durch den Steinbruchbetrieb fast ganz beseitigt ist".

Ein Beleg dafür, daß Flugdecksand und darüber anstehender Sandlöß auch durch natürlich verlagertes Hangmaterial überdeckt werden konnte, findet sich in einem weiteren Gutachten von HEITFELD, VÖLTZ & DÜLLMANN (1980, S.28). Beim Bau des neuen Sportplatzes von Oberkassel wurde im nordöstlichen Böschungsbereich, ca. 70 m vom Fundort des Kruges entfernt, die alte, derzeit inaktive Gleitfuge einer großen Trachyt-Rutschung angeschnitten, die mit einem Reibungsfuß, bestehend aus grobstückigem Haldenmaterial, befestigt ist. Zum Alter findet sich in dem Gutachten folgender Hinweis: "... die Rutschung ging mit ihrer Bewegungsbahn bis zu 100 m über den Flugsand/Sandlöß hinaus". Die mehr als 10 m mächtigen "Sande" sind hier angeblich eindeutig in liegenden Sandlöß und hangenden Flugdecksand getrennt. Weiter steht im Gutachten an derselben Stelle: "Da Bodenbildungen an der Oberfläche des Flugdecksandes und des Sandlösses unterhalb der Rutschmassen nicht festgestellt wurden, kann mit sehr geringer Irrtums-Wahrscheinlichkeit angenommen werden, daß die Massenbewegungen in die Periode des Tieftauens fallen, die sich unmittelbar an das Würmzeitalter, nach Ablagerung der Lösse, anschließt. "In den Fundamenten der Ruine "Steiner Häuschen", die auf der Rutschmasse liegt, lassen sich alte Nachbesserungen offener Fugen feststellen. Daher müssen "... noch Restbewegungen nach dem 11. Jh. stattgefunden haben" (HEITMANN, VÖLTZ & DÜLL-

MANN 1980, S. 28).

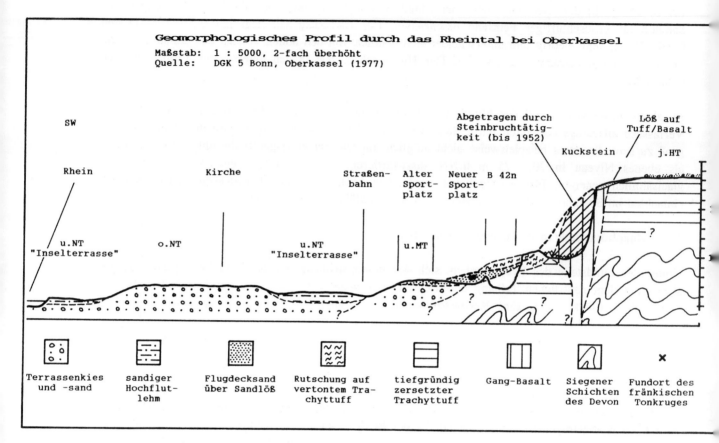

Abb. 4: Geomorphologisches Profil durch den östlichen Teil des Rheintals bei Oberkassel. (Entwurf: Grunert)

3. Deutung der Befunde, Schlußfogerungen

Durch den Fund des vermutlich aus dem 7. Jh. stammenden fränkischen Tonkruges, ca. 10 cm oberhalb der Diskordanz zwischen Sandlöß und Flugdecksand, wird die Frage nach der nacheiszeitlichen Morphodynamik erneut aufgeworfen. Fest steht, daß es sich bei dem Krug um einen in-situ Fund und nicht etwa um ein von Menschenhand vergrabenes Objekt handelt. Belege hierfür sind die Lage 1,70 m unter der Erdoberfläche, seine vollständige Füllung mit Flugsand und dessen ungestörte, horizontale Schichtung im Hangenden. Es kann sich daher nur um einen natürlichen Überwehunsvorgang gehandelt haben. Die mögliche Deutung des Flugdecksandes als fluviales Sediment scheidet aus. Das Körnungsspektrum ist homogen und außerdem fehlen Rinnen, durch die Sand von der Rabenlay hätte herantransportiert werden können.

Die Frage lautet daher: woher kam der Sand in solchen Mengen und wann wurde er aufgeweht?

Aus der Frage nach dem Auswehungsgebiet von Sandlöß und Flugsand ergibt sich sogleich die weitere Frage nach dem Aussehen der Rheinaue während des Zeitraums der Auswehung. Einigkeit mit allen genannten Autoren besteht in der Annahme, daß starke westliche Winde den Transport bewirkten und daß zumindest Teile der Rheinaue vegetationslos waren. Diese Annahme trifft sicher für das Spätglazial zu, in dem nach allgemeiner Auffassung der Sandlöß ausgeblasen wurde. Die jüngere Niederterrasse stellte damals eine durch den regelmäßigen Wechsel von Überflutung und Trockenfallen weitgehend vegetationslose Fläche dar. Sandlöß wurde in großen Mengen sogar hangaufwärts über den

Steilhang der Rabenlay verfrachtet und auf der östlich angrenzenden, ca. 170 m ü.NN gelegenen Hauptterrassenfläche abgelagert. Belegt ist dies auf den alten geologischen Karten von RAUFF (1924) und UDLUFT (1939) sowie auf der neuen Karte von BURGHARDT (1980).

Schwieriger ist es dagegen, die Herkunft des Flugdecksandes zu deuten. Die in allen ausgewerteten Gutachten vertretene Meinung, er sei ebenfalls spätglazialer Entstehung, läßt sich nicht halten. Der Krugfund an der Basis des Flugdecksandes belegt ganz klar die Zeit nach dem 7. Jh. als Auswehungszeitraum. Für die Sanddynamik kommen zwei Möglichkeiten in Betracht:

Nach der ersten Möglichkeit käme die alte Hochwasserrinne zwischen Oberkassel und Beuel als natürliches Auswehungsgebiet in Frage. Sicherlich bildeten sich, ähnlich der heutigen Situation, bei Hochwasser Sandbänke aus, die später verblasen werden konnten. Doch die mögliche Auswehungsfläche ist nur klein und ein Verblasen des Sandes in östliche Richtung bei auwaldähnlicher Vegetation auf der Niederterrasse ist kaum vorstellbar.

Bei der zweiten Möglichkeit wird eine frühmittelalterliche, intensive Rodung auf den Niederterrassen und besonders auf der von Sandlöß bedeckten unteren Mittelterrasse angenommen. Dabei kam es vor allem zu einer Remobilisierung des leicht erodierbaren Sandlösses, der aber nur über kurze Strecken verlagert wurde. Es vollzog sich eine Korngrößensortierung mit dem Ergebnis einer starken Mittelsanddominanz im Sedimentationsgebiet. Die Schluffanteile sowie Humus wurden ausgeblasen. Die Bevorzugung leichter, sandiger Böden für den mittelalterlichen Ackerbau ist allgemein bekannt. Dokumentarisch belegt ist die intensive bäuerliche Nutzung als Kartoffelacker der Umgebung des Krug-Fundortes noch um 1920 (BERGMANN 1977, Abb. 6).

Diese Deutung überzeugt auch deshalb, weil sie das Fehlen jeglicher Bodenbildung auf dem Sandlöß erklärt. Die zahlreichen Bohrungen erbrachten jedenfalls keine Hinweise. Ein holozäner Boden - nach MÜLLER (1959) und PAAS (1962) handelte es sich vermutlich um eine sandige Parabraunerde - wurde in historischer Zeit offenbar völlig abgetragen und zusammen mit untergelagertem Sandlöß verblasen. Auch in der ca. 200 m langen Aufschlußwand, in der der Krug steckte, konnte BÜHRE keinerlei Reste eines Bodenprofils auf dem Sandlöß finden. Die ungestörte horizontale Schichtung und der völlig unverwitterte Zustand des Flugdecksandes lassen sich als Beleg für eine schnelle Sedimentation - gemeint sind wenige Jahrhunderte - deuten.

Kopfzerbrechen bereitet indes die Alterseinstufung der großen Trachyt-Rutschung wenig nördlich des Fundplatzes. Sollte die Angabe im Gutachten von HEITFELD, VÖLTZ & DÜLLMANN (1980, S. 28) zutreffen, die Rutschung habe nicht nur Sandlöß, sondern auch Flugsand überfahren, hieße das, für die Rutschung ein Alter zwischen dem 7. und 11. Jh. anzunehmen. Das "Steiner Häuschen" wurde im 11. Jh. auf dem höchsten Punkt der Rutschmasse errichtet. Die erwähnten Risse an den Fundamenten, die in der Folgezeit ausgebessert werden mußten (s.o.), lassen in der Tat vermuten, daß die Rutschung nicht lange vor dem Bau des Hauses abgegangen und in der Folgezeit erst allmählich zur Ruhe gekommen war. Träfe dagegen die in mehrere Gutachten zu lesende Annahme zu, bei der großen Hangrutschung handle es sich um ein spätglaziales Ereignis, wären die Rißbildungen kaum zu verstehen. Die Rutschmasse hätte längst konsolidiert sein müssen. Leider fanden sich bisher keine historischen Dokumente, die ein derart großes Rutschereignis im fraglichen Zeitraum belegen könnten. Eine abschließende Klärung ist daher vorerst nicht möglich (vgl. U. HARDENBICKER, in diesem Heft).

Gesichert erscheint aber in jedem Fall die Feststellung einer kräftigen äolischen Morphodynamik im Untersuchungsgebiet während des frühen Mittelalters, die wahrscheinlich durch starke lokale Rodungstätigkeit ausgelöst worden war.

Literatur

AHRENS, W. (1930): Die Trennung der Mittel- und Niederterrassen am Mittel- und Niederrhein in einen diluvialen und alluvialen Teil aufgrund der Geröllführung. -Z. dt. geol. Ges., 82, S. 129-141.

BAUER, A. (1989): Die Steinzeitmenschen von Oberkassel. - Schriftenreihe des Heimatvereins Bonn-Oberkassel e.V., 8, 56 S., Bonn-Oberkassel.

BERGMANN, A. (1977): Die früheren Höfe in Oberkassel. - Schriftenreihe des Heimatvereins Bonn-Oberkassel e.V., 2, 27 S., Bonn-Oberkassel

BIBUS, E. (1980): Zur Relief-, Boden- und Sedimententwicklung am unteren Mittelrhein. - Frankfurter Geowiss. Arb., Ser. D, phys. Geogr., 1, 295 S.

BÜHRE, H. (1988): Geomorphologische Kartierung des Beueler Stadtgebietes, des Ennerts und des Pleiser Ländchens. - Bonn (unveröff. Dipl. Arb. am Geogr. I. der U. Bonn).

BURGHARDT, D. (1980): Geologische Karte 1:50.000: Siebengebirge und Pleiser Ländchen. - Sonderveröff. d. Geol. L.A. NRW Krefeld.

BURRE, D. (1933): Beiträge zur Kenntnis des Quartärs im Rheintale in Höhe des Siebengebirges. - Jb. preuß. geol. L.-Anst., 53, S. 247-260, Berlin.

DIETZ, J. (1967): Die Veränderungen des Rheinlaufes zwischen der Ahrmündung und Köln in historischer Zeit. - Rhein. Vierteljahresbl., 31, S. 351-376.

DÜLLMANN & MEYER (1980): Gutachten zur Klärung der Untergrundverhältnisse und der Böschungsstandsicherheit im Bereich der Sportanlage Oberkassel. - Aachen, Gutachten im Auftrag der Stadt Bonn, A. 67.

DÜLLMANN & MÜLLER (1982): Gutachten über die ingenieurgeologischen Verhältnisse im Bereich des Steinbruchs Stingenberg in Bonn-Oberkassel in Hinblick auf die geplante Teilverfüllung mit Bodenaushubmassen. - Aachen, Gutachten im Auftrag des Rheinischen Straßenbauamtes Bonn.

HEITFELD & VÖLTZ (1978). Ingenieurgeologisches Gutachten für den Streckenabschnitt 28 + 450 bis 28 + 950 der B 42n (A 59) im Bereich des Kucksteins bei Oberkassel. - Aachen, Gutachten im Auftrag des Rheinischen Straßenbauamtes Bonn.

HEITFELD, VÖLTZ & DÜLLMANN (1980): Gutachten über die ingengieur- und hydrogeologischen Verhältnisse im Bereich der Haldenzone (B 42n) zwischen Bau-km 26 + 900 und 27 + 950 einschließlich Empfehlungen für die Böschungssanierung. - Aachen, Gutachten im Auftrag des Rheinischen Straßenbauamtes Bonn.

HOMBITZER, A. (1913): Beiträge zur Siedlungskunde und Wirtschaftsgeographie des Siebengebirges und seiner Umgebung, Bonn (Diss.).

JUNGBLUTH, F.A. (1918): Die Terrassen des Rheins von Andernach bis Bonn. - Verh. d. naturhist. Ver. v. Rheinld. u. Westf., 73, 103 S.

KAISER, K.H. (1961): Gliederung und Formenschatz des Pliozän und Quartär am Mittel- und Niederrhein sowie in den angrenzenden Niederlanden unter besonderer Berücksichtigung der Rheinterrasssen. - in: Köln und die Rheinlande, Festschrift. 33 dt. Geogr.-Tag Köln, S. 236-278, Wiesbaden.

MÜLLER, E.H. (1959): Art und Herkunft des Lösses und Bodenbildung in den äolischen Ablagerungen Nordrhein-Westfalens unter Berücksichtigung der Nachbargebiete. - Fortschr. Geol. v. Rheinld. u. Westf., 4, S. 255-265

PAAS, W. (1962): Rezente und fossile Böden auf niederrheinischen Terrassen und deren Deckschichten. - Eiszeitalter u. Gegenw., 12, S. 165-230.

QUIRING, H. (1926): Die Schrägstellung der westdeutschen Großscholle im Känozoikum in ihren tektonischen und vulkanischen Auswirkungen, mit dem Versuch einer Terrassenchronologie des Rheins. - Jb. preuß. geol. L.-Anst., 47, S 456-558, Berlin.

RAUFF, H. (1924): Geologische Karte von Preußen und benachbarten Bundesstaaten, Lief. 214, Blatt Bonn. - Berlin.

RHEINISCHES LANDESMUSEUM und VEREIN von ALTERTUMSFREUNDEN (Hrsg.):
Bonner Jahrbücher 1976, S. 424 ff.
Bonner Jahrbücher 1978, S. 727 ff.
Bonner Jahrbücher 1981, S. 568.

STICKEL, R. (1936): Die genetische Gliederung und geochronologische Einstufung der Niederterrassenaufschüttungen am Mittel- und Niederrhein. - Decheniana, 93, S. 351-368.

UDLUFT, H. (1939): Geologische Karte von Preußen und benachbarten deutschen Ländern, Lief. 346, Blatt Siegburg. - Berlin.

WILCKENS, O. (1927): Geologie der Umgebung von Bonn. - 273 S., Berlin.

WILCKENS, O. (1927a): Die geologischen Verhältnisse der Wahner Heide. - in: RADEMACHER, C. (Hrsg.): Die Heideterrassen zwischen Rheinebene, Acher und Sülz. - Kölner Anthropol. Ges., S. 1-6, Leipzig.

AUSWERTUNG GEOMORPHOLOGISCHER KARTIERUNGEN IM SIEBENGEBIRGE FÜR DIE GEOÖKOLOGISCHE KARTE 1:25.000 (GÖK 25)

von Dirk Barion

Summary

During the years 1987/88, the Siebengebirge region (near Bonn) was mapped geomorphologically at a great scale.
The ecological interpretation of these maps is shown in local examples. Following the principles of geoecological mapping as specified in the "Handbook and Instructions of the Geoecological Map 1:25.000" (KA GÖK 25 LESER u. KLINK 1988), the presented area is planned to be mapped. Here in particular we try to stress the specific ecological importance of the factor georelief in the landscape of the Siebengebirge. The geomorphological maps of the region transport additional pieces of information of other geoecofactors. This may shorten substantially the time of their mapping for the geoecological map.

Zusammenfassung

Der Raum des Siebengebirges (bei Bonn) wurde in den Jahren 1987/88 großmaßstäbig geomorphologisch kartiert.
An Beispielen wird die Auswertung dieser Kartierungen, für die Erstellung einer geoökologischen Karte des Gebietes, in Anlehnung an die Kartieranleitung Geoökologische Karte 1:25.000 (KA GÖK 25, LESER u. KLINK 1988), gezeigt. Hierbei wird das landschaftsspezifische Gewicht des Faktors Georelief für den Raum des Siebengebirges hervorgehoben. Die GMK deckt Inhalte anderer Geoökofaktoren teilweise ab, deren Kartierung für die GÖK infolgedessen z.T. deutlich abgekürzt wird.

1. Forschungsstand und Aufgabenstellung

Die geomorphologische Erforschung des Siebengebirges wurde erstmals von FRÄNZLE (1969) zusammen mit der Geomorphologie des engeren Bonner Raumes beschrieben.
SIEGBURG (1987a) hat in seiner Arbeit zu Talasymmetrien u.a. das Pleiser Hügelland systematisch erfaßt und über statistische Methoden Klärungsansätze zur Hangformung an Beispielen aus dem Siebengebirge geliefert (SIEGBURG 1987b).
In den Jahren 1987/88 wurden das Siebengebirge und Umgebung erstmals großmaßstäbig geomorphologisch kartiert (DIEDERICHS 1987; BARION 1988; BÜHRE 1988; OHLMEYER 1988). Die Geomorphographie des Raumes liegt jetzt flächendeckend, mit Erläuterungen, im Maßstab 1:10.000 vor. Die Morphogenese wurde jeweils in getrennten Blättern 1:25.000 angelegt. Im wesentlichen folgen die Kartierungen der Legendenkonzeption der GMK 25 (LESER u. STÄBLEIN 1979). Diese wurde im Rahmen des GMK - Schwerpunktprogramms der DFG an verschiedenen Stellen vorgestellt (BARSCH 1976; BARSCH u.a. 1978 ff.; LESER u. STÄBLEIN 1975, 1979; STÄBLEIN 1979, 1980). Von dieser Konzeption wurde aber insofern abgewichen, als die Darstellung hier nicht in einer Ein-Blatt-Ausgabe erfolgt, sondern, in Anlehnung an KUGLER (1964, 1965, 1974, 1975), in zwei getrennten Blättern. Der Wert dieser Darstellung wird in der Diskussion um die Musterblätter der GMK 25 bestätigt (BARSCH u. LIEDTKE 1980, BARSCH u. MÄUSBACHER 1980; FINKE 1980; GELLERT 1986; LESER 1971, 1980, 1983a, 1985a; MÄUSBACHER 1983, 1985).
Aufbauend auf diesen Arbeiten und in Anlehnung an die Kartieranleitung für die geoökologische Karte 1:25.000 (KA GÖK 25, LESER u. KLINK 1988) werden flächenhafte Kartierungen zu geoökologi-

schen Aussagen angestrebt.

Die ökologische Forschung im Siebengebirge wird traditionell - mit vorwiegend pflanzensoziologischen Arbeiten - von botanischer (KÜMMEL 1956; KRAUSE zit. in LÖLF 1988; TRAUTMANN 1973), und von zoologischer Seite (BERG 1989; DAHMEN 1990, RETTIG 1972) betrieben. Die forstliche Planung liefert mit der forstlichen Standortskarte 1:10.000 einen wichtigen Beitrag zur Ökologie der Waldstandorte des Naturparks Siebengebirge (LÖLF 1988).

Von geographischer Seite liegt eine Arbeit zur Ökologie ausgewählter Bäche des Bereiches vor (SEWING 1989).

Eine flächenhafte Erkundung aus geoökosystemarer Sicht, die eine breite Grundlage zur Beurteilung des landschaftlichen Leistungsvermögens (MARKS u.a. 1989) bietet, fehlt trotz der Vielzahl naturkundlicher Arbeiten im Raume des Siebengebirges bis heute.

Vor diesem Hintergrund zeigt sich der hohe Wert großmaßstäbiger geomorphologischer Karten, deren Umsetzung und Anwendung für die Erstellung der GÖK 25 an Beispielen des Siebengebirgsraumes gezeigt werden soll.

2. Das Konzept der GÖK 25

Als Ergebnis einer mehrjährigen Diskussion um die Vereinheitlichung der Aufnahme und Inhalte von landschaftsökologischen Karten liegt mit der KA GÖK 25 (LESER u. KLINK 1988) ein umfangreicher Legendenschlüssel für die Kartenaufnahme der geoökologischen Karte 1:25.000 (GÖK 25) vor.

Das Konzept GÖK 25 basiert zum Einen auf der landschaftsökologischen Erkundung im Sinne u.a. von CZAJKA (1965), HAASE (1967), SCHMITHÜSEN (1953, 1967) und TROLL (1939, 1950, 1963), mit der flächenhaften Aufnahme von Geoökofaktoren (LESER 1984). Zum Anderen wird ein systemtheoretisch orientierter Ansatz mit der Erfassung und quantitativen Darstellung der Speicher, Regler und Prozesse im Geoökosystem über Kennwerte angestrebt (HAASE 1978; KLUG & LANG 1983; LANG 1982, 1984; LESER 1972, 1974a, 1978, 1983, 1985; LESER u. KLINK 1988; MOSIMANN 1978, 1980, 1984).

Die geoökologische Kartierung stützt sich im ersten Schritt auf die Aufnahme der Geoökofaktoren Georelief, Boden, Bodenwasser, Oberflächengewässer, geologischer Untergrund, Klima, Vegetation und anthropogene Einflüsse. Die inhaltliche Differenzierung dieser Geotope zur Ausweisung ökologischer Raumeinheiten im Sinne einer geosystemaren Betrachtung erfolgt in einem zweiten und dritten Schritt über die Erfassung von Struktur- und Prozeßgrößen der Geoökofaktoren.

Ziel der geoökologischen Kartierung ist die Ausweisung von Raumeinheiten mit strukturell gleichen oder ähnlichen Merkmalen, die eine bestimmte landschaftshaushaltliche Verfügbarkeit begründen (LESER u. KLINK 1988: S.23). Es wird hierbei angestrebt, mit möglichst einfachen Mitteln der Feldforschung zu Aussagen über die inhaltliche Ausstattung und Wirkungsweise von Ökotopen zu kommen. Hierzu sollen zum Zwecke einer raschen Verfügbarkeit der Daten umfangreiche Messungen im Sinne der landschaftsökologischen Komplexanalyse (MOSIMANN 1984) vernachlässigt werden (LESER u. KLINK 1988: S. 41), ohne den Wert dieser Verfahren für die Erhebung "harter Daten" zu verkennen.

3. Das Georelief im Konzept der geoökologischen Karte

Das Georelief ist über seine Beziehungen zu Boden-, Gewässer- und mikroklimatischen Gegebenheiten der maßgebliche abiotische Faktor für die innere Gliederung und äußere Abgrenzung von Ökotopen und, nach LESER (1988), Bestandteil des Landschaftshaushaltes.

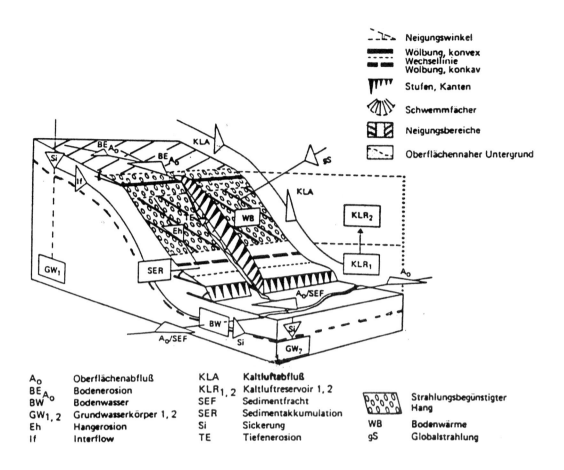

Abb. 1: Das Georelief als Regler im Geoökosystem (nach LESER 1988, S. 44; verändert)

Im Verein mit klimatischen Faktoren und dem Pflanzenkleid steuern oder beeinflussen Boden- und Reliefmerkmale in entscheidendem Maße sämtliche Stofftransporte und Haushaltsgrößen in Ökosystemen (vgl. Abb. 1).
Auf die Relevanz geomorphologischer Faktoren für den Wasser-, Stoff- und Energiehaushalt weisen zusammenfassend u.a. BARSCH u. LIEDTKE (1980) LESER (1988) und am Beispiel von Stofftransport und Luftbewegungen MÄUSBACHER (1985: S.42) hin.
Das Gewicht landschaftsspezifisch dominierender Faktoren sollte sich in der Ausweisung von Geotopen und im Informationsgehalt der GÖK 25 niederschlagen (LESER u. KLINK 1988: S.230). Im Siebengebirge muß dem Georelief in den Informationsschichten der GÖK eine zentrale Bedeutung beigemessen werden. Mit seinen überwiegend stark geneigten, kleinräumig zertalten Hängen, der Vielzahl vulkanischer Vollformen (insgesamt über 40) und einer Reliefdistanz zwischen dem Rheintal und den höchsten Kuppen von über 400 m, ist das Relief dominierender Faktor für den Stoff- und Energiehaushalt der Landschaft.
Das Kartiergebiet gliedert sich in drei Teilbereiche:
1. Das Engtal des Rheins, mit z.T. schwach ausgeprägter Terrassierung am Westabhang des Siebengebirges;
2. Das nach Osten hin ansteigende zentrale Siebengebirge;
3. Die Hochfläche des Pleiser Hügellandes, das durch das Abflußsystem des Pleisbaches zerriedelt wird.

Diese Teilräume unterscheiden sich außer nach dem Relief, sowohl in exogen - klimatischen Faktoren des Landschaftshaushaltes, als auch, bedingt durch die geologischen Verhältnisse, in ihrer substantiellen Ausstattung.

4. Methodik und Ergebnisse der Auswertung

Die Auswertung der Einzelinhalte der geomorphologischen Karte erfolgt getrennt nach den Informationsschichten Geomorphographie und Hydrographie, Substrat, aktuelle Prozesse und Genese.

4.1. Geomorphographie und Hydrographie

Die Morphographie bildet über Geomorphotope das Grundmuster der Georeliefdarstellung im Sinne einer Auswertungskarte für die GÖK 25 (BARSCH u. MÄUSBACHER 1980; MÄUSBACHER 1985, LESER u. KLINK 1988). Die Ausweisung der Morphotope ist der erste Schritt zu einer Grenzfindung von Ökotopen (vgl. Abb. 2 u.3).

Es lassen sich verschiedene Größenordnungen von Morphotopbildnern erkennen:
1. Areale unterschiedlicher Neigungsklassen, begrenzt durch Wölbungsformen, als oberstes Ordnungsmerkmal;
2. Stufen, Kanten und Böschungen, als eigenständige Grenzen zweiter Ordnung, innerhalb der Neigungsklassen;
3. Kleinformen und Rauheit gliedern als eigenständige Morphotope die Areale gleicher Neigungsklassen.

Die Geomorphotope als Teilinformation der geoökologischen Karte stellen das Grundmuster des Geoökofaktors Georelief dar.

Die Hydrographie nimmt in Form von Quellen und Bächen eine Sonderstellung in dieser Gliederung ein, da es sich hier um eigenständige, komplexe Ökosysteme handelt. Aus dem Legendenkonzept der GMK ergibt sich praktisch die Erfassung des Gesamtinventars der Hydrographie des Siebengebirges.

4.2. Die Substrate

In einem zweiten Schritt läßt sich über das Verteilungsmuster der Substrate und des oberflächennahen Gesteinsuntergrundes eine innere Gliederung der Morphotope erreichen, die über mittlere Körnungs- und Lagerungsverhältnisse Aussagen zu Strukturgrößen ökologischer Raumeinheiten beinhaltet.

Die typische Abfolge der Substrate im zentralen Siebengebirge, von der Kuppe zum Hangfuß ist:
1. oberflächennahe Festgesteine (Vulkanite)
2. block- und grusreiche Vulkanitlehme
3. grusreiche Vulkanitlehme
4. Lößauflagen, als stark schluffige Lehme in den Unterhangbereichen; zum Hangfuß zunehmend mächtiger.

Im Bereich des südlichen Siebengebirges und des Pleiser Hügellandes übernehmen vermehrt Verwitterungsprodukte des Devon die Stelle der Vulkanite; hier tritt die Blockschuttzone in der Hanggliederung stark zurück. Zum Rheintal hin zeigt sich die beschriebene Hanggliederung vereinzelt an den Hängen von Drachenfels und Petersberg; das Tal selbst wird recht einheitlich von kiesigen Flußablagerungen (vorwiegend ä.NT) und Hochflutlehmen beherrscht.

Mit der Erfassung der oberflächennahen Festgesteine wird in der geomorphologischen Karte bereits ein wichtiger Beitrag zur Erkundung des Geoökofaktors geologischer Untergrund in seinem ökologisch relevanten Erscheinungsbild geliefert.

4.3. Prozeßdynamik

Die aktuellen geomorphologischen Prozesse beinhalten alle Formen von Feststoffverlagerungen auf der Erdoberfläche und lassen sich mit Einschränkungen, über vorhandene Prozeßspuren und typische Bodenprofile, quantifizieren. Für ökologische Raumeinheiten sind nur flächenhafte Verlagerungen des

Feinbodens von Interesse.

Die Signaturen für flächenhaften Abtrag bilden hier gemeinsam mit Relief- und Substratdaten ein gutes Mittel zur Abgrenzung von Erosions- und Akkumulationsbereichen sowie zur Bestimmung des vorwiegend wirksamen Transportmediums.

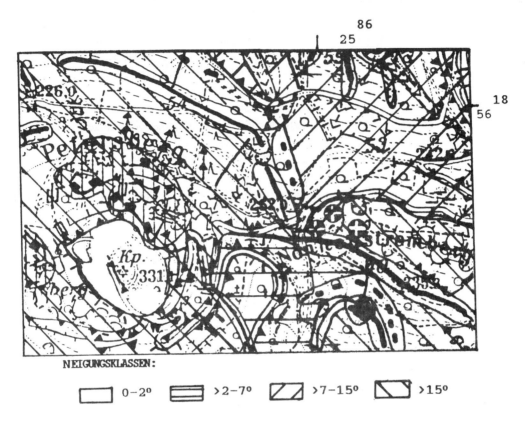

Abb. 2: Geomorphotopdarstellung am Beispiel von Petersberg und Nonnenstromberg (TKV 10, 5309 Königswinter, NW).

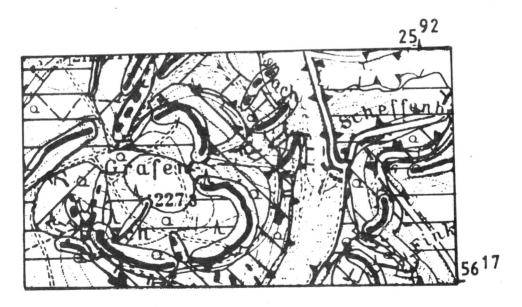

Abb. 3: Geomorphotope im Pleiser Hügelland (Grafenbusch, Logebachtal und Finkenhardt) (Legende s. Abb. 2) (TKV 10, 5309 Königswinter NO).

5. Bedeutung der Landschaftsgenese für die GÖK

Die Landschaftsgenese des Siebengebirgsraumes bildet eine wichtige Grundlage für das Verständnis sowohl des morphologischen Erscheinungsbildes als auch des Grundmusters zur Ableitung von Ökotopen.

Der tertiäre Siebengebirgsvulkanismus bedeckte das anstehende devonische Schiefergebirge in einer ersten Eruptionsphase weiträumig mit Trachyttuff. In weiteren Phasen drangen trachytische, andesitische und basaltische Laven in den Tuffmantel ein. In der Folgezeit wurden die vulkanischen Härtlinge erosiv, mit der tektonischen Eintiefung des Rheintals als lokaler Erosionsbasis, freigelegt. Über dem flächenhaft auftretenden Trachyttuff, der besonders an den Hängen des engeren Siebengebirges als saures Ausgangsmaterial der Bodenbildung auftritt, lagerten sich periglazial Lößdecken ab. An den Hängen des Siebengebirges ist der Löß in geschützten Lagen und, in umgelagerter Form, in Hangfußbereichen erhalten; im Pleiser Hügelland liegt er praktisch flächendeckend, jedoch in sehr unterschiedlicher Mächtigkeit, dem devonischen Sockel auf.

Die geomorphogenetische Karte, als Interpretation der geo-morphologischen Erkundung, liegt für den Siebengebirgsraum im Maßstab 1:25.000 vor.

Die genetische Deutung bietet im einzelnen wichtige Ansätze für die Beurteilung von Entstehung und Weiterbildung der Geomorphotope.

5.1. Denudative Formung

An der Summe der Prozeßbereiche im Siebengebirgsraum hat die denudative Formung den größten Anteil. Sie betrifft, in Form flächenhafter Abspülung, nahezu sämtliche Areale mit $>2^{O}$ Neigung. Unter diesen Formungstyp fällt auch der aktuelle Oberflächenabtrag und damit die Verlagerung des Feinbodens. Zur ökologisch-prozessualen Deutung muß die denudative Formung in Verbindung mit Signaturen für aktuellen flächenhaften Abtrag verwendet werden.

5.2. Anthropogene Formung

Anthropogen geformte Bereiche liegen als Siedlungs-, Verkehrs- und Industrieflächen vor. Diese Flächen können analog in die GÖK übernommen und dem Geoökofaktor anthropogene Einflüsse zugezählt werden; sie bleiben dort im wesentlichen unbearbeitet (LESER u. KLINK 1988: S.222).

Auf der anderen Seite werden anthropogen überprägte Räume ausgewiesen, wobei es sich in der Mehrzahl um Halden, Stollen und Felswände, als Hinterlassenschaften des im Siebengebirgsraum weit verbreiteten ehemaligen Bergbaus handelt. Diese Flächen unterstehen keiner aktuellen anthropogenen Formung. Es handelt sich jedoch sowohl aus bodenkundlicher, wie auch aus geomorphologischer und ökologischer Sicht um Sonderstandorte. Für eine Abgrenzung von Grünflächenbereichen gegenüber stillgelegten Bergbau- und Aufschüttungsbereichen können die als anthropogen überformt ausgewiesenen Flächen in der geomorphogenetischen Karte zur Kennzeichnung des Bergbaus weitgehend übernommen werden.

5.3. Tektonische, magmatische und strukturelle Formen

Der Formenschatz magmatischen Ursprungs findet sich im Siebengebirge regelhaft auf den Kuppen der Vulkanhärtlinge. Hier ist die Genese fest mit der Verbreitung des Geoökofaktors oberflächennaher Untergrund verknüpft.

In ähnlicher Form legt die tektonische Formung an den rheinwärtigen Hängen, infolge von Bruchtektonik in der südlichen Kölner Bucht, den devonischen Gesteinssockel frei. An steilen Talflanken im Pleiser Hügelland wird die Freilegung des Festgesteins durch Strukturunterschiede der Tonschiefer und Grauwacken des Devon hervorgerufen.

5.4. Cryogene und fluviale Formung

Die Talanfänge in Form von Dellen und Quellmulden sind in der Regel periglazial angelegte Formen, die von aktuellen fluvialen Prozessen weitergebildet werden. Die polygenetische Formung der Täler wirkt sich sowohl über den Formenschatz, mit der Gliederung der Hänge in Dellen und Kerbtälchen, als auch über die Lagerung der Substrate auf den Landschaftshaushalt aus. Hiervon sind vor allem Richtung und Konzentration des Feststofftransportes und der Bodenwasserhaushalt betroffen. In diesem Sinne beschreiben Bereiche der cryogenen und fluvialen Formung regelmäßig Geotope mit eigenständiger landschaftshaushaltlicher Ausrichtung, die sich in der Geländestruktur plastisch darstellen und zur Ausweisung von Ökotopen herangezogen werden können (vgl. Foto 4).

Foto 1: Foto einer Dellenform auf der Finkenhardt im Pleiser Hügelland (vgl. Abb. 3). Der bewaldete Bereich bedeckt den Tilkensprung zum Logebachtal (Blick aus dem Pleiser Hügelland nach W; im Hintergrund der Gr. Ölberg).

6. Indirekte Auswertung der GMK

Indirekt, über Berechnungen und Kennwerte, können prinzipiell alle Einzelinformationen der GMK fachbezogen ausgewertet werden (MÄUSBACHER 1985: bes.62ff.).
Aus landschaftshaushaltlicher Sicht sind besonders Größen bodenphysikalischer Kennwerte (Arbeitsgemeinschaft Bodenkunde 1982: S145ff.; MÄUSBACHER 1985: S.46ff.) als flächenhafte Ableitungen aus den Substratarealen, und energiehaushaltliche Umrechnungen aus morphographischen Elementen (KAEMPFERT 1947; MORGEN 1957) interessant.
Über Ableitungen bodenphysikalischer Parameter aus den Korngrößen der erfaßten Deckschichten und ihrer Lagerung kann die geomorphologische Karte einen groben Überblick zu landschaftshaushaltlich bedeutsamen Aussagen des Geoökofaktors Boden vermitteln. Diese Daten können begrenzt zu einer Auswertung im Sinne einer Grenzfindung von Geotopen eingesetzt werden (LESER u. KLINK 1988:

S.65ff.).

Über die Zuordnung zu nahegelegenen Klimastationen des Deutschen Wetterdienstes (hier Station Bonn-Friesdorf) läßt sich anhand der astronomisch möglichen Besonnung (KAEMPFERT 1947, 1951; KAEMPFERT u. MORGEN 1952; MORGEN 1957) eine grobe Gliederung des Raumes vornehmen, die eng an die morphologische Großgliederung angelehnt ist:

So weisen die rheinwärtigen Hänge des Petersberges, mit W- und SW- Exposition insgesamt höhere Besonnungswerte auf (525,9 kWh/m^2*a) als vergleichbare Hänge im Bereich der Löwenburg (420,0 kWh/m^2*a) oder des Ölbergs (458,5 kWh/m^2*a). Diese Besonnungsdifferenzen gehen wesentlich auf zunehmende Horizontüberhöhungen zum zentralen Siebengebirge zurück, die in den Unterhangbereichen über 30° betragen können. Die frei beschienenen Südwesthänge des Hühnerberges, im Osten des Pleiser Hügellandes, weisen zwar günstigere Besonnungsverhältnisse auf als das zentrale Siebengebirge (488,3 kwh/m^2*a), sie liegen aufgrund der Neigungsverhältnisse jedoch unter denen der rheinwärtigen Bereiche. Die detaillierte Reliefanalyse kann zur Einschätzuung klimatischer Größen im wesentlichen Erkenntnisse über Frostgefährdung, sowie Entstehung und Kanalisierung von Kaltluftabflüssen beisteuern.

7. Diskussion

Die geomorphologische Karte, besonders in der Form, in der sie für den Raum des Siebengebirges vorliegt (Zwei-Blatt-Ausgabe), ist ein wertvoller Datenträger. Dies nicht zuletzt, da aufgrund der deutlichen Reliefdominanz diesem Geoökofaktor in der Ökologie des Siebengebirgsraumes besonderes Gewicht eingeräumt werden muß.

Sowohl für die planerische Praxis als auch für die Forschung weist die GMK hohe Informationsgehalte auf (BARSCH u. LIEDTKE 1980; FINKE 1980; GELLERT 1986; LESER 1974b; MÄUSBACHER 1983, 1985; MÖLLER u. STÄBLEIN 1986).

Der Wert großmaßstäbiger geomorphologischer Karten zur Auswertung für Geoökofaktoren zeigt sich außer in der Darstellung des Georeliefs selbst, besonders in den Inhalten Oberflächengewässer, oberflächennaher Untergrund und anthropogene Einflüsse. Hier kann die GMK den Kartieraufwand erheblich verringern und bietet einen guten Überblick der Raumgliederung nach landschaftshaushaltlichen Merkmalen (LESER 1988).

In der Praxis der Erfassung von Naturraumpotentialen wird vielfach der Ansatz über die Komplexanalyse auf Repräsentativarealen bevorzugt (BRÄKER 1988a, 1988b; LESER 1978, 1983, 1985; MOSIMANN 1980, 1983, 1984; SEILER 1983). Hier ist das Konzept GÖK 25 ein mögliches Bindeglied für den wichtigen Problemkomplex der Über-tragung punkthaft erfaßter Daten auf die Fläche (LESER u. KLINK 1988; BRÄKER 1988b).

Literatur

ARBEITSGEMEINSCHAFT Bodenkunde(1982): Kartieranleitung; Anleitung und Richtlinien zur Herstellung der Bodenkarte 1:25000. - 3. Auflage, 331 S., Hannover.

BARION, D. (1988): Geomorphologische Detailkartierung im mittleren Siebengebirge und dem Pleiser Ländchen. - unveröff. Diplomarbeit, Geogr. Inst. Univ. Bonn.

BARSCH, D. (1976): Das GMK-Schwerpunktprogramm der DFG: Geomorphologische Detailkartierung in der Bundesrepublik Deutschland. - In: Z. Geomorph. N.F. 20, S. 488-498.

BARSCH, D., FRÄNZLE, O., LESER, H., LIEDTKE, H., STÄBLEIN, G. (1978): Das GMK 25 Musterblatt für das Schwerpunktprogramm Geomorphologische Detailkartierung in der Bundesrepublik Deutschland. - In: Berliner Geogr. Abh. H. 30, S. 7-19.

BARSCH, D. & LIEDTKE, H. (Hrsg.) (1980): Methoden und Anwendbarkeit geomorphologischer Detailkarten - Beiträge zum GMK - Schwerpunktprogramm II. - In: Berliner Geogr. Abh. 31, 100 S.

BARSCH, D. & MÄUSBACHER, R. (1980): Auszugs- und Auswertekarten als mögliche nutzungsorientierte Interpretation der Geomorphologischen Karte 1:25000. - In: Berliner Geogr. Abh. 31, S. 31-48.

BERG, R. (1989): Makrozoobenthon und Wasserbeschaffenheit von Quirrenbach, Kochenbach und Logebach im östlichen Siebengebirge. Unveröff. Diplomarbeit an der Mat.-Nat.-Fak. Univ. Bonn.

BRÄKER, S. (1988a): Ein Geoökotopkataster der nördlichen Frankenalb. - In: Tübinger Geogr. Stud. H. 100, S. 207-240.

BRÄKER, S. (1988b): Eine Geoökologische Karte 1:25000 - Königstein/Oberpfalz. - In: Tübinger Geogr. Stud. H. 100, S. 241-274.

BÜHRE, H. (1988): Geomorphologische Kartierung des Beueler Stadtgebietes, des Ennert und des Pleiser Ländchens.- unveröff. Diplomarbeit, Geogr. Inst. Univ. Bonn.

CZAJKA, W. (1965): Aufnahme der naturräumlichen Gliederung. - In: Methodisches Handbuch für Heimatforschung in Niedersachsen, Bd. 1, S. 182-195, Hildesheim.

DAHMEN, K. (1990): Limnologische Untersuchungen dreier Steinbruchseen aus der Umgebung des Siebengebirges. Unveröff. Diplomarbeit an d. Mat.-Nat.-Fak. Univ. Bonn.

DIEDERICHS, P. (1987): Geomorphologische Detailkartierung im Raum Bad Honnef (unterer Mittelrhein) und ihre Verwendbarkeit in der Forstplanung. - Unveröff. Diplomarbeit, Geogr. Inst. Univ. Bonn.

FINKE, L. (1980): Anforderungen aus der Planungspraxis an ein Geomorphologisches Kartenwerk. - In: Berliner Geogr. Abh. 31, S. 75-81.

FRÄNZLE, O. (1969): Geomorphologie der Umgebung von Bonn. - In: Arb. z. Rhein. Landeskunde Bd. 29, 58 S.

GELLERT, J.F. (1986): Die geomorphologische Detailkartierung (GMK 25) in der Bundesrepublik Deutschland - eine analytische Betrachtung. - In: Pet. geogr. Mitt. 130, S. 63-68.

HAASE, G. (1967): Zur Methodik großmaßstäbiger landschaftsökologischer und naturäumlicher Erkundung. - In: Wissenschaftsabh. d. Geogr. Ges. d. DDR, 5, S. 35-128.

HAASE, G. (1978): Zur Ableitung und Kennzeichnung von Naturraumpotentialen. - In: Pet. Geogr. Mitt. 112, S. 119-126.

KAEMPFERT, W. (1947): Die solare Hangbestrahlung. - In: Wiss. Abt. Dt. Met. Dienst frz. Zone, 1, S. 74-79.

KAEMPFERT, W. (1951): Ein Phasendiagramm der Besonnung. - In: Meteorologische Rundsch., 4, S. 141-144.

KLINK, H.-J. (1964): Landschaftsökologische Studien im südniedersächsischen Bergland. - In: Erdkunde, 18, S. 267-284, Bonn.

KLINK, H.-J. (1966): Naturräumliche Gliederung des Ith-Hils-Berglandes. Art der Anordnung der Physiotope und Ökotope. - In: Forschungen z. dt. Landeskunde, 159, 257 S.

KLINK, H.-J. (1972): Geoökologie und naturräumliche Gliederung - Grundlagen der Umweltforschung. - In: Geogr. Rundschau, 24, S. 7-19.

KLINK, H.-J. (1978): Ökologische Raumgliederung aus geographischer Sicht. - In: Natur- und Umweltschutz in der Bundesrepublik Deutschland, S. 55-68.

KLUG, H., LANG, R. (1983): Einführung in die Geosystemlehre. - 199S. Darmstadt.

KUGLER, H. (1964): Die geomorphologische Reliefanalyse als Grundlage großmaßstäbiger geomorphologischer Kartierung. - In: Wiss. Veröff. d. Dt. Inst. f. Landeskunde N.F. 21/22, S. 541-655. Leipzig.

KUGLER, H. (1965): Aufgabe, Grundsätze und methodische Wege für großmaßstäbiges geomorphologisches Kartieren. - In: Pet. geogr. Mitt. 109, S. 241-257, Gotha.

KUGLER, H. (1974): Das Georelief und seine kartographische Modellierung. Diss. B. Martin-Luther-Univ. Halle, 514 S., Wittenberg.

KUGLER, H. (1975): Grundlagen und Regeln der kartographischen Formulierung geographischer Aussagen in ihrer Anwendung auf geomorphologische Karten. - In: Pet. geogr. Mitt. 119, S. 145-159.

KÜMMEL, K. (1956): Das Siebengebirge - Landschaft, Vegetation und Stellung im europäischen Raum. - In: Decheniana Bd. 108, H. 2, S. 247-298, Bonn.

LANG, R. (1982): Quantitative Untersuchungen zum Landschaftshaushalt in der südöstlichen Frankenalb. - In: Regensburger Geogr. Schr., H. 18, 280 S.

LANG, R. (1984): Probleme bei der zeitlichen und räumlichen Aggregierung topologischer Daten. - In: Geomethodica, Veröff. d. 9. Basler Geomethodischen Colloquiums, Bd. 9, S. 67-104.

LESER, H. (1971): 3. Tagung d. IGU-Kommission für geomorphologische Aufnahme und Kartierung. - In: Erdkunde, 25, S. 66-69.

LESER, H. (1972): Das Problem der Anwendung von quantitativen Werten und Haushaltsmodellen bei der Kennzeichnung natürlicher Raumeinheiten mittlerer und großer Dimension. - In: Biogeographica 1, Den Haag, S. 133-164.

LESER, H. (1974a): Angewandte physische Geographie und Landschaftsökologie als regionale Geographie. - In: Geogr. Zeitschr. 62, S. 162-178.

LESER, H. (1974b): Thematische und angewandte Karten in Landschaftsökologie und Umweltschutz. - In: Verh. d. dt. Geographentages Bd. 39, S. 466-480, Wiesbaden.

LESER, H. (1978): Quantifizierungsprobleme der Landschaft und der landschaftlichen Ökosysteme. - In: Landschaft und Stadt, 10, S. 107-114.

LESER, H. (1980): Die Wölbung in der Geomorphologischen Karte. - In: Kartogr. Nachr. 30, S. 11-24, Bonn - Bad Godesberg.

LESER, H. (1983): Geoökologie. - In: Geogr. Rundsch., 35, H. 5, S. 212-221.

LESER, H. (1983a): Die Geomorphologische Kartierung 1:25000 des Blattes Mössingen - Ein Diskussionsbeitrag zum GMK - Projekt - In: Erdkunde, 37, S. 249-258.

LESER, H. (1984): Zum Ökologie-, Ökosystem- und Ökotopbegriff. - In: Natur und Landschaft, 59, S. 351-357.

LESER, H. (1985): Fortschritte ökologischen Arbeitens in der topologischen Dimension. - In: Physiogeographica, Basler Beiträge zur Physiogeographie, 7, S. I-XII.

LESER, H. (1985a): Perspektivprobleme geomorphologischer Detailkarten. - In: Pet. geogr. Mitt., 129, S. 279-288.

LESER, H. (1988): Georelief. - In: LESER, H. & KLINK, H.-J. (Hrsg.): Handbuch und Kartieranleitung Geoökologische Karte 1:25.000 - Forschungen z. dt. Landeskunde, 228, S. 43-63.

LESER, H. & KLINK, H.-J. (Hrsg.) (1988): Handbuch und Kartieranleitung Geoökologische Karte 1:25000 (KA GÖK 25). - In: Forsch. z. dt. Landeskunde 228, 349 S.

LESER, H. & STÄBLEIN, G. (Hrsg.) (1975): Geomorphologische Kartierung, Richtlinien zur Herstellung geomorphologischer Karten 1:25000 ("Grüne Legende"), 2. veränderte Auflage. - In: Berliner Geogr. Abh., Sonderheft, 39 S.

LESER, H. & STÄBLEIN, G. (Hrsg.) (1979): Das GMK-Schwerpunktprogramm der DFG. GMK 25-Legende 4. Fassung. - In: Geogr. Taschenbuch - Jahrweiser f. Landeskunde, S. 115-134, Wiesbaden.

LÖLF (1988): Forstliche Standortskarte Nordrhein-Westfalen, 1:10000; Erläuterungen f. d. Kartiergebiet Siebengebirge. - Landesanstalt f. Ökologie, Landschaftsentwicklung und Forstplanung, 175 S., Recklinghausen.

MARKS, R., MÜLLER, M.J., LESER, H. & KLINK, H.J. (Hrsg.) (1989): Anleitung zur Bewertung des Leistungsvermögens des Landschaftshaushaltes (BA LVL). - Forsch. z. dt. Landeskd., 229, 222 S., Trier.

MÄUSBACHER, R. (1983): Die Geomorphologische Detailkarte der Bundesrepublik Deutschland (GMK 25) - Ein nutzbarer Informationsträger auch für nicht-Geomorphologen. - In: Materialien zur Physiogeographie H. 5, S. 15-28, Basel.

MÄUSBACHER, R. (1985): Die Verwendbarkeit der Geomorphologischen Karte 1:25000 (GMK 25). - In: Berliner Geogr. Abh. 40, 97 S.

MÖLLER, K., STÄBLEIN, G. (1986): Die Geomorphologische Karte 1:25000 BLatt 17, 4725 Bad Sooden - Allendorf - Erkenntnisse und Anwendungen. - In: Berliner Geogr. Abh. 41, S. 227-255.

MORGEN, A. (1957): Die Besonnung und ihre Verminderung durch die Horizontalbegrenzung. - In: Verh. Met. & Hydr. d. DDR, Nr. 12, S. 3-16.

MOSIMANN, T. (1978): Der Standort in landschaftlichen Ökosystemen. Ein Regelkreis für den Strahlungs-, Wasser- und Lufthaushalt als Forschungsansatz für die komplexe Standortsanalyse in der topischen Dimension. - In: Catena, Vol. 5, S. 351-364.

MOSIMANN, T. (1980): Boden, Wasser und Mikroklima in den Geoökosystemen der Löß-, Sand-Mergel-Hochfläche des Bruderholzgebietes (Raum Basel). - In: Physiogeographica, Basler Beiträge zur Physiogeographie, Bd. 3., S. 1-267.

MOSIMANN, T. (1983): Geoökologische Studien in der Subarktis und in den Zentralalpen - In: Geogr. Rundsch., 35, H. 5, S. 222-228.

MOSIMANN, T. (1984): Landschaftsökologische Komplexanalyse. 114 S. Wiesbaden.

OHLMEYER, F. (1988): Geomorphologische Detailkartierung im Naturpark Siebengebirge zwischen Königswinter/ Rhöndorf und Aegidienberg. - unveröff. Diplomarbeit, Geogr. Inst. Univ. Bonn.

RETTIG, R. (1972): Ökologische Untersuchung der Carabidenfauna ausgewählter Standorte des Naturparks Siebengebirge. Unveröff. Staatsexamensarbeit, Mat.-Nat.-Fak. Univ. Bonn.

SCHMITHÜSEN, J. (1942): Vegetationsforschung und ökologische Standortslehre in ihrer Bedeutung für die Geographie der Kulturlandschaft. - In: Z. d. Ges f. Erdkunde zu Berlin, 79, S. 113-157.

SCHMITHÜSEN, J. (1948): Fliesengefüge der Landschaft und Ökotop. - In: Ber. z. dt. Landeskunde, 5, S. 74-83.

SEILER, W. (1983): Modellgebiete in der Geoökologie. - In: Geogr. Rundsch., 35, H. 5, S. 230-237.

SEWING, E. (1989): Landschaftsökologische Untersuchung und Bewertung ausgewählter Bäche des Siebengebirges unter besonderer Berücksichtigung der Vegetation und morphologischer Strukturen. Unveröff. Diplomarbeit, Geogr. Inst. Univ. Bonn.

SIEGBURG, W. (1987a): Talasymmetrien in der Umgebung von Bonn. - In: Decheniana Bd. 140, S. 204-217.

SIEGBURG, W. (1987b): Großmaßstäbige Hangneigungs- und Formenanalyse mittels statistischer Verfahren - dargestellt am Beispiel der Dollendorfer Hardt (Siebengebirge). - In: Bonner Geogr. Abh. H. 75, 243 S.

STÄBLEIN, G. (1979): Geomorphologische Detailkartierung in der BRD. - In: Geogr. Taschenbuch; Jahrweiser f. Landeskunde, S. 108-114, Wiesbaden.

STÄBLEIN, G. (1980): Die Konzeption der Geomorphologischen Karten 1:25000 und 1:100000 im DFG-Schwerpunktprogramm. - In: Berliner Geogr. Abh. 31, S. 13-30.

TRAUTMANN, W. (1973): Vegetationskarte der Bundesrepublik Deutschland 1:200000 - potentielle natürliche Vegetation, Blatt Köln. - In: Schriftenreihe f. Vegetationskunde, Bonn-Bad Godesberg.

TROLL, C. (1939): Luftbildplan und ökologische Bodenforschung. - In: Z. d. Ges. f. Erdkunde zu Berlin, 76, S. 241-298.

TROLL, C. (1950): Die geographische Landschaft und ihre Erforschung. - In: Studium Generale III (1950), S. 163-181.

TROLL, C. (1963): Landschaftsökologie. - In: Pflanzensoziologie und Landschaftsökologie. Ber. üb. d. 7. Int. Symp. in Stolzenau a. d. Weser d. int. Ver. f. Vegetationskunde, Den Haag, S. 1-20.

BODENEROSIONSFORSCHUNG AN DER LANDWIRTSCHAFTLICHEN FAKULTÄT UND AM GEOGRAPHISCHEN INSTITUT DER UNIVERSITÄT BONN - EINE KOMMENTIERTE BIBLIOGRAPHIE

von Johannes Botschek, Jörg Grunert und Armin Skowronek

1. Einführung

In den industrialisierten Ländern wächst die Bedeutung der Bodenerosion als Folge der zunehmenden Intensivierung der Landwirtschaft. Neue Technologien ermöglichen die Bewirtschaftung größerer Flächen, verleiten aber auch zur Zusammenlegung kleiner Ackerschläge zu großen und damit erosionsanfälligeren Arealen. Der Einsatz moderner Maschinen erhöht die Schlagkraft der personalextensiven Betriebe, führt aber leicht zu erosionsfördernden Bodenverdichtungen.
Neben den unmittelbaren ökonomischen Konsequenzen tritt in jüngerer Zeit das ökologische Gefahrenpotential der Bodenerosion immer mehr in den Vordergrund. Besonders in dicht besiedelten Regionen spielt neben dem Feststoffexport der Austrag von Pflanzennährstoffen und Pflanzenschutzmitteln eine wichtige Rolle. Die Gefährdung von Trinkwassertalsperren durch den Stoffeintrag und die Blockierung von Abwassernetzen durch Sedimente sind Folgen der Bodenerosion.
Aber auch in Ländern mit geringerem Industrialisierungsgrad nimmt die Bodenerosion einen immer größeren Umfang an. Bevölkerungsdruck und Nahrungsmittelknappheit zwingen dort zu einer Ausdehnung der landwirtschaftlichen Nutzflächen auf Böden, die aufgrund ihrer Hanglage oder aufgrund der klimatischen Situation besonders erosionsgefährdet sind. Entwaldung und Inkulturnahme bieten dann die Ansatzpunkte für Bodenerosion.
Inzwischen ist die Bodenerosion Objekt mehrerer wissenschaftlicher Forschungszweige geworden; an der Rheinischen Friedrich-Wilhelms-Universität Bonn sind vor allem die Landwirtschaftliche Fakultät und das Geographische Institut damit befaßt. Die Zahl der Veröffentlichungen steigt ständig und erschwert den Überblick über aktuelle und bereits abgeschlossene Arbeiten. Darüber hinaus liegen zahlreiche wertvolle Arbeiten in unveröffentlichter Form vor, deren Inhalt nur in wenigen Fällen an anderer Stelle vorgestellt wird.
Die vorliegende Bibliographie soll Fachleuten, Studierenden und anderen Interessenten einen Überblick über die Arbeiten zur Bodenerosionsforschung an der Landwirtschaftlichen Fakultät und am Geographischen Institut der Universität Bonn geben.

2. Aufbau und Inhalt der Literaturliste

Die Literaturliste (Stand: 1. Juli 1991) gibt einen Überblick über die Arbeiten zur Bodenerosionsforschung, ein Anspruch auf Vollständigkeit wird nicht erhoben. Die Liste enthält neben den veröffentlichten auch unveröffentlichte Literaturstellen: das sind Diplom- und Staatsexamensarbeiten, die als Prüfungsmaterialien nicht ohne Rücksprache mit dem jeweiligen Betreuer zugänglich sind. Der Name des Betreuers ist in eckigen Klammern angegeben.
Zielrichtung, Methodik und Durchführung der Arbeiten sind an der fachlichen Ausrichtung der Institute orientiert und daher sehr unterschiedlich. Aus diesem Grund erscheint eine institutsweise Gliederung sinnvoll. Sie vereinfacht auch die Beschaffung der Literatur. Die Arbeiten der einzelnen Institute sind chronologisch geordnet und spiegeln so die Entwicklung der Forschung wider.
Die Literaturstellen sind durchnumeriert und im folgenden nach Inhalt und Zielrichtung gruppiert und kommentiert. Da sich die Themenbereiche der Arbeiten überschneiden, kommt es häufig zur Einordnung einer Arbeit in mehrere Gruppen. So wird das Auffinden einer Literaturstelle aus unterschiedlichen Richtungen erleichtert.

3. Gruppierung und Kommentierung der Literaturstellen

3.1 Feldforschungen zur historischen Bodenerosion

In den Feldforschungen zur historischen Bodenerosion werden Zeugnisse bereits abgelaufener Bodenerosionsereignisse und -prozesse untersucht.
Eine Arbeit setzte Pollenanalysen und ^{14}C-Untersuchungen zur Datierung von Kolluvien ein (13), in weiteren Arbeiten wurden Erkenntnisse anderer Autoren aus Pollenanalysen, Keramikfunden und historischen Quellen zur Beurteilung der Abtragungsprozesse, der Oberflächenformen und der Auelehmablagerungen in Südniedersachsen herangezogen (66, 104). Geomorphogenese und Landschaftsentwicklung unter dem Einfluß menschlicher Bewirtschaftung wurden ebenfalls untersucht (52, 53, 55, 57, 58, 106).

3.2 Untersuchungen zum aktuellen Bodenabtrag unter natürlichen Bedingungen

In den Untersuchungen zum aktuellen Bodenabtrag unter natürlichen Bedingungen tritt der historische Aspekt in den Hintergrund.
Es handelt sich neben der Beschreibung von speziellen Erosionsformen (3, 50, 70) um die Bestandsaufnahme aktueller Erosionsvorgänge, das heißt um die Erläuterung von Ursachen, Ausmaß und Bedeutung der Bodenerosion in bestimmten Regionen, unter Umständen auch von möglichen Schutzmaßnahmen (58, 60, 61, 63, 65, 70, 71, 73, 75, 78, 81, 83, 84, 85, 90, 95, 101, 103, 111, 114, 115, 121, 122). Im Zusammenhang mit der Desertifikation in ariden Gebieten wurde die Bodenerosion als wichtiger Problembereich wiederholt dargestellt (59, 67, 69, 79).
Die Struktur natürlicher Niederschläge ist von entscheidender Bedeutung für ihre Erosionswirksamkeit bzw. Erosivität und war deshalb Untersuchungsobjekt zahlreicher Arbeiten (4, 5, 9, 10, 11, 43, 49, 51, 86, 91, 112, 120).

3.3 Experimentelle Untersuchungen und Entwicklung von Schutzmaßnahmen

Experimentelle Untersuchungen in der Bodenerosionsforschung dienen dem Verständnis der verschiedenen Einflußfaktoren und Teilprozesse der Bodenerosion. Darüber hinaus bieten kontrollierte Bedingungen günstige Voraussetzungen für die Bewertung und Entwicklung von Schutzmaßnahmen.
Die Regensimulation standardisiert den wichtigen Erosionsfaktor "Niederschlag" und wird daher in vielen experimentellen Untersuchungen eingesetzt. Da die Nachahmung naturgetreuer Niederschläge hohe Ansprüche an Technik und Versuchsdurchführung stellt, schaffen Entwicklung und Verbesserung geeigneter Systeme (17, 21, 35) die Basis für realitätsnahe Ergebnisse. Darauf aufbauend setzten andere Arbeiten die Regensimulation für eher prozeßorientierte (6, 7, 8, 12, 14, 15, 117, 118) oder stärker praxisbezogene Fragestellungen (25, 38, 39, 40, 42, 44, 45, 64) ein.
Die Höhe des Bodenabtrages hängt unter anderem von verschiedenen Bodeneigenschaften ab, die insgesamt die Erodierbarkeit eines Bodens bestimmen. Daher wurde die Bodenerodierbarkeit Gegenstand einer Reihe von Labor- und Freilandversuchen (4, 9, 10, 11, 15, 40, 42, 64, 117, 118), die teils natürliche, teils künstliche Regen nutzten.
Witterungsbedingte oder durch die Bodenbearbeitung hervorgerufene Veränderungen des Zustandes der Bodenoberfläche können das Erosionsgeschehen erheblich beeinflussen. Der relativ hohe experimentelle Aufwand für ihre Quantifizierung wird dadurch gerechtfertigt und ermöglicht weitere Einblicke in die Dynamik der Erosionsprozesse (6, 7, 8, 12, 14, 15, 100).
Hanglänge und Hangneigung sind weitere wichtige Erosionsfaktoren, die experimentell untersucht (42, 117, 118) und mittels eines digitalen Geländemodelles dargestellt wurden (113, 119).
Die Erosionsgefährdung eines Standortes wird maßgeblich auch von der Art und Dauer der Bodenbedeckung bestimmt, die die kinetische Energie aufprallender Regentropfen abfängt und so den Boden vor ihrer Schlagwirkung schützt. Mais und Zuckerrübe sind in dieser Hinsicht Problemfrüchte der

gemäßigten Breiten, denn sie lassen den Boden lange Zeit unbedeckt. Die große wirtschaftliche Bedeutung und der hohe Flächenanteil von Mais und Zuckerrübe bei gleichzeitiger hoher Erosionsanfälligkeit erfordern Schutzmaßnahmen, die unterschiedliche Ansätze haben können. Die Wahl der Fruchtfolge, der Anbau von Zwischenfrüchten oder die Art von Saat und Bodenbarbeitung bieten ein Spektrum an Möglichkeiten, die Anbauverfahren für Mais (30, 32, 34, 40, 41, 46) und für Zuckerrüben (27, 28, 29, 31, 36, 37, 38, 39, 40, 44, 45) erosionsmindernd zu gestalten. Hinzu kommen Neuentwicklungen in der Anbautechnik (16, 18, 19, 20, 22, 23, 24, 25, 26), die darauf abzielen, eine stabile Bodenstruktur zu erhalten und linienhafte Bearbeitungsspuren als Initialstellen der Bodenerosion zu vermeiden.

Die Maßnahmen der Flurbereinigung und der Kulturtechnik können die Topographie einer Landschaft verändern und damit Einfluß auf die Erosionsfaktoren Hanglänge und Hangneigung, aber auch auf die Hangausformung nehmen.

Die Bedeutung kulturtechnischer Maßnahmen für den Erosionschutz verdient deshalb besondere Beachtung (47, 48, 72).

3.4 Geomorphologische Kartierung des Bonner Raumes

Seit 1983 werden in der Umgebung von Bonn im Rahmen von Diplomarbeiten geomorphologische Detailkartierungen mit dem Ziel einer flächenhaften Erfassung des Gesamtgebietes durchgeführt. Die Kartierungen erfolgen im wesentlichen nach der Anleitung, die von der Legendenkommission des von der Deutschen Forschungsgemeinschaft geförderten bundesweiten Schwerpunktprogramms "Geomorphologische Detailkartierung in der BRD" erarbeitet wurde. Das Ziel besteht darin, möglichst alle Reliefbestandteile aufzunehmen, zu qualifizieren und nach Möglichkeit auch zu quantifizieren. Ihre Zusammenfassung in einer Karte führt jedoch zu einer schwer überschaubaren Komplexität, die sich für die Anwendung außerhalb des Faches nachteilig auswirkt.

Aus diesem Grunde wurde bei den vorliegenden Diplomarbeiten ein Zweiblattsystem gewählt. Die großformatige Hauptkarte im Maßstab 1:10 000 enthält Morphographie (Talformen, Böschungen, Wölbungslinien), Morphometrie (Hangneigungsklassen) und Morphostruktur (Substrate), die kleinformatige Nebenkarte im Maßstab 1:25 000 Genese (Struktur- und Prozeßbereiche) und Morphodynamik (lokale aktuelle Prozesse). Haupt- und Nebenkarte sind wissenschaftlich gleichwertig. Sie werden meist noch durch eine geologische und eine bodenkundliche Karte ergänzt. Besonders die Hauptkarte enthält mit der farbigen Darstellung der Hangneigungsklassen (LS-Faktor) und der flächenhaften Substratkartierung (K-Faktor) wichtige allgemeine Angaben zur Bodenerosion. In der Nebenkarte, in der die Prozeß- und Strukturbereiche farbig dargestellt sind, werden im Gelände nachgewiesene Bodenerosionsschäden durch Pfeile markiert.

Mehr oder weniger deutliche Spuren von aktueller Bodenerosion konnten im gesamten Bonner Raum, bevorzugt jedoch auf Ackerflächen kartiert werden (62, 68, 76, 80, 82, 87, 88, 89, 92, 93, 94, 96, 97, 98, 99, 102, 105, 107, 108, 116). Bei den einzelnen Arbeiten gibt es jedoch beträchtliche regionale Unterschiede. Keine Rolle spielt die Bodenerosion beispielsweise bei 109 wegen des Flachreliefs; eine geringe Beachtung findet sie bei 110 wegen des hydrologischen Schwerpunktes. In fast reinen Waldgebieten, wie dem rechtsrheinischen Siebengebirge, ist Bodenerosion generell schwer nachzuweisen (82, 87, 97). Im linksrheinischen Gebiet der lößbedeckten Terrassenplatten (Kottenforst-Ville und Erft-Schwemmfächer) beschränkt sie sich fast ausschließlich auf die steilen Terrassenränder, wie etwa das Vorgebirge und die Gebirgsumrahmung, wie etwa den Eifel-Nordabfall (76, 80, 88, 93, 102). In allen übrigen Gebieten kommt Bodenerosion jedoch verbreitet vor (62, 68, 89, 92, 94, 96, 108, 116). Zwei geomorphologische Kartierungen wurden in Gebieten außerhalb des Bonner Raumes angefertigt (77, 84).

Abb. 1: GMK – KARTIERUNGEN VON DIPLOMANDEN IM BONNER RAUM IN DEN JAHREN 1983 – 1991

Die Numerierung entspricht der Literaturliste. Nr. 62 und 92 liegen außerhalb der Übersichtskarte. Bei den Nr. 98, 99, 105 und 107 handelt es sich nicht um Kartierung

3.5 Regionale Arbeiten

Bodenerosionsforschung liefert je nach Fragestellung Erkenntnisse, die allgemeingültig sind und etwa den Mechanismus von Abtragsprozessen erklären, oder sie gibt Informationen, die sich auf mehr oder weniger große Gebiete beziehen und nicht über diese Bereiche hinaus gelten. Diese Arbeiten können deshalb als regionale Arbeiten bezeichnet werden. Im Rheinland als dem näheren Umfeld der Universität Bonn wurden neben der geomorphologischen Kartierung weitere kleinräumige Untersuchungen zur Bodenerosion durchgeführt (13, 53, 74, 90, 101, 103, 106, 107, 113, 114, 115, 117, 118, 119, 121, 122). Die regionalen Arbeiten zum Großraum Nordrhein-Westfalen stützen sich in der Regel auf Untersuchungsergebnisse mehrerer Standorte, so daß der Eindruck eines Gesamtgebietes entsteht (1, 2, 3, 4, 5, 9, 10, 11, 49, 112, 120).

Sehr unterschiedliche Themen und Methoden liegen den Untersuchungen zugrunde, die in verschiedenen Ländern und Regionen Europas (55, 56, 57, 58, 66, 70, 71, 72, 73, 75, 78, 83, 84, 85, 104), Afrikas (54, 56, 60, 67, 69, 79, 81, 86, 95, 100, 111), Amerikas, Asiens und Australiens (32, 50, 51, 52, 59, 61, 63, 64, 65) sowie in den Hochgebirgen (65, 70, 71, 75, 78, 85) erfolgten.

3.6 Umweltpolitische Analysen

Die Bodenerosion hat überall auf der Welt Dimensionen erreicht, die über wirtschaftliche Einbußen hinausgehen und ökologische Schäden oder Gefahren zur Folge haben. Diese Auswirkungen kollidieren mit den Zielen von Umwelt-, Natur- und Landschaftsschutz und zwingen zur agrar- und umweltpolitischen Analyse des Problemfeldes Bodenerosion (1, 2).

4. Literaturliste

4.1 Landwirtschaftliche Fakultät

Institut für Agrarpolitik, Marktforschung und Wirtschaftssoziologie:

1 STROTMANN, B., H. KRÜLL, W. BRITZ, J. DEHIO, F. AIGNER, H.P. WITZKE & E. IBELS 1988
Wirkungen agrarpolitischer Maßnahmen auf Ziele von Umwelt-, Natur-und Landschaftsschutz.
Endbericht zum Forschungsvorhaben BMELF 85 HS 009, 117 S.

2 BLASIG, L. & E. IBELS 1989
Aufbau eines agrar- und umweltstatistisch basierten Informationssystems für das Land Nordrhein-Westfalen.
Abschlußbericht; Forschungsprojekt im Rahmen des Schwerpunktes "Umweltverträgliche und standortgerechte Landwirtschaft", 212 S.

Institut für Bodenkunde:

3 SCHRÖDER, D. 1973
Tunnelerosionen in schluffreichen Böden des Bergischen Landes.
Z. f. Kulturtechnik und Flurbereinigung 14, 21-31, 8 Abb., 1 Tab.

4 BOTSCHEK, J. 1988
Die Ermittlung von gebietsspezifischen, den Bodenabtrag bestimmenden Faktoren in Nordrhein-Westfalen (Anpassung der UBAG).
Mitteilgn. Dtsch. Bodenkundl. Gesellsch. 56, 39-42.

5   BOTSCHEK, J., H. WIECHMANN & S. KREMER 1989
    Häufigkeit, Struktur und Erosivität (R-Faktoren) der Niederschläge an ausgewählten Standorten in Nordrhein-Westfalen.
    Mitteilgn. Dtsch. Bodenkundl. Gesellsch. 59/II, 1041-1045, 3 Abb., 1 Tab.

6   HENK, U. 1989
    Untersuchungen zur Dynamik der Regentropfenerosion und der Oberflächenverschlämmung bei unterschiedlichen Strukturzuständen und Wasserspannungen an der Bodenoberfläche.
    Mitteilgn. Dtsch. Bodenkundl. Gesellsch. 59/II, 1073-1078, 3 Fig., 1 Tab.

7   LÜTZENKIRCHEN, M. 1990
    Einfluß von Wasserspannung, Aggregatgrößenverteilung und Verschlämmung auf die Regentropfenerosion verschiedener Lößböden - Ergebnisse von Beregnungsversuchen in Labor und Freiland.
    Diplomarb. [Skowronek], 79 S., 28 Abb., 13 Tab., Anhang.

8   BOCKHOLT, H. 1991
    Einfluß unterschiedlicher Vorbefeuchtungsintensitäten auf Luftsprengung und Regentropfenerosion von Lößböden.
    Diplomarb. [Skowronek], in Vorbereitung.

9   BOTSCHEK, J. 1991
    Bodenkundliche Detailkartierung erosionsgefährdeter Standorte in Nordrhein-Westfalen und Überprüfung der Bodenerodierbarkeit (K-Faktor).
    Hamburger Bodenkundliche Arbeiten, Band 16, 131 S., 49 Abb., 12 Tab., Anhang (IV Tab.); Hamburg (Verein zur Förderung der Bodenkunde in Hamburg).

10 BOTSCHEK, J. 1991
    Bodenerodierbarkeit in Nordrhein-Westfalen.
    Arb. z. Rhein. Landeskde., im Druck.

11 BOTSCHEK, J. 1991
    Erosionsgefährdete Standorte und Überprüfung der Bodenerodierbarkeit in Nordrhein-Westfalen.
    Referat, Gesamtbericht der 43. Hochschultagung der Landwirtschaftlichen Fakultät Bonn-Poppelsdorf, Rheinische-Friedrich-Wilhelms-Universität Bonn, im Druck.

12 EVERDING, Ch. 1991
    Laborberegnungsversuche zum Einfluß der Oberflächenverschlämmung auf die gesättigte Wasserleitfähigkeit von Lößböden bei unterschiedlicher Anfangsbodenfeuchte und -aggregatgrößenverteilung.
    Diplomarb. [Skowronek], in Vorbereitung.

13 LESSMANN-SCHOCH, U., R. KAHRER & G.W. BRÜMMER 1991
    Pollenanalytische und ^{14}C-Untersuchungen zur Datierung der Kolluvienbildung in einer lößbedeckten Mittelgebirgslandschaft (Nördlicher Siebengebirgsrand).
    Eiszeitalter und Gegenwart, 5 Abb., 4 Tab., im Druck.

14 POTRATZ, K., U. HENK & A. SKOWRONEK 1991
    Luftsprengung, Aggregatzerfall und Verschlämmung als wichtige Prozesse der Erosionsdynamik - Ergebnisse von Starkregensimulationen an Lößböden.
    Z. Geomorph. N. F., Suppl.-Bd. 89, 21-33, 4 Fig., 4 Fotos, 2 Tab.

15 POTRATZ, K. & A. SKOWRONEK 1991
    Einfluß von Struktur und Feuchte an der Bodenoberfläche auf Teilprozesse und Gesamtdynamik der Bodenerosion.
    Mitteilgn. Dtsch. Bodenkundl. Gesellsch., in Vorbereitung.

Institut für Landtechnik:

16 BIRKE, Ch. 1985
Direktsaat-Verfahren von Mais zur Erosionsminderung.
Diplomarb. [Kromer], 97 S., 23 Abb., 14 Tab., Anhang (46 Tab.).

17 DETMER, D. 1985
Verfahren der Regensimulation.
Diplomarb. [Kromer], 93 S., 32 Abb., 10 Tab.

18 UPPENKAMP, N. 1986
Mechanische Maßnahmen zur Sicherung des Feldaufganges von Zuckerrüben bei verkrusteter Bodenoberfläche.
Forschungsbericht Agrartechnik des Arbeitskreises Forschung und Lehre der Max-Eyth-Gesellschaft (MEG) 127, 231 S., 94 Abb., 35 Tab., Anhang (64 Tab.).

19 WICKERT, G. 1986
Stand der Mechanisierung des Körnerfruchtanbaus am Hang.
Diplomarb. [Kromer], 78 S., 36 Abb., 3 Tab.

20 KRAULAND, S. 1987
Mais-Säverfahren zur Erosionsminderung.
Diplomarb. [Kromer], 78 S., 27 Abb., 2 Tab., Anhang (9 Tab.).

21 KROMER, K.-H. & R. VÖHRINGER 1988
Konstruktion und Bau einer Bewässerungseinrichtung - Simulation von natürlichem Regen.
Forschungsendbericht GS 1132 im Rahmen des Forschungsschwerpunktes "Umweltverträgliche und standortgerechte Landwirtschaft" an der Rheinischen Friedrich-Wilhelms-Universität Bonn, 66 S., 19 Abb., 7 Tab., Anhang (19 Abb., 3 Tab.).

22 STRÄTZ, J. 1988
Zuckerrüben: Neue Anbautechnik richtig angewendet.
DLG-Mitteilungen plus 103 (5), 1-4, 8 Abb.

23 STRÄTZ, J. 1988
Mulchsaat bremst Bodenerosion.
Lohnunternehmer 5, 296-301, 12 Abb.

24 KROMER, K.-H. 1989
Agrartechnische Strategien zum Bodenschutz.
Schonung von Boden und Wasser durch Kunststoffeinsatz, KTBL Arbeitspapier 143, Vorträge der GKL Jahrestagung am 26./27. Sept. 1989 in Bonn, 11-19.

25 EIKEL, G. 1991
Lochsäverfahren bei Mais zur Erosionsminderung.
Diss., in Vorbereitung.

26 KROMER, K.H. 1991
Minderung der Bodenerosion durch verfahrenstechnische Maßnahmen.
Referat, Gesamtbericht der 43. Hochschultagung der Landwirtschaftlichen Fakultät Bonn-Poppelsdorf, Rheinische-Friedrich-Wilhelms-Universität Bonn, im Druck.

Institut für Pflanzenbau:

27 KOCHS, H.-J. 1978
Rübensaat ohne Bodenbearbeitung?
Top agrar, 1978 (2), 54-55, 1 Abb.

28 HEYLAND, K.-U. 1984
Was bringt die Zuckerrüben-Direktsaat?
Zuckerrübenjournal 3/84, LZ 37 v. 15.9.1984, 2 S., 1 Abb., 2 Tab.

29   HEYLAND, K.-U. 1985
     Rübensaat auf unbearbeiteter Fläche. Möglichkeit zur Verringerung der Erosion.
     Deutsche Zuckerrübenzeitung 21 (2), 2 S., 3 Tab.

30   SCHÄFER, B. 1985
     Zwischenfrüchte als Vorfrucht im Silomaisanbau auf erosionsgefährdeten Standorten.
     Diplomarb. [Franken], XL u. 118 S., 50 Abb., 30 Tab., Anhang (6 Abb., 34 Übersichten).

31   WOLFGARTEN, H.-J. 1985
     Der Einfluß verschiedener Anbauverfahren im Zuckerrübenanbau auf die Bodenerosion.
     Diplomarb. [Franken], 117 S., 16 Abb., 12 Bilder, 20 Tab., Anhang (32 Tab.).

32   FRANGENBERG, A. 1986
     Bodenbearbeitung, eine Maßnahme zur Reduzierung der Erosion im Maisanbau in den USA.
     Diplomarb. [Franken], XVI u. 156 S., 27 Abb., 45 Tab.

33   ALTENDORF, W. 1987
     Der Einfluß verschiedener Zuckerrübenanbauverfahren auf Bodenerosion, Bodeneigenschaften
     und Ertrag unter besonderer Berücksichtigung der Fahrspuren.
     Diplomarb. [Franken], 140 S., 46 Abb., 8 Tab., Anhang (87 Tab.).

34   HEYLAND, K.-U. & K. HÜSERS 1987
     Untersuchungen zur Kontrolle der Bodenerosion, der Unkrautentwicklung und Nährstoffaus-
     waschung bei Mais durch Direktsaatverfahren in Zwischenfruchtbestände unter besonderer
     Berücksichtigung von Güllegaben im Herbst.
     Bericht [Heyland], 25 S., 13 Abb.

35   VIETH, E. 1987
     Probleme der Regensimulation bei Erosionsmessungen.
     Diplomarb. [Franken], 127 S., 31 Abb., 19 Tab.

36   WOLFGARTEN, H.-J., H. FRANKEN & W. ALTENDORF 1987
     Mulchsaat oder Direktsaat? Messungen der Erosion in Zuckerrüben.
     DLG-Mitteilungen 102 (5), 242-244, 7 Abb., 2 Übersichten.

37   WOLFGARTEN, H.-J., H. FRANKEN & W. ALTENDORF 1987
     Einfluß der Anbautechnik bei Zuckerrüben auf Bodenerosion und Ertrag.
     Mitteilgn. Dtsch. Bodenkundl. Gesellsch. 53, 343-348, 5 Abb., 2 Tab.

38   WOLFGARTEN, H.-J. & H. FRANKEN 1988
     Bestimmung der Erosionsgefährdung verschiedener Anbauverfahren (z.B. bei Zuckerrüben)
     mit Regensimulation - Bonner Regensimulator -.
     Mitteilgn. Dtsch. Bodenkundl. Gesellsch. 56, 43-46, 2 Abb.

39   WOLFGARTEN, H.-J., H. FRANKEN & H. LEIPERTZ 1988
     Acker- und pflanzenbauliche Maßnahmen zur Reduzierung der Bodenerosion und der Nitrat-
     verlagerung im Zuckerrübenanbau.
     Mitt. Ges. Pflanzenbauwiss. 1, 50-52, 3 Abb.

40   HERTLE, M. 1989
     Der Einfluß von Bedeckung und Durchwurzelung auf die Erosionsdisposition des Bodens.
     Diplomarb. [Franken], 117 S., 30 Abb., 6 Bilder, 8 Tab., Anhang (10 Tab.).

41   KOCH, U. 1989
     Maisanbau mit Beipflanzen - Erosionsschutz und Reduzierung von Nitratauswaschung durch
     Untersaaten oder Direktsaat in Zwischenfruchtbestände.
     Diplomarb. [Heyland], 109 S., 28 Abb., 33 Tab.

42   REINTJES, M. 1989
     Der Einfluß von Humusgehalt und Hangneigung auf die Erodibilität von Böden.
     Diplomarb. [Franken], 95 S., 47 Abb., 3 Bilder, 6 Tab., Anhang (30 Tab.).

43 BEEWEN, H. 1990
Schätzung pflanzenbaulich relevanter Niederschlagsmengen für einen Standort anhand der Daten benachbarter Meßstationen.
Diplomarb. [Heyland], 106 S., 12 Abb., 12 Tab.

44 WOLFGARTEN, H.-J. 1990
Acker- und pflanzenbauliche Maßnahmen zur Verminderung der Bodenerosion und der Nitratverlagerung im Zuckerrübenanbau.
Diss., 167 S., 33 Abb., 6 Tab., Anhang (42 Abb., 17 Tab.).

45 FRANKEN, H. & H.-J. WOLFGARTEN 1991
Minderung der Bodenerosion durch acker- und pflanzenbauliche Maßnahmen.
Referat, Gesamtbericht der 43. Hochschultagung der Landwirtschaftlichen Fakultät Bonn-Poppelsdorf, Rheinische-Friedrich-Wilhelms-Universität Bonn, im Druck.

46 HEYLAND, K.-U. & M. SAUSEN 1991
Erarbeitung eines Konzeptes des Erosionsschutzes in einer Fruchtfolge in Hanglagen.
Bericht [Heyland], 65 S., 22 Abb., 11 Tab.

Institut für Städtebau, Bodenordnung und Kulturtechnik:

47 WIEGHAUS, M. 1987
Maßnahmen zur Verminderung des Bodenabtrags im Flurbereinigungsverfahren Floisdorf/Krs. Euskirchen.
Diplomarb. [Rieser], 130 S., 3 Abb., 22 Tab., Anhang (4 Karten, 4 Bilder).

48 RISSE, K. 1988
Entwicklung eines Modells zur Abschätzung der erosiven Einflußfaktoren in einer Flurbereinigung.
Diplomarb. [Rieser], 49 S., 18 Abb., 9 Tab., Anhang.

49 KREMER, S. 1989
R-Faktoren ausgewählter Niederschlagsmeßreihen in Nordrhein-Westfalen.
Diplomarb. [Rieser], 97 S., 15 Abb., 29 Tab.

4.2 Geographisches Institut

50 HÖLLERMANN, P.W. 1973
Erdpyramiden im westlichen Nordamerika.
Natur und Museum 103 (12), 419-425, 7 Abb.

51 HAHN, T. 1974
Starkregen in ausgewählten arid-semiariden und humiden Bereichen der USA, mit Ausblick auf ihre geomorphologische Bedeutung.
Staatsexamensarb. Sek. II [Höllermann], 85 S., 17 Abb., 8 Tab., Anhangheft (5 Abb., 7 Karten).

52 HÜNGSBERG, H.-J. 1975
Das Problem der Arroyo-Bildung im Südwesten der Vereinigten Staaten in natürlicher und quasinatürlicher Sicht.
Staatsexamensarb. Sek. II [Höllermann], 83 S., 13 Abb., 5 Tab.

53 KLEINE-HÜLSEWISCHE, H. 1976
Die Geländeformen des Vorgebirges nördlich von Bonn unter besonderer Berücksichtigung der anthropogenen Oberflächenformung.
Diplomarb. [Höllermann], 92 S., 18 Abb., 14 Fotos, 13 Karten, 5 Tab.

54 BOJE, G. 1979
Zur Bodengeographie des Gebietes von Loitokitok (Kenya). - Bildungsbedingungen und Eigenschaften der Böden und deren Einordnung in die Bodensystematik.
Diplomarb. [Höllermann], 81 S., 24 Abb., 3 Karten.

55 BRÜCKNER-NEHRING, C.E. 1979
Holozäne Reliefentwicklung im mittleren Rheingau.
Geol. Jb. Hessen 107, 179-191, 1 Tafel.

56 FALKENSTEIN, B. 1980
Die Soil-Erosion in ihrer klimatisch-morphologischen Differenzierung, dargestellt anhand eines Meridionalprofils zwischen Mitteleuropa und den afrikanischen Tropen.
Staatsexamensarb. Sek. II [Höllermann], 59 S., 17 Abb., 2 Tab.

57 KLEINE-HÜLSEWISCHE, H. 1981
Der Mensch als Gestalter und Zerstörer der Landschaft Arkadiens - Die Auswirkungen der Besiedlung eines mediterranen Gebirgslandes seit vorgeschichtlicher Zeit.
Diss., 307 S., 52 Abb., 54 Fotos, 20 Tab., Beilagen (7 Karten).

58 SCHERER, W.P. 1981
Quasinatürliche Einflüsse auf Formenschatz und Morphodynamik der Apennin-Halbinsel.
Staatsexamensarb. Sek. II [Höllermann], 80 S., 22 Karten.

59 BÜTTCHER, M. 1982
Probleme der Desertifikation in New South Wales.
Staatsexamensarb. Sek. II [Höllermann], 117 S., Beiheft (27 Abb., 22 Fotos, 12 Tab.).

60 HÖLLERMANN, P.W. 1982
Studien zur aktuellen Morphodynamik und Geoökologie der Kanareninseln Teneriffa und Fuerteventura.
Abh. d. Akad. d. Wiss. Göttingen, Math.-Phys. Kl. III, Folge 34, 406 S., 35 Bilder, 51 Fig.; Göttingen (Vandenhoeck u. Ruprecht).

61 MARNETT, B. 1982
Soil Erosion und Soil Conservation in Australien.
Staatsexamensarb. Sek. II [Höllermann], 133 S., 1 Tab., Beiheft (58 Abb.).

62 HERWEG, K.G. 1983
Geomorphologische Detailkartierung im Raum Asbach/Vorderwesterwald.
Diplomarb. [Grunert], VII u. 98 S., 23 Abb., 9 Tab., Anhang (4 Karten, 1 Blockbild).

63 BETZ, M. 1984
Das Problem der Bodenerosion in der Türkei.
Staatsexamensarb. Sek. II [Grunert], 100 S., 21 Fotos, 9 Graphiken, 5 Tab., 13 Karten, Anhang (3 Blätter).

64 BODDIN, H.-G. 1984
Empirische Untersuchung von Oberflächenabfluß und Bodenabtrag auf standardisierten Testparzellen unter Einsatz von Regensimulatoren - ein Beitrag zur Erosionsforschung im Mittleren Westen der USA -.
Diplomarb. [Grunert], XI u. 146 S., 34 Abb., 9 Tab., 10 Bilder.

65 EFFENBERGER, M. 1984
Ursachen und Folgen der Bodenerosion in Kashmir (Indien), am Beispiel des Pohru Catchment. Text-, Karten- und Bilderteil.
Diplomarb. [Grunert], 128 S., 35 Abb., 21 Tab., 26 Bilder.

66 EMONS, A.K. 1984
Bodenerosion vom Neolithikum bis zur Neuzeit in Südniedersachsen unter besonderer Berücksichtigung des Untereichsfeldes und des Leinetalgrabens.
Staatsexamensarb. Sek. II [Grunert], 153 S., 20 Fotos, 27 Fig., 2 Tab.

67 FÄNGEWISCH, A. 1984
Desertifikation in der Republik Sudan - ihre Ursachen und ihre Auswirkungen.
Staatsexamensarb. Sek. II [Grunert], XV u. 101 S., 29 Abb., 6 Fotos, 15 Tab.

68 ROSCHER, H.P. 1984
Geomorphologische Kartierung im Raum Wachtberg (TK 25 Nr. 5308) unter besonderer Berücksichtigung der Bodenerosion.
Diplomarb. [Grunert], X u. 114 S., 35 Abb., 6 Tab., 4 Kartenskizzen, Anhang (3 Karten).

69 FREYTAG, M. 1984/85
Desertifikation im Sahel Westafrikas, mit Beispielen aus Niger und Obervolta.
Staatsexamensarb. Sek. I u. II [Grunert], 152 S.

70 HILGERS, P. 1985
Almwirtschaft und Formen der Bodenabtragung, am Beispiel des Gössnitztales (Schobergruppe, Nationalpark Hohe Tauern).
Diplomarb. [Höllermann], 252 S., 22 Abb., 1 Foto, 4 Karten, 15 Tab., Anhang (46 Fotos).

71 KRÖMER, S. 1985
Die Auswirkungen des Wintersports auf Boden und Vegetation in Nordtirol sowie Maßnahmen zur Schadensverhütung.
Staatsexamensarb. Sek. II [Grunert], II u. 106 S., 13 Abb., 28 Fotos, 12 Tab., Kartenanhang.

72 LAMBERZ, B. 1985
Die Umgestaltung der Weinbaulandschaft des Kaiserstuhls durch die Flurbereinigung.
Staatsexamensarb. Sek. I u. II [Grunert], VI u. 82 S., 19 Abb., 22 Fotos, 8 Tab.

73 PROCHNOW, A. 1985
Bodenerosion in Nordwestfrankreich (Haute-Normandie).
Staatsexamensarb. Sek. II [Grunert], 240 S., 43 Abb., 46 Fotos, 18 Tab., Anhang.

74 COSSMANN, U. 1986
Auswertung und Vergleich geowissenschaftlicher Karten und Luftbilder, am Beispiel des Pleiser Hügellandes.
Diplomarb. [Grunert], 136 S., 10 Abb., 9 Bilder, Anhang.

75 EBUS, A. 1986
Auswirkungen des Wintersports auf alpine Hänge - eine Schadenskartierung im Skigebiet Gurgler Tal/Ötztal, Tirol.
Diplomarb. [Grunert], VIII u. 156 S., 21 Abb., 58 Fotos, 17 Tab., Beilagen.

76 FORST, R. 1986
Geomorphologische Detailkartierung im Nordwesten von Bonn (Topographische Karte 1:25 000, Blätter: 5207 Bornheim, 5208 Bonn).
Diplomarb. [Grunert], VIII u. 124 S., 16 Abb., 8 Tab., 17 Fotos, Anhang (5 Karten).

77 GABELIN, R. 1986
Geomorphologische Kartierung im Raum Hagen (TK 25 Nr. 4611 SW). Aspekte zur landeskundlichen Entwicklung einer südwestfälischen Region.
Diplomarb. [Grunert], IX u. 161 S., 39 Fotos, 13 Tab., Anhang (3 Karten).

78 HÖLLERMANN, P.W. 1986
Present-day morphodynamic processes in the high-mountain pasture zone of the Pyrenees.
Abstract presented at the IGU Symposium "Geoecology on Mountain Ecosystems" Pyrenees, Barcelona-Jaca 23th August to 1st September 1986, Instituto Pirenaico de Ecologia, Jaca, 2 S.

79 NEUSSNER, U. 1986
"Desertification im Ostsahel" - dargestellt am Beispiel der Provinzen Nord-Darfur und Nord-Kordofan (Rep. Sudan).
Staatsexamensarb. Sek. II [Grunert], V u. 117 S., 30 Abb., 9 Fotos, 3 Tab.

80 ULRICH, C. 1986
Geomorphologische Detailkartierung im Westen von Bonn, Ausschnitte der Meßtischblätter 5208 Bonn und 5308 Bad Godesberg.
Diplomarb. [Grunert], IX u. 114 S., 22 Fotos, 11 Tab., Anhang (6 Karten).

81 BRÜCKNER, Ch. 1987
Untersuchungen zur Bodenerosion auf der Kanarischen Insel Hierro. Ursachen, Entwicklung und Auswirkungen auf Vegetation und Landnutzung.
Bonner Geographische Abhandlungen, Heft 73, IX u. 194 S., 17 Abb., 38 Fotos, 12 Tab.; Bonn (Dümmlers).

82 DIEDERICHS, P. 1987
Geomorphologische Kartierung im Raum Bad Honnef (Unterer Mittelrhein) und ihre Verwendbarkeit für die Forstplanung.
Diplomarb. [Grunert], VI u. 132 S., 39 Abb., 4 Tab., 3 Kartenskizzen, Anhang (3 Karten).

83 ERDMANN, K.-H. 1987
Bodenerosion im unterbayerischen Tertiärhügelland unter besonderer Berücksichtigung des Hopfen- und Maisanbaus.
Staatsexamensarb. Sek. II [Grunert], XIX u. 301 S., 81 Abb., 42 Fotos, 20 Tab., Anhang.

84 JÖNTGEN, M. 1987
Die Bodenerosion auf dem Truppenübungsplatz Baumholder - eine Untersuchung über Ursachen, Folgen und Möglichkeiten ihrer Verminderung -.
Diplomarb. [Grunert], 205 S., 86 Abb., 22 Tab., 28 Fotos, 2 Karten, Anhang (5 Karten).

85 SCHUG, I. 1987
Eingriffe in das Ökosystem der Alpen und ihre Auswirkungen durch den Massenskisport, mit Beispielen aus den Schweizer Alpen.
Staatsexamensarb. Sek. II [Grunert], 77 S., 24 Abb., 11 Fotos, 6 Tab.

86 WEIDEMANN, M. 1987
Die Niederschlagsstruktur nördlich und südlich der Sahara, dargestellt an Beispielen aus Marokko, Senegal, Tunesien und Niger.
Diplomarb. [Grunert], 119 S., 46 Abb., 23 Tab.

87 BARION, D. 1988
Geomorphologische Detailkartierung im mittleren Siebengebirge und dem Pleiser Ländchen - Ausschnitte des Meßtischblattes 5309 Königswinter NW und NO -.
Diplomarb. [Grunert], VII u. 155 S., 31 Abb., 9 Tab., 3 Kartenskizzen, Anhang (3 Karten).

88 BECKER, J. 1988
Geomorphologische Detailkartierung am Eifel-Nordabfall bei Rheinbach (TK 25 Nr. 5307 SW).
Diplomarb. [Grunert], VIII u. 126 S., 20 Abb., 4 Tab., Anhang (7 Karten).

89 BÜHRE, H. 1988
Geomorphologische Kartierung des Beueler Stadtgebietes, des Ennerts und des Pleiser Ländchens.
Diplomarb. [Grunert], 118 S., 20 Abb., 28 Fotos, Anhang (3 Karten).

90 EGELING, M. 1988
Die Sedimentbelastung des Roisdorfer-Bornheimer Baches im Raum Bornheim (Südliches Vorgebirge).
Diplomarb. [Höllermann], 134 S., 38 Abb., 5 Tab., Anhang.

91 ERDMANN, K.-H. 1988
Bodenerosion und Niederschlagsmessung.
Mitteilgn. Dtsch. Bodenkundl. Gesellsch. 56, 67-70, 6 Fig.

92 FUCHS, K.-U. 1988
Geomorphologische Detailkartierung im Raum Dierdorf/Westerwald (TK 25 Nr. 5411).
Diplomarb. [Grunert], VII u. 138 S., 39 Fotos, 7 Tab., Anhang (4 Karten).

93 GLOWNIA, R. 1988
Geomorphologische Detailkartierung entlang eines Landschaftsprofils (Topographische Karte 1:25 000, Blätter: 5207 Bornheim, 5208 Bonn).
Diplomarb. [Grunert], V u. 107 S., 20 Abb., 9 Fotos, 7 Tab., Anhang (3 Karten).

94 HARDENBICKER, U. 1988
Geomorphologische Detailkartierung im Raum Bad Godesberg (TK 25 Blatt 5308 NE und SE und Blatt 5309 NW und SW).
Diplomarb. [Grunert], VIII u. 103 S., 23 Abb., 7 Tab., 10 Bohrprofile, 12 Fotos, Anhang (6 Karten).

95 HÖLLERMANN, P.W. 1988
Grundzüge der Morphogenese und aktuellen Morphodynamik auf den Ostkanaren.
Abh. d. Akad. d. Wiss. Göttingen, Math. Phys. Kl. III, Folge 41, 65-94, 7 Abb., 2 Tab., Göttingen (Vandenhoeck u. Ruprecht).

96 NOWAK, S. 1988
Geomorphologische Detailkartierung im Raum Remagen-Grafschaft (Topographische Karte 1:25 000, Blätter: 5409 Linz, 5408 Bad Neuenahr-Ahrweiler, 5309 Königswinter).
Diplomarb. [Grunert], IX u. 105 S., 18 Abb., 5 Tab., 16 Fotos, Anhang (4 Karten).

97 OHLMEYER, F. 1988
Geomorphologische Detailkartierung im Naturpark Siebengebirge zwischen Königswinter/ Rhöndorf und Aegidienberg.
Diplomarbeit [Grunert], VI u. 139 S., 33 Abb., 3 Tab., Anhang (5 Karten).

98 ERDMANN, K.-H. & U. HARDENBICKER 1989
Die "Geomorphologische Karte" (GMK 25) als Instrument zur Bestimmung der Bodenerosionsgefahr.
Verhandlungen der Gesellschaft für Ökologie 19/I, 250-251.

99 ERDMANN, K.-H. & U. HARDENBICKER 1989
Erfassung der Bodenerosion mit Hilfe der GMK-25.
Mitteilgn. Dtsch. Bodenkundl. Gesellsch. 59/II, 1049-1054, 3 Abb., 3 Tab.

100 GRUNERT, J. & K.-H. ERDMANN 1989
Bodenfeuchtemessungen im Sahel der Republik Niger.
Mitteilgn. Dtsch. Bodenkundl. Gesellsch. 59/I, 167-172, 1 Tab., 4 Fig.

101 POHLMANN, A. 1989
Bodenerosion auf ackerbaulich genutzten Flächen im Katzenlochbachtal südlich von Bonn. Geoökologische Untersuchungen zur Kulturlandschaftsentwicklung.
Diplomarb. [Grunert], 122 S., 39 Abb., 7 Fotos, Anhang (5 Karten).

102 STEINHEUER, H.-G. 1989
Geomorphologische Detailkartierung im Bereich der Ville und der Erftniederung (TK 25, Blätter 5206 und 5207).
Diplomarb. [Grunert], 129 S., 11 Abb., 4 Tab., Anhang (3 Karten).

103 WELLMANN, M. 1989
Verbreitung bodenbildender Substrate sowie rezente Geomorphodynamik in Form von Bodenerosion und Hangrutschungen im Bereich des Versuchsgutes Frankenforst (Pleiser Hügelland).
Diplomarb. [Grunert], 105 S., 10 Abb., 15 Fotos, Anhang (5 Karten).

104 EMONS, A.K. 1990
Bodenerosion vom Neolithikum bis zur Neuzeit in Südniedersachsen und Ostwestfalen (Untereichsfeld, Leinetalgraben, Grafschaft Lippe).
Magisterarb. [Grunert], 235 S.

105 ERDMANN, K.-H. 1990
Die GMK-25 als Instrument zur Abschätzung der Erosionsanfälligkeit.
Mitteilgn. Dtsch. Bodenkundl. Gesellsch. 61, 13-16, 1 Abb.

106 ERDMANN, K.-H. 1990
Bodenerosion im Bonner Raum - geomorphologische und historische Untersuchungen zu einer umweltverträglicheren Bodennutzung.
In: J. Pfadenhauer u. G. Anderlik (Hrsg.), 20. Jahrestagung der Gesellschaft für Ökologie in Freising/Weihenstephan, Tagungsführer u. Kurzfassung der Vorträge und Poster, Freising/-Weihenstephan, S. 65.

107 ERDMANN, K.-H., J. GRUNERT & U. HARDENBICKER 1990
Räumlich differenzierte Berechnung der Bodenerosionsgefährdung unter Verwendung der "Geomorphologischen Karte" (GMK 25).
Verhandlungen der Gesellschaft für Ökologie 19/II, 736-745.

108 QUANTE, T. 1990
Geomorphologische Detailkartierung im Maßstab 1:25 000 auf dem Nordostquadranten des Blattes 5407 Altenahr.
Diplomarb. [Grunert], 129 S., 11 Abb., 14 Fotos, 3 Tab., Anhang (6 Karten).

109 ULBRICHT, M. 1990
Geomorphologische Detailkartierung im Bereich der unteren Sieg (TK 25, 5208 Bonn).
Diplomarb. [Grunert], 161 S., 26 Abb., 1 Karte, 11 Tab., Anhang (27 Fotos, 4 Karten).

110 WIMMER, T. 1990
Geomorphologische Detailkartierung im Raum Oberpleis und Hennef/ Siegburg mit schwerpunktmäßiger Darstellung der hydrologischen Verhältnisse.
Diplomarb. [Grunert], 103 S., 17 Abb., 23 Fotos, Anhang (1 Tab., 5 Karten).

111 BRÜCKNER-NEHRING, C. 1991
Die Böden der Ostkanaren und Probleme ihrer Nutzung.
In: P. Höllermann (Hrsg.), Studien zur Physischen Geographie und zum Landnutzungspotential der östlichen Kanarischen Inseln, S. 25-132, 20 Abb., 1 Tab., Stuttgart, im Druck.

112 ERDMANN, K.-H. & P. SAUERBORN 1991
Die Erosivität der Niederschläge in Nordrhein-Westfalen.
Arb. z. Rhein. Landeskde., im Druck.

113 ERDMANN, K.-H. & S. ROSCHER 1991
Untersuchungen zur Bodenerosion im Bonner Raum unter Einsatz eines geographischen Informationssystems.
Arb. z. Rhein. Landeskde., im Druck.

114 HATSCHER, M. 1991
Untersuchungen zur Bodenerosion im Raum Wachtberg, südlich von Bonn (TK 25, Blatt 5308).
Diplomarb. [Grunert], 208 S., 29 Abb., 17 Fotos, 20 Tab., Anhang (6 Tab., 4 Karten).

115 HORN, P. 1991
Untersuchungen zur Bodenerosion in der Grafschaft, südlich von Bonn (TK 25, Blatt 5308).
Diplomarb. [Grunert], 203 S., 21 Abb., 15 Fotos, 25 Tab., Anhang (4 Fotos, 7 Tab.).

116 LENZ, H.-M. 1991
Geomorphologische Kartierung im Pleiser Ländchen unter besonderer Berücksichtigung der landwirtschaftlichen Flächennutzung.
Diplomarb. [Grunert], 127 S., 17 Abb., 25 Fotos, 13 Grafiken, 3 Karten, Anhang (3 Karten, 1 Geländemodellblatt).

117 ODINIUS, B. 1991
Untersuchungen zur Bodenerosion mittels künstlicher Beregnung auf Lößstandorten des Versuchsgutes Frankenforst bei Bonn - unter besonderer Berücksichtigung der Erodibilität und des Hanglängeneinflusses.
Diplomarb. [Grunert], 159 S., 27 Abb., 20 Fotos, 18 Graphiken, 5 Karten, 10 Tab., Anhang (30 Tab.).

118 ODINIUS, B. & K.-H. ERDMANN 1991
Der Einfluß unterschiedlicher Hanglängen auf die Bodenerosion - experimentelle Untersuchungen im Bonner Raum.
Arb. z. Rhein. Landeskde., im Druck.

119 ROSCHER, S. 1991
Das Relief als bodenerosionssteuernder Faktor - eine Untersuchung mit Hilfe eines Geographischen Informationssystems im Bonner Raum.
Diplomarb. [Grunert], 111 S., 42 Abb., 3 Tab., Anhang (3 Karten).

120 SAUERBORN, P. 1991
Die Erosivität der Niederschläge in Nordrhein-Westfalen.
Diplomarb. [Grunert], 140 S., 14 Abb., 31 Tab.

121 STOLZ, B. 1991
Pedologische und geomorphologische Untersuchungen zur Bodenerosion im Raum Lengsdorf, südlich von Bonn.
Diplomarb. [Grunert], 187 S., 52 Abb., 16 Fotos, 12 Tab., Anhang (1 Folie, 6 Karten).

122 TANNENLÄUFER, N. 1991
Kartierung zur Bodenerosion im Raum Bonn-Ückesdorf/Röttgen.
Diplomarb. [Grunert], 164 S., 16 Abb., 22 Fotos, Anhang (7 Karten, 3 Modelle).

DIE EROSIVITÄT DER NIEDERSCHLÄGE IN NORDRHEIN-WESTFALEN

von Karl-Heinz Erdmann und Petra Sauerborn

Summary

The rainfall and runoff factor (R-factor) of the "Universal Soil Loss Equation" (USLE) of WISCHMEIER/SMITH (1978) was calculated for 15 location in Northrhine-Westfalia. The R-factor varies between 21,9 kJ/m^2 * mm/h (Elsdorf) and 78,4 kJ/m^2 * mm/h (Paderborn). A significant correlation between average summer rainfall and the calculated R-factors is used as basis for the isoerodentmap of Northrhine-Westfalia.

Zusammenfassung

Von 15 Niederschlagsstationen in Nordrhein-Westfalen wird der R-Faktor der "Universal Soil Loss Equation" (USLE) nach WISCHMEIER/SMITH (1978) berechnet. Dieser liegt zwischen 21,9 kJ/m^2 * mm/h (Elsdorf) und 78,4 kJ/m^2 * mm/h (Paderborn). Auf der Basis einer hochsignifikanten Korrelation zwischen mittleren langjährigen Sommerniederschlägen und R-Faktoren wird die Isoerodentkarte für Nordrhein-Westfalen vorgestellt.

1. Einleitung

Die Bodenerosion, der durch anthropogene Eingriffe in den Naturhaushalt bestimmte aquatische und äolische Bodenabtrag, stellt eine außerordentliche Gefährdung des Geopotentials Boden dar und wird durch das Zusammenspiel zahlreicher, im systemaren Kontext stehender, natürlicher und anthropogener Einflußgrößen bedingt. Zur Bewertung des Gesamtkomplexes der erosionsbeeinflussenden Faktoren sowie zur Konzeption und Einleitung adäquater bodenschützender Maßnahmen einschließlich deren Effizienzkontrolle sind exakte quantitative Abschätzungen zur Wirkung der verschiedenen Parameter notwendig (SCHWERTMANN 1981).

Um diesen Anforderungen gerecht zu werden, ist neben ausreichender Kenntnis über den aktuellen Zustand des Bodens eine angemessene problembezogene Bewertung seiner Eigenschaften und der auf ihn wirkenden Belastungen erforderlich. Eine Quantifizierung der Bodenerosionsgefahr setzt die Entwicklung und den Einsatz geeigneter Modelle voraus, mit Hilfe derer die erodierenden Bodenprozesse erfaßt und beschrieben werden können (HEINEKE 1987).

Zur Abschätzung des langjährigen potentiellen Bodenabtrags wurde von WISCHMEIER/SMITH (1962) die "Universal Soil Loss Equation" (USLE) für den östlich der Rocky Mountains gelegenen Teil der USA entwickelt. Diese Gleichung setzt sich aus einfach zu erschließenden Meßgrößen zusammen und ermöglicht die Ermittlung des durchschnittlichen jährlichen Bodenabtrags durch Wasser in t/ha. Nach entsprechender Prüfung und Adaption wird die USLE heute weltweit in vielen Regionen angewandt.

Der Bodenabtrag einer bestimmten Fläche setzt sich in der USLE aus dem Abtrag eines Standardhanges unter dem gebietsspezifischen Niederschlagsgeschehen zusammen, korrigiert um die standortspezifischen Faktoren Boden, Morphologie, Topographie und Nutzungsweise.

In dem durch zahlreiche Einflußgrößen gesteuerten System 'Bodenerosion' hat der Faktor Klima eine besondere Bedeutung. Das Klima stellt die Transportmedien Wasser, Eis und Wind als unmittelbar auslösende Kräfte und beeinflußt zusammen mit weiteren Geofaktoren sowie dem Menschen Art, Umfang und Zeitpunkt der Erosion (MOTZER 1988, S. 17).

Im Zuge der Adaption der USLE an nordrhein-westfälische Verhältnisse wird in diesem Beitrag der Niederschlag, als verursachender Faktor der aquatischen Bodenerosion, einer eingehenden Untersuchung unterzogen.

2. Niederschlag als erosionsauslösender Faktor

Da jedes aquatische Bodenerosionsereignis unmittelbar durch Niederschläge ausgelöst wird, spielt dieser Klimafaktor unter dem Gesichtspunkt der Erosionsgefahr eine sehr gewichtige Rolle. Besonders die Beziehung zwischen flüssigen Niederschlägen und Erosionsgefahr ist hoch signifikant (WISCHMEIER 1959). Entscheidend ist jedoch weniger die Niederschlagssumme als vielmehr die Niederschlagsintensität (Niederschlagsmenge je Zeiteinheit) sowie die jahreszeitliche Verteilung der erosiven Niederschläge (BREBURDA 1983, S. 27 f).

In ähnlicher Form äußern sich BADER/SCHWERTMANN (1980, S. 1), die ausführen, daß es nicht ausreicht, "die Anzahl der Starkregen, geschweige denn die Gesamtniederschlagsmenge heranzuziehen, da es sehr stark auf die Charakteristik einzelner Niederschläge ankommt". Große Bedeutung hat in der Bodenerosionsforschung der Begriff 'Erosivität', den HUDSON (1971, S. 59) wie folgt definiert: "Erosivity is the potential ability of rain to cause erosion. It is the function of the physical characteristics of rainfall".

Die Charakteristik des Regengeschehens gehört demnach zu den wichtigsten Parametern der die Bodenerosion beeinflussenden Faktoren. Sie geht als R-Faktor in die USLE ein, den SCHWERTMANN et al. (1981, S. 4) wie folgt definiert:

"R : Regen- und Oberflächenabflußfaktor: Er stellt ein Maß für die gebietsspezifische Erosionswirksamkeit (Erosivität) der Niederschläge dar und wird aus der kinetischen Energie und der Niederschlagsmenge aller erosionswirksamen Einzelregen während des Jahres berechnet."

Die Bezeichnung "Regen- und Oberflächenabflußfaktor" ist an die amerikanische Definition von WISCHMEIER/SMITH (1978, S. 5) angelehnt, die den R-Faktor als "rainfall und runoff-factor" bezeichnen (SCHWERTMANN et al. 1981, S. 5 ff.). Er beinhaltet sowohl die aggregatzerstörende Wirkung der Regentropfen als auch die Transportwirkung des Oberflächenabflusses (BADER/ SCHWERTMANN 1980, S. 1). Besonders intensive Niederschläge werden u.a. von SCHWERTMANN et al. (1981, S. 7) und WEISCHET (1977, S. 200) als Starkregen bezeichnet.

3. Der R-Faktor

Im deutschsprachigen Raum untersuchten erstmals BADER/SCHWERTMANN (1980) die Regenfälle einer Wetterstation (Hüll in Bayern) hinsichtlich ihrer Erosivität. Dabei werteten sie 280 Niederschlagsereignisse der Jahre 1961 - 1977 aus. Als Grenzwerte legten sie bei der Auswahl der Niederschläge (auf schneefreiem Boden), im Gegensatz zu WISCHMEIER/SMITH (1978, S. 5), die Niederschläge ab 12,7 mm berücksichtigen, 10 mm fest.

Regenfälle mit weniger als 10 mm werden nur dann in die Berechnung miteinbezogen, wenn ihre maximale 30-Minuten-Intensität mindestens 10 mm/h beträgt. Liegt zwischen zwei Einzelereignissen ein Zeitraum von mehr als sechs Stunden mit weniger als 1 mm Niederschlag, werden diese Ereignisse als zwei Regenfälle gewertet; ist die zeitliche Distanz geringer, gelten sie als ein Niederschlagsereignis.

Der Re-Wert (R-Wert eines Einzelniederschlages) eines Starkregens setzt sich aus der kinetischen Energie Ee (in kJ/m^2) und der maximalen 30-Minuten-Intensität I30 (in mm/h) wie folgt zusammen:

$$Re = Ee * I30$$

Zur Berechnung der kinetischen Energie eines Einzelregens Ee, wird die Niederschlagskurve in Abschnitte konstanter Steigung unterteilt. Für jeden Abschnitt i wird nun die Intensität Ii und die Niederschlagshöhe Ni bestimmt. Die kinetische Energie des Einzelregens ergibt sich aus der Summation seiner Abschnitte nach der empirischen Formel:

$$Ee = \sum_{i=1}^{n} (11,89 + 8,73 \log Ii) * Ni$$

Die so berechnete Energiesumme wird mit der maximalen 30-Minuten-Intensität multipliziert, die HUDSON (1971, S. 64) wie folgt definiert: "It is the greatest average intensity experienced in any 30-minute period during the storm. It is computed from recording raingauge charts by locating the greatest amount of rainfall which falls in any 30 minutes, and then doubling this amount to get the same dimension as intensity, Ii, inches per hour or mm per hour."

Der R-Wert setzt sich aus der Jahressummation der Re-Werte, entsprechend den genannten Kriterien ausgewählter Einzelniederschläge, zusammen und kann nach folgender Formel berechnet werden (AUERSWALD 1984, S. 13):

$$R = \sum_{e=1}^{n} Re * I30 \quad \text{in } kJ/m^2 * mm/h$$

Als R-Faktor einer Station wird der Mittelwert der Jahres-R-Faktoren für einen möglichst langen Zeitraum bezeichnet.

4. Bisherige Untersuchungen zur Erosivität in Deutschland

Wie bereits erwähnt, waren SCHWERTMANN und Mitarbeiter die ersten, die eine Modifikation der USLE für Gebiete in Deutschland durchführten (SCHWERTMANN 1980, SCHWERTMANN et al. 1981). In diesem Rahmen fanden sie heraus, daß die Anwendbarkeit der USLE für Deutschland nach Modifikation möglich ist. In den Arbeiten von BADER (1978, 1979), BADER/SCHWERTMANN (1980), ROGLER (1981), ROGLER/ SCHWERTMANN (1981) wurden Regenfaktoren für verschiedene bayerische Standorte ermittelt und eine Karte zur potentiellen Erosionsgefährdung durch Niederschläge (Isoerodentkarte) von Bayern erstellt.

SCHWEIKLE et al. (1985) übernahmen die von SCHWERTMANN et al. (1981) adaptierte USLE für das Gebiet von Baden-Württemberg und entwarfen auf der Grundlage der für Bayern von ROGLER/ SCHWERTMANN (1981) entwickelten Regressionsfunktion getrennte Karten der mittleren Erosivität für Sommer- (April - November) und Winterniederschläge (Dezember - März).

SAUPE (1985) stellte für den Bereich von Thüringen, Sachsen und Sachsen-Anhalt eine Adaption der USLE an Hand des R-Faktors sowie eine Isoerodentkarte vor.

HARTMANN (1986) fand nach ersten Untersuchungen für das Gebiet von Mecklenburg-Vorpommern in bezug auf den R-Faktor die Anwendbarkeit der USLE bestätigt und erarbeitete eine Isoerodentkarte.

MOLLENHAUER/RATHJEN (1989) verglichen mit Hilfe der USLE errechnete potentielle Abträge mit den Ergebnissen langjähriger Abtragsmessungen in Hessen und Nordrhein-Westfalen (KURON et al. 1956). Für Hessen untersuchten MOLLENHAUER et al. (1983, 1987, 1990) sowie MEUSER et al. (1981) die Erosivität der Niederschläge und erstellten eine Isoerodentkarte.

HENSEL/BORK (1987) führten, aufbauend auf den oben genannten Modifikationen für den bayerischen Raum, Bodenerosionsuntersuchungen mit dem Ziel durch, auch die Akkumulation in die Berechnungen miteinzubeziehen. Sie halten den Einsatz der USLE längerfristig vor allem dort für sinnvoll, wo deterministische Verfahren zum Beispiel auf Grund fehlender Kenndaten nicht anwendbar sind, u.a. für große Gebiete oder zur Berechnung der Bodenerosion über längere Zeiträume. Um die "Modifizierte Universal Soil Loss Equation" (MUSLE 1987) auf den südöstlichen Bereich Niedersachsens anwenden zu können, waren alle Erosionsfaktoren der USLE zu bestimmen. In diesem Rahmen erarbeitete HIRCHE (1990) eine Isoerodentkarte für Niedersachsen.

KREMER (1990) untersuchte das Niederschlagsgeschehen von sechs nordrhein-westfälischen Stationen und berechnete für ausgewählte Meßreihen R-Faktoren. Fazit dieser Arbeit ist, "daß das zu dem Zeitpunkt ausgewertete Datenmaterial zur Erstellung einer Isoerodentkarte von Nordrhein-Westfalen nicht ausreicht" (S. 84); flächendeckende Aussagen für Nordrhein-Westfalen konnten demnach noch nicht getroffen werden.

NAUNIN (1990) stellte fest, daß eine Abschätzung der Erosivität mit Hilfe der von ihm gewählten Methodik zur Erfassung des R-Faktors der USLE bislang keine zufriedenstellenden Ergebnisse für Schleswig-Holstein liefert. Er führt dies auf die geringe Kontinentalität des Klimas bzw. die Genese und Struktur der Niederschläge zurück; eine Verifikation der R-Faktoren sollte seiner Meinung nach im Gelände erfolgen. Die Tatsache, daß für andere Gebiete - auf der Grundlage der USLE - exakte Abtragsraten zu ermitteln sind, begründet NAUNIN mit landesspezifischen Eigenschaften.

5. Ergebnisse

5.1 Untersuchungsgrundlagen

Für die Auswertung standen die Aufzeichnungen der Niederschlagsschreiber von 15 nordrhein-westfälischen Niederschlagsstationen zur Verfügung. Die Auswertungszeiträume der einzelnen Stationen variieren. Die längsten Zeiträume liegen zwischen 1958 und 1980, die kürzesten zwischen 1973 und 1980 (Kernzeit der Auswertungen). ROGLER/ SCHWERTMANN (1981) stellten im Rahmen ihrer Untersuchungen in Bayern fest, daß die R-Faktoren der meisten Stationen nach 6 bis 7 Jahren keine wesentlichen Veränderungen mehr aufweisen; für die Analyse der nordrhein-westfälischen Stationen wurden dennoch möglichst lange Meßreihen hinzugezogen. Für 8 Stationen, bei denen keine Daten für das Winterhalbjahr vorlagen, sind die Werte für Niederschlag und R-Faktoren entsprechend dem ermittelten Durchschnitt ergänzt worden.

Bei einer Landesfläche Nordrhein-Westfalens von 34.057 km^2 entspricht die Stationsdichte einem Verhältnis von 1 Station pro 2.270 km^2. Im Vergleich mit anderen Arbeiten, in denen die Erosivität von Niederschlägen untersucht wurde, stellt dieser Wert national wie international eine sehr hohe Dichte dar.

Da nur ein Teil der zur Verfügung stehenden Niederschlagsaufzeichnungen EDV-gerecht vorlagen, waren vor der Auswertung der Daten Schreibstreifen oder -rollen von fünf Niederschlagsmeßstellen - nach Korrektur entsprechend den DVWK-Richtlinien Nr. 123 und 124 (DEUTSCHER VERBAND

FÜR WASSERWIRTSCHAFT UND KULTURTECHNIK 1985a, 1985b) - digital zu erfassen.

5.2 Untersuchungsergebnisse

Durch Analysen des Niederschlagsgeschehens der Untersuchungsstandorte wurde die gebietsspezifische potentielle Erosivität der Niederschläge entsprechend dem R-Faktor der USLE bestimmt. Dabei ergaben sich für die einzelnen Stationen die folgenden Ergebnisse:

Tab. 1: Niederschlagssummen (in mm) und R-Faktoren (in $kJ/m^2 * mm/h$) verschiedener nordrhein-westfälischer Stationen

Station	N-Summe (Jahr) (mm)	N-Summe (Sommer) (mm)	R-Faktor (Jahr) $KJ/m^2 * mm/h$	R-Faktor (Sommer) $KJ/m^2 * mm/h$
St. Arnold	683	362	64,2	54,5
Bielefeld	675	372	56,0	47,1
Bonn	531	293	46,5	39,1
Borschemich	532	320	41,7	40,3
Düsseldorf	606	334	29,6	24,9
Esterbach	754	371	48,4	34,1
Elsdorf	481	265	21,9	18,4
Essen	664	366	58,8	49,4
Helgersdorf	776	401	51,0	39,9
Kornelimünster	636	375	61,3	54,4
Kleve	517	285	29,4	24,7
Leverkusen	628	346	36,5	30,7
Münster	576	317	51,1	42,9
Paderborn	647	401	78,0	75,2
Rehringhausen	842	426	65,4	47,7

Die Streuung der R-Faktoren nordrhein-westfälischer Stationen ist relativ groß. Die Jahres-R-Faktoren liegen zwischen 21,9 $kJ/m^2 * mm/h$ (Elsdorf) und 78,4 $kJ/m^2 * mm/h$ (Paderborn). Die Sommer-R-Faktoren schwanken zwischen 18,4 $kJ/m^2 * mm/h$ (Elsdorf) und 75,2 $kJ/m^2 * mm/h$ (Paderborn). Es zeigt sich, daß Stationen mit einem kleinen bzw. großen Jahres-R-Faktor entsprechend auch einen kleinen bzw. großen Sommer-R-Faktor aufweisen; die Werte geben demnach immer ein bestimmtes gebietsspezifisches Niederschlagsgeschehen wieder.

Bei den untersuchten Stationen hat der Sommer-R-Faktor immer einen großen Anteil am Jahreswert. Das Minimum beträgt 70,5 % (Essen), das Maximum 96,7 % (Borschemich); der Durchschnitt liegt bei 84,3 %. Die Streuung der Prozentanteile ist relativ gering, was auf generell hohe R-Werte sommerlicher Starkregenereignisse zurückzuführen ist. Sie treten zwar relativ selten auf, ihr Einfluß auf den Jahres-R-Wert ist jedoch sehr groß.

Eine Analyse der durchschnittlichen Monats-R-Werte (Rm) aller untersuchten Stationen Nordrhein-Westfalens verdeutlicht den Jahresgang der Erosivität. In Tabelle 2 ist die durchschnittliche monatliche Verteilung des R-Faktors (absolute Rm und Prozentanteile am Jahres-R-Wert) aller Stationen dargestellt.

Tab. 2: Durchschnittliche monatliche Verteilung der R-Faktoren aller 15 ausgewählten Stationen Nordrhein-Westfalens

	Jahr		Sommer			
	abs. Rm-Wert	%-Anteil am R-Wert	Sommerstationen		alle Stationen	
			abs.	%	abs.	%
Januar	1,72	2,91				
Februar	1,46	2,55				
März	1,59	2,83				
April	1,23	1,99				
Mai	6,08	9,41	4,74	7,57	5,41	8,49
Juni	10,43	17,06	8,78	13,93	19,60	15,50
Juli	14,67	23,35	10,14	15,43	12,41	19,39
August	10,33	16,73	8,00	12,30	9,17	14,52
September	6,18	9,41	4,56	7,35	5,37	8,38
Oktober	2,42	3,99	1,29	2,76	1,86	3,38
November	3,26	4,70				
Dezember	3,01	5,11				

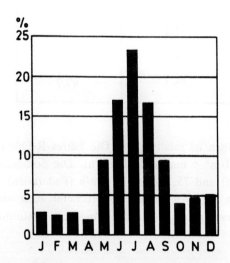

Abb. 1: Durchschnittliche Jahres-R-Verteilung (in %) für 7 ausgewählte nordrhein-westfälische Stationen mit Ganzjahresbeobachtungen

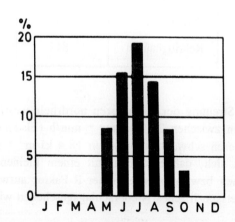

Abb. 2: Durchschnittliche Verteilung der R-Wert-Anteile der Sommermonate (in %) am Jahreswert für ausgewählte nordrhein-westfälische Stationen

Abb. 1 zeigt die durchschnittliche Jahres-R-Verteilung (in %) für die untersuchten Stationen mit Ganzjahresbeobachtungen und Abb. 2 für alle Stationen die durchschnittliche Verteilung der R-Wert-Anteile der Sommermonate (in %) am Jahreswert.

Die durchschnittlichen Rm-Werte weisen einen deutlichen Jahresgang auf, mit einem großen Übergewicht der R-Werte in den Sommermonaten Juni, Juli und August.

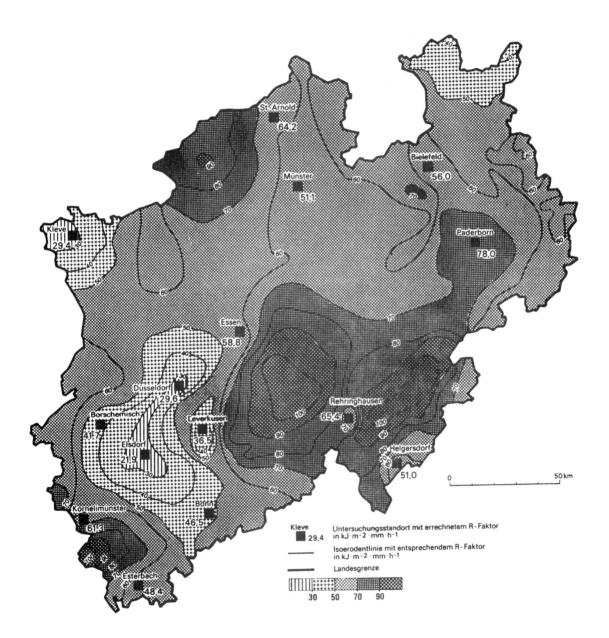

Abb. 3: Die Isoerodentkarte von Nordrhein-Westfalen

Um flächendeckende Aussagen über die Verteilung der R-Faktoren in Nordrhein-Westfalen zu ermöglichen, wurde der korrelative Zusammenhang zwischen R-Werten und Niederschlagssummen untersucht. Der stärkste statistische Zusammenhang konnte bei einer Korrelation zwischen R-Werten und den entsprechenden langjährigen mittleren Sommerniederschlagssummen (Sx) festgestellt werden. Es ergab sich die Gleichung y und der Korrelationskoeffizient r mit der langjährigen mittleren Sommerniederschlagssumme:

$$y = -53{,}23 + 0{,}3650 * Sx \qquad (r = 0{,}8484)$$

Mit Hilfe dieser Gleichung wurde anschließend auf der Grundlage aller im Klimaatlas Nordrhein-Westfalen (1989) verzeichneten Stationen, für die langjährige mittlere Sommerniederschlagssummen vorlagen, eine Isoerodentkarte für Nordrhein-Westfalen erstellt (Abb. 3).

Die Isoeroden von Nordrhein-Westfalen zeichnen, wie dies AUERSWALD/SCHMIDT (1986, S. 10) auch für Bayern nachweisen konnten, im wesentlichen das Relief nach und lassen die Abhängigkeit der Niederschläge und damit auch der R-Werte von der Höhenlage erkennen.

6. Schlußfolgerungen

Aufbauend auf den bisherigen Arbeiten zur Erosivität der Niederschläge in einzelnen Ländern Deutschlands (vgl. Kap. 4) sowie den vorgestellten Resultaten ist derzeit eine Isoerodentkarte für ganz Deutschland in Bearbeitung. Dazu ist das Niederschlagsgeschehen bislang noch nicht untersuchter Regionen zu analysieren, und außerdem sind die bestehenden Ergebnisse zur R-Wert-Untersuchung einander anzugleichen. Auf diese Weise wird eine wichtige Grundlage für die Anwendbarkeit der USLE in Deutschland geschaffen, die als Basis für die erosionsmindernde Planung in der Landwirtschaft dem Umwelt- und Naturschutz dienen kann.

7. Danksagung

Die Isoerodentkarte von Nordrhein-Westfalen wurde als Teil eines Forschungsprogrammes zum Bodenschutz unter Leitung von Prof. Dr. A. Skowronek an der Rheinischen-Friedrich-Wilhelms-Universität in Bonn angefertigt. Die Arbeit dient als vorbereitende Studie des MAB-Projektes "Landnutzungswandel im stadtnahen Raum" an der Universität Bonn, das das Bundesministerium für Umwelt, Naturschutz und Reaktorsicherheit (Referat N6, MinR W. Goerke) maßgeblich unterstützt.

Die Verfasser danken dem Minister für Umwelt, Raumordnung und Landwirtschaft (MURL) des Landes Nordrhein-Westfalen für finanzielle Unterstützung, Herrn Prof. Dr. J. Grunert (Geographische Institute der Universität Bonn) und Herrn Prof. Dr. A. Skowronek (Institut für Bodenkunde der Universität Bonn) für anregende fachliche Diskussionen; insbesondere danken sie Herrn Priv.-Doz Dr.-Ing. A. Rieser und Herrn H.-J. Feih vom Lehrstuhl für Landwirtschaftlichen Wasserbau und Kulturtechnik der Universität Bonn für die große Unterstützung im Rahmen der Datenverarbeitung sowie dem Zentralamt des Deutschen Wetterdienstes in Offenbach, dem Wetteramt Essen und dem Landesamt für Wasser und Abfall des Landes Nordrhein-Westfalen für das große Entgegenkommen bei der Bereitstellung der Niederschlagsdaten.

Literatur

AUERSWALD, K. (1984): Wirkung von Erosionsschutzmaßnahmen bei Mais. - Mitteilungen der Deutschen Bodenkundliche Gesellschaft 39, S. 111 - 112

AUERSWALD, K. & F. SCHMIDT (1986): Atlas der Erosionsgefährdung in Bayern. Karten zum flächenhaften Bodenabtrag durch Regen. - Bayerisches Geologisches Landesamt, Fachberichte 1, 72 S.

BADER, S. (1978): Die Erosivität von Niederschlägen. - Diplomarbeit am Lehrstuhl für Bodenkunde der TU München in Freising-Weihenstephan, 137 S.

BADER, S. (1979): Erosivitätswerte (R-Werte n. Wischmeier) verschiedener Gebiete Bayerns. - Mitteilungen der Deutschen Bodenkundlichen Gesellschaft 29, S. 957

BADER, S. & U. SCHWERTMANN (1980): Die Erosivität der Niederschläge von Hüll (Bayern). - Zeitschrift für Kulturtechnik und Flurbereinigung 21, S. 1 - 7

BREBURDA, J. (1983): Bodenerosion - Bodenerhaltung.- Frankfurt/ Main, 128 S.

DEUTSCHER VERBAND FÜR WASSERWIRTSCHAFT UND KULTURTECHNIK (Hrsg.) (1985a): Niederschlag - Aufbereitung und Weitergabe von Niederschlagsregistrierungen. DVWK-Regeln zur Wasserwirtschaft 123. - Berlin, Hamburg 18 S.

DEUTSCHER VERBAND FÜR WASSERWIRTSCHAFT UND KULTURTECHNIK (Hrsg.) (1985b): Niederschlag - Starkregenauswertung nach Wiederkehrzeit und Dauer. DVWK-Regeln zur Wasserwirtschaft 124. -Berlin, Hamburg, 33 S.

HARTMANN, K. (1986): Quantifizierung erosionsauslösender Niederschläge unter Berücksichtigung bodenphysikalischer Kenngrößen auf Jungmoränenstandorten der DDR.- Dissertation an der Akademie Landwirtschaftlichen Wissenschaften der DDR, Berlin, 115 S. + Anhang

HEINEKE, H.-J. (1987): Das Bodeninformationssystem in Niedersachsen.- Mitteilungen der Deutschen Bodenkundlichen Gesellschaft 55/II, S. 757 - 763

HENSEL, H. & H.-R. BORK (1987): EDV-gestützte Erstellung von Erosions-Akkumulationskarten. - Mitteilungen der Deutschen Bodenkundlichen Gesellschaft 53, S. 39 - 45

HIRCHE, D. (1990): Die Erosivität der Niederschläge in Niedersachsen. - Diplomarbeit an der TU Braunschweig, 155 S.

HUDSON, N.W. (1971): Soil conservation.- London, 321 p.

KREMER, S. (1989): R-Faktoren ausgewählter Niederschlagsmeßreihen in Nordrhein-Westfalen. - Diplomarbeit an der Rheinischen Friedrich-Wilhelms-Universität Bonn, 97 S.

KURON, H., JUNG, L. & H. SCHREIBER (1956): Messungen von oberflächlichem Abfluß und Bodenabtrag auf verschiedenen Böden Deutschlands. - Schriftenreihe des Kuratoriums für Kulturbauwesen, Heft 5, 88 S.

MEUSER, A., MOLLENHAUER, K. & S. TIEDE (1981): Zur Erosivität der Niederschläge eines Standorts im Rothaargebirge. - Zeitschrift für Kulturtechnik und Flurbereinigung 22, S. 290-296

MOLLENHAUER, K., CHRISTIANSEN, T., RATHJEN, C.-L. & C. ERPENBECK (1987): Zur Erosivität der Niederschläge hessischer Standorte. - Mitteilungen der Deutschen Bodenkundlichen Gesellschaft 55/II, S. 925 - 1102

MOLLENHAUER, K., CHRISTIANSEN, T., RATHJEN, C.-L. & A. MEUSER (1983): Zur Erosivität der Niederschläge hessischer Standorte. - Mitteilungen der Deutschen Bodenkundlichen Gesellschaft 38, S. 667 - 672

MOLLENHAUER, K. & C.-L. RATHJEN (1989): Vergleich zwischen gemessenen und mit Hilfe der Universal Soil Loss Equation geschätzten Bodenabträgen am Beispiel langjähriger Gießener Erosionsversuche. - Mitteilungen der Deutschen Bodenkundlichen Gesellschaft 59/II, S. 1115 - 1116

MOLLENHAUER, K., RATHJEN, C.-L., CHRISTIANSEN, T. & C. ERPENBECK (1990): Zur Erosivität der Niederschläge im Gebiet der deutschen Mittelgebirge, besonders im hessischen Raum. - DVWK Schriften 86, Teil II, S. 79 - 162

MOTZER, H. (1988): Niederschlagsdifferenzierung und Bodenerosion. Untersuchungen auf Meßparzellen in Südsardinien und ihre grundsätzliche Aussagekraft. - Darmstädter Geographische Studien 8, 264 S.

NAUNIN, R. (1990): Die Starkregen in Schleswig-Holstein. Eine kritische Würdigung der Universal Soil Loss Equation (USLE) im Hinblick auf die Übertragbarkeit auf schleswig-holsteinische Verhältnisse. - Diplomarbeit an der Christian-Albrechts-Universität Kiel, 186 S. + Anhang

ROGLER, H. (1981): Die Erosivität der Niederschläge in Bayern. - Diplomarbeit am Lehrstuhl für Bodenkunde der TU München in Freising-Weihenstephan, 134 S.

ROGLER, H. & U. SCHWERTMANN (1981): Erosivität der Niederschläge und Isoerodentkarte von Bayern. - Zeitschrift für Kulturtechnik und Flurbereinigung 22, S. 99 - 112

SAUPE, G. (1985): Die Erosivität der Niederschläge im Süden der DDR - ein Beitrag zur quantitativen Prognose der Bodenerosion. - Archiv für Naturschutz und Landschaftsforschung 29, S. 135 - 169

SCHWEIKLE, V. et al. (1985): Regen- und Oberflächenabflußfaktoren (R) sowie Bodenerodierbarkeitsfaktoren (K) zur quantitativen Abschätzung des Bodenabtrags durch Wasser in Baden-Württemberg nach dem Verfahren von Wischmeier und Smith.- Bericht der Landesanstalt für Umweltschutz Baden-Württemberg, Karlsruhe (unveröffentlicht), 10 S.

SCHWERTMANN, U. (1980): Stand der Erosionsforschung in Bayern. - Daten und Dokumente zum Umweltschutz, Sonderreihe Umwelttagung Heft 30, S. 94 - 105

SCHWERTMANN, U. (1981): Grundlagen und Problematik der Bodenerosion. - Bayerisches Landwirtschaftliches Jahrbuch 58, Sonderheft 1, S. 75 - 79

SCHWERTMANN, U. et al. (1981): Die Vorrausschätzung des Bodenabtrags durch Wasser in Bayern. - München, 126 S.

WEISCHET, W. (1977): Einführung in die Allgemeine Klimatologie. - Stuttgart, 256 S.

WISCHMEIER, W.H. (1959): A rainfall erosion index for an universal soil loss equation. - Soil Science Society American Proceedings 23, p. 246 - 249

WISCHMEIER, W.H. & D.D. SMITH (1962): Soil-Loss Estimation as a tool in soil and water management planning. - International Association of Scientific Hydrology, Louvain, Publication 59, Gentbrugge, p. 148 - 159

WISCHMEIER. W.H. & D.D. SMITH (1978): Predicting rainfall erosion losses - a guide to conservation planning.- U.S. Department of Agriculture, Agricultural Handbook 537, 58 p.

BODENERODIERBARKEIT IN NORDRHEIN-WESTFALEN

von Johannes Botschek

Summary

A realistic prediction of soil erosion with the help of the Universal Soil Loss Equation is only possible after empirical tests and adaptions in case. One factor of that equation, the Soil Erodibility Factor K, is subject of this study. At eight selected locations in Northrhine-Westfalia K was determined empirically, then compared with the calculated K of the equation. The differences can be related to oceanic influences on the climate of that region.

Zusammenfassung

Eine realistische Abschätzung der Erosionsgefahr für Ackerflächen ist mit der in den USA entwickelten Allgemeinen Bodenabtragsgleichung (ABAG) erst nach empirischen Überprüfungen und gegebenenfalls Anpassungen möglich. Ein Faktor der Gleichung, der Bodenerodierbarkeitsfaktor K, steht im Mittelpunkt der Untersuchungen. An acht ausgewählten Standorten in Nordrhein-Westfalen wurden die K-Faktoren empirisch ermittelt und mit den nach der ABAG errechneten K-Faktoren verglichen. Die Abweichungen werden auf das maritim beeinflußte Klima Nordrhein-Westfalens zurückgeführt.

1. Einführung

Neben mittelbaren und unmittelbaren ökonomischen Konsequenzen (STÜRMER et al. 1982) für den Landwirt durch Verluste am produktivsten Bodenhorizont und durch Behinderungen der acker- und pflanzenbaulichen Arbeiten aufgrund der Umlagerung von Bodenmaterial (BECHER 1981, SCHROEDER 1981) spielen in zunehmendem Maß die über den Ackerschlag hinausgehenden ökologischen Wirkungen der Bodenerosion eine Rolle (CAST 1982; MOLLENHAUER 1987). Der Austrag von Bodenmaterial, von Pflanzennährstoffen (WIECHMANN 1973, AUERSWALD 1984), Pflanzenschutzmitteln und deren Umwandlungsprodukten kann benachbarte oder entfernte Ökosysteme negativ beeinflussen und stellt damit ein Gefahrenpotential im Sinne der Bodenschutzkonzeption der Bundesregierung (BMI 1985) dar. Die Gefährdung von Trinkwassertalsperren durch Stoffeintrag (MOLLENHAUER 1984) und der notwendige Schutz von Verkehrswegen und kommunalen Abwassernetzen vor Blockierung durch Sediment bzw. die Belastung von Kläranlagen durch Stofffrachten sind weitere Problembereiche, die unmittelbar die Notwendigkeit von Erosionsschutzmaßnahmen verdeutlichen (MOLLENHAUER 1985, HACH u. HÖLTL 1989).

Die von WISCHMEIER u. SMITH (1978) entwickelte "Allgemeine Bodenabtragsgleichung" (ABAG) ermöglicht eine Abschätzung der Erosionsgefahr für Ackerflächen allgemein, indem sie den Bodenabtrag auf bestimmte meßbare Erosionsfaktoren zurückführt. Als Faktoren sind folgende Größen quantitativ zu ermitteln:

R: Regen- und Oberflächenabflußfaktor. Er ist ein Maß für die gebietsspezifische Erosionswirksamkeit (Erosivität) der Niederschläge und wird aus kinetischer Energie und Niederschlagsmenge der erosiven Einzelregen errechnet (s. Beitrag ERDMANN/SAUERBORN).

K: Bodenerodierbarkeitsfaktor. Er stellt den jährlichen Abtrag eines bestimmten Bodens pro R-Einheit auf dem Standardhang (22 m lang, 9% Gefälle, Schwarzbrache) dar. Er ist ein Maß für die Erodierbarkeit eines Bodens und von einer Reihe analytisch bestimmbarer Bodeneigenschaften abhängig.

L: Hanglängenfaktor. Er gibt das Verhältnis des Bodenabtrages eines Hanges beliebiger Länge zu dem des Standardhanges (22 m Länge) unter sonst gleichen Bedingungen an (s. Beitrag ODINIUS/-ERDMANN).

S: Hangneigungsfaktor. Er gibt das Verhältnis des Bodenabtrages eines Hanges mit beliebiger Hangneigung zu dem des Standardhanges (9% Gefälle) unter sonst gleichen Bedingungen an.

C: Bedeckungs- und Bearbeitungsfaktor. Er gibt das Verhältnis des Bodenabtrages eines Hanges mit beliebigem Kulturverfahren (Frucht, Bedeckungsgrade, Bodenbearbeitung) zu dem des Standardhanges unter Schwarzbrache mit Saatbettgefüge bei sonst gleichen Bedingungen an.

P: Erosionsschutzfaktor. Er gibt das Verhältnis des Bodenabtrages mit beliebigen erosionsvermindernden Maßnahmen wie Konturnutzung, Erosionsschutzstreifen oder Terrassierung zu dem des Standardhanges bei Bearbeitung in Gefällerichtung und ohne Schutzmaßnahmen unter sonst gleichen Bedingungen an.

Auf dieser Datengrundlage ist die Berechung des jährlichen Bodenabtrages (A) in t/ha nach der Gleichung $A = R \times K \times L \times S \times C \times P$ möglich.

Die Faktoren sind allgemeingültig, trotzdem ist ihre Gewichtung sehr von den jeweiligen klimatischen Bedingungen abhängig (KIRKBY u. MORGAN 1980; ONCHEV 1985). Sie beziehen sich darüber hinaus auf Böden innerhalb eines gewissen Korngrößenspektrums. "Eine Anwendung (der Gleichung) in einem außerhalb der Vereinigten Staaten gelegenen Gebiet ist ohne vorherige kritische Überprüfungen, Anpassungen bzw. Modifikationen nicht legitim", (BORK 1988, S. 166). Auch WISCHMEIER (1976) warnt vor der Anwendung in Situationen, für die keine Daten vorliegen.

Kritische Überprüfungen wurden für viele Regionen durchgeführt (Südosten Nigerias, Australien, semiaride Gebiete Spaniens). Auch in Regionen des gemäßigten Klimabereiches außerhalb Nordamerikas sind Modifikationen notwendig. BOLLINE (1985) fand für das maritime Klima Belgiens kleinere Korrelationskoeffizienten zwischen rechnerisch ermittelter Regenerosivität nach WISCHMEIER und tatsächlichem Bodenabtrag als in den USA. Er folgert daraus, daß für Belgien der R-Faktor der ABAG abzuwandeln ist. Dadurch ändert sich nach der für den Standardhang nach Wischmeier geltenden Beziehung $K=A/R$ auch die Bodenerodierbarkeit. Trotz gleicher Versuchsmethodik und ähnlicher Bodeneigenschaften kommt es also in klimatisch unterschiedlichen Regionen zu voneinander abweichenden K-Faktoren (RÖMKENS et al. 1987). Gleichungen und Nomogramme zur K-Faktor-Berechnung sind anhand von Bodenabtragsmessungen auf der Basis natürlicher Niederschläge regional zu überprüfen.

Da zu erwarten ist, daß auch für Nordrhein-Westfalen mit seinem atlantisch geprägten Klima Modifikationen vorzunehmen sind, war eine experimentelle Überprüfung erforderlich. Am Institut für Bodenkunde der Universität Bonn sollte die Bodenerodierbarkeit an ausgewählten Standorten in Nordrhein-Westfalen ermittelt werden. Es war zu untersuchen, ob eine Übernahme der der Allgemeinen Bodenabtragsgleichung zugrunde liegenden Beziehung zwischen dem Bodenabtrag und den Bodeneigenschaften in modifizierter oder nicht modifizierter Form für Nordrhein-Westfalen möglich ist.

2. Durchführung und Ergebnisse

2.1 Standorte

Die nordrhein-westfälischen Versuchsstandorte wurden nach den Kriterien Erosionsgefährdung und bodenkundliche sowie klimatische Repräsentativität ausgewählt und bevorzugt in die Nähe von schon längere Zeit betriebenen Niederschlagsmeßstationen gelegt, um auf deren Aufzeichnungen zurückgreifen zu können. Abb. 1 zeigt die Lage der acht Versuchsstandorte.

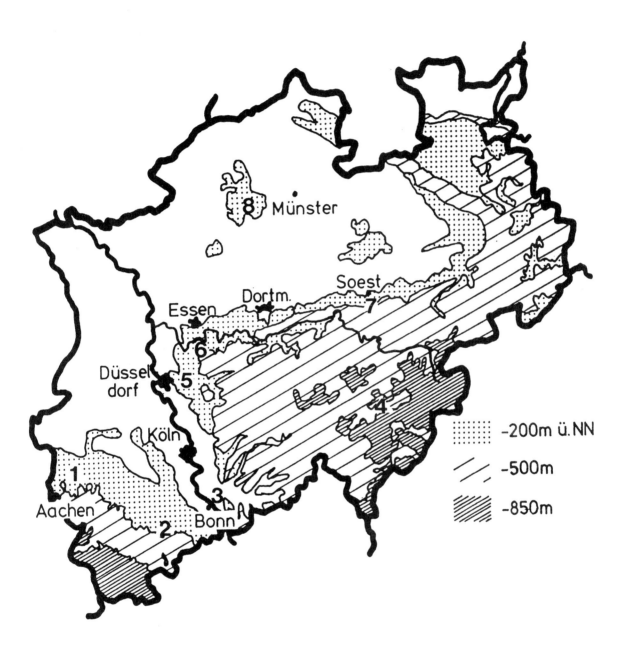

Abb. 1: Lage der Versuchsstandorte

1. Der vom Löß geprägte und deshalb erosionsgefährdete Standort Euchen liegt auf einem Ausläufer der Jülicher Börde bei Würselen (Abb. 1, Punkt 1). Die Lößdecke überzieht das stark gefaltete Grundgebirge, das hier in Form oberkarbonischer Dolomite zutage tritt (Bodentyp: pseudovergleytes Braunerde-Kolluvium aus Lößkolluvium (Aquic Eutrochrept)).

2. Der Standort Niederkastenholz liegt auf der Nordabdachung des Münstereifeler Waldes zur Zülpicher Börde bei Euskirchen (Abb.1, Punkt 2). Seine Lage im Innern der Kölner Bucht und im Lee der Nordeifel ist durch geringe Niederschläge (500 mm) gekennzeichnet. Ein hoher Zuckerrübenanteil in der Fruchtfolge dieses landwirtschaftlich intensiv genutzten Gebietes begünstigt die Bodenerosion (Bodentyp: Pseudogley aus Löß über Fließerden aus Grau- und Rotlehmverwitterungsmaterial unterdevonischer Sandsteine (Aquic Dystric Eutrochrept)).

3. Die Kölner Bucht ist geprägt von den Terrassenablagerungen des Rheins. Beidseitig begleitet zunächst die holozäne Inselterrasse den Strom über weite Strecken. Sie wird von der mit Auenböden bedeckten älteren Niederterrasse begrenzt, die intensiv landwirtschaftlich genutzt wird, ebenso wie die von mächtigen Lößablagerungen bedeckte linksrheinische untere Mittelterrasse. Die wesentlich höher gelegene Hauptterrasse der Ville weist kaum noch Lößüberdeckung auf.
Im Bereich der rechtsrheinischen Niederterrassenflur hat sich die Sieg im Spätglazial etwa 10 m eingeschnitten und ihr eigenes Bett geschaffen. So entstand beispielsweise bei Eschmar (Abb. 1, Punkt 3) ein mäßig steiler Terrassenhang, der ebenso wie die auelehmbedeckte Niederterrassenfläche und die holozäne Aue heute intensiv landwirtschaftlich genutzt wird. Hangneigungen von 10-15° bei mechanisch labilen auf Niederterrassensand und Kies entwickelten Böden führen hier häufig zu intensiver Bodenerosion (Bodentyp: Pararendzina aus geschichteten Terrassensanden (Arenic Eutrochrept)).

4. Die Saalhausener Berge bei Saalhausen (Abb. 1, Punkt 4) sind Teil des Rothaargebirges. Hier bilden kräftig gefaltete Schichten des Devon und Karbon die Grundstruktur der Landschaft. Steile Hänge mit flach- bis mittelgründigen Böden und hohem Skelettanteil drängen die Landwirtschaft bis heute in die Tallagen mit besser zu nutzenden Böden und eignen sich meist nur als Waldstandorte. Das erklärt den bis zu 50%igen Waldanteil in diesem Gebiet.
Allerdings wurden und werden gerade wegen der verhältnismäßigen Armut an Ackerstandorten selbst steilere Hänge in Kultur genommen, wie die sogenannten 'Hangäckerfluren' bezeugen (LANDESVER-MESSUNGSAMT NRW 1968). Ihre starke Hangneigung macht sie anfällig für Bodenerosion, und gebietsspezifisch hohe Niederschläge erhöhen zusätzlich die Erosionsgefahr. Darüber hinaus spielt hier die Schneeschmelze eine erosionsauslösende Rolle (HEMPEL 1963) (Bodentyp: Braunerde-Kolluvium aus Schieferschuttfließerde (Typic Dystrochrept)).

5. Die aus den mittelpleistozänen rheinischen Terrassen aufgebaute 'Bergische Treppe' steigt ostwärts von Düsseldorf in Stufen ins sogenannte Bergische Hügelland. Dort, wo es zu Lößüberwehungen kam, konnten sich fruchtbare, tiefgründige Parabraunerden entwickeln (Mettmanner Lößgebiet), während etwa die sandigen Standorte der Mittelterrasse benachteiligt sind. Sie gewannen erst mit der Entwicklung der Großstädte an Rhein und Ruhr an Bedeutung. Der gleichzeitige wissenschaftliche und technische Fortschritt in der Landwirtschaft ermöglichte eine Intensivierung des Anbaus von Kulturpflanzen auch auf den armen Böden bei Hochdahl (Abb.1, Punkt 5). Allerdings nahm im gleichen Umfang auch die Erosionsgefährdung zu, besonders in jüngster Zeit durch einen hohen Maisanteil in der Fruchtfolge (Bodentyp: Pseudogley-Braunerde aus Terrassensanden über devonischen Verwitterungen (Aquic Udarent)).

6. Das Ruhrtal ist als typisches Schiefergebirgstal mit gewundenem Lauf und deutlich gegliederten pleistozänen Terrassenhängen in das alte Gebirge eingeschnitten. Im Bereich des westlichen Hellweggebietes von Duisburg über Essen bis Bochum breitet sich als Fortsetzung der Hellwegbörden eine Decke von pleistozänem Lößlehm aus. Die Böden aus Löß auf den oft steil ansteigenden Ruhrhöhen sind - wie auch am Versuchsstandort Werden (Abb. 1, Punkt 6) - leicht erodierbar, zumal hier Steigungsregen die Jahresniederschlagsmenge auf 1200 mm anheben (Bodentyp: schwach pseudover-

gleyte Braunerde aus Löß (Aquic Dystric Eutrochrept)).

7. Der Standort <u>Soest</u> liegt auf dem Nordhang des Haarstranges (Abb. 1, Punkt 7). Die nach Norden immer mächtiger werdende Lößdecke der Hellwegebene über den Kalken und Mergeln des Cenoman und Turon hat hier erosionsbedingt eine Mächtigkeit von < 1 m, die hangabwärts durch Kolluvienbildung ansteigt.
Klimatisch hebt sich das Gebiet durch eine hohe Jahresmitteltemperatur von 9,3°C, vor allem aber durch geringe Niederschläge von seiner Umgebung ab. Während am Kamm des Haarstranges jährlich 800 mm Niederschlag fallen, bleibt der Niederschlag hier unter 700 mm (LANDESVERMESSUNGSAMT NRW 1968). Trotzdem sind wegen hoher Schluffanteile der Böden (bis 80%) Erosionsereignisse häufig. Die Nutzflächen sind meist in großen Ackerschlägen zusammengefaßt, so daß erosionsbegünstigende Hanglängen vorliegen (HEMPEL 1963) (Bodentyp: pseudovergleyte Braunerde aus lößhaltigen Fließerden über Kalkstein (Typic Haplumbrept)).

8. Das Bombergplateau im Kernmünsterland bei <u>Nottuln</u> (Abb. 1, Punkt 8) ist im wesentlichen aus Mergeln unterschiedlicher Konsistenz und Farbe mit eingeschalteten Kalksandsteinbänken aufgebaut. Die Oberfläche bilden drenthezeitliche Geschiebelehme, soweit sie nicht bereits wegerodiert oder von Löß bedeckt sind.
Die jährliche Niederschlagsmenge liegt mit 850 mm deutlich höher als im Umland, da sich die aus West bis Südwest heranziehenden feuchten Luftmassen hier stauen. Das Wasser versickert jedoch rasch in den klüftigen Kalkmergeln und sammelt sich auf wasserstauenden Schichten, um schließlich auf unterschiedlichen 'Quellhorizonten' wieder zutage zu treten. Das Plateau profitiert nicht mehr von diesen Quellen; Brunnen mußten hier bis in eine Tiefe von über 50 m vorgetrieben werden (MÜLLER-WILLE et al. 1955). Vermutlich aus diesem Grund wurde das Bombergplateau in historischer Zeit nicht besiedelt, sondern nur zur Schafhaltung (z.B. Ortsname Schapdetten) genutzt. Erosionsbegünstigende intensivere Landwirtschaft wird hier erst seit jüngerer Zeit betrieben (Bodentyp: Pseudogley-Braunerde aus lößhaltiger Fließerde über Kalkmergel (Aquic Eutrochrept)).

2.2 Errechnete K-Faktoren

Der Bodenerodierbarkeitsfaktor K errechnet sich nach WISCHMEIER u. SMITH (1978) aus folgenden fünf Bodeneigenschaften, die analytisch bzw. am Bodenprofil zu bestimmen sind:
  a) Gehalt (%) an der Korngröße 0,002-0,1 mm (Schluff + Feinstsand); er umfaßt die Fraktion des Bodens, die von Verlagerungsvorgängen am meisten betroffen ist,
  b) Gehalt (%) an der Korngröße 0,1-2 mm (Feinstsand - Sand); er erhöht den Anteil an Grobporen, verleiht dadurch der Bodenmatrix eine höhere Wasserdurchlässigkeit, was die Versickerung begünstigt; die Summe der Kornfraktionen (a) und (b) weist gleichzeitig auf den Tongehalt hin, der stabilisierend, also erosionshemmend wirkt,
  c) Gehalt (%) an organischer Substanz; er verbessert die Bodenstruktur und wirkt der Verschlämmung entgegen,
  d) Aggregatklasse; sie berücksichtigt die unterschiedlichen Versickerungsbedingungen auf Böden mit feiner Aggregierung und solchen mit grober oder gar plattiger Aggregierung,
  e) Permeabilitätsklasse; sie gibt einen Anhalt für die Wasserdurchlässigkeit des Profils, gegebenenfalls bis in eine Tiefe von 80 cm.

Die Bodeneigenschaften (a) und (b) werden zum Parameter M zusammengefaßt und gemeinsam mit den übrigen Eigenschaften für die Berechnung des K-Faktors verwendet.
SCHWERTMANN et al. (1987) haben den K-Faktor für Bayern modifiziert. Die in SI-Einheiten umgerechnete Formel für den K-Faktor (K_S) lautet:
$K_S = 2,77 \times 10^{-6} \times M^{1,14} \times (12-c) + 0,043 (d-2) + 0,033 (4-e)$. Ein Nomogramm erweitert den Anwendungsbereich der Bodenabtragsgleichung auf Böden, für die ein Errechnen des K-Faktors nicht möglich ist. Zusätzlich wird im Nomogramm nach SCHWERTMANN die Steinbedeckung berücksich-

tigt, die als Erosionsschutz wirkt.

MARTIN (1988) wandelte die Gleichung und das entsprechende Nomogramm ab und fügte als Parameter die Sättigung der Austauscher mit den die Verschlämmung begünstigenden einwertigen Kationen Na und K hinzu. Die Aggregatgröße wurde als Parameter verworfen, da sie zu sehr von Bodennutzung und Anbauverfahren abhängt. Der Permeabilität des Unterbodens wird nur in speziellen Fällen Bedeutung zuerkannt (MARTIN 1988, 1989). Dagegen wird die prozentuale Steinbedeckung des Bodens (Steinbed.) als weitere Bodeneigenschaft verrechnet. Die Gleichung hat hier diese Form:

$K_M = (6 \times 10^{-4} \times U \times (1 + 0,0015 \times S \times T) \times (12-c) + 0,021 \times (K+Na)) \times e^{-0,05 \times Steinbed.}$.

Die untersuchten Standorte haben nach den oben erwähnten Gleichungen bzw. Nomogrammen die folgenden K-Werte:

Tab. 1: Errechnete K-Faktoren

Standort	Steinbed. %	K-Faktoren			
		Schwertmann K_S		Martin K_M	
		ohne	mit	ohne	mit
		Steinbedeckung		Steinbedeckung	
Euchen	0	0,57	0,57	0,61	0,61
Niederkastenholz	10	0,41	0,33	0,73	0,44
Eschmar	5	0,22	0,19	0,38	0,30
Saalhausen	30	0,26	0,10	0,51	0,11
Hochdahl	0	0,34	0,34	0,37	0,37
Werden	2	0,48	0,45	0,62	0,56
Soest	5	0,42	0,37	0,52	0,40
Nottuln	5	0,30	0,26	0,69	0,53

Die unterschiedliche Gewichtung der in die Gleichungen und Nomogramme eingehenden Parameter sowie die zum Teil unterschiedliche Auswahl von Parametern führt zu Differenzen in der Einschätzung der Erodierbarkeit. Die erosionshemmende Wirkung der Steinbedeckung ist von WISCHMEIER - im Unterschied zu SCHWERTMANN und MARTIN - nicht in den K-Faktor einbezogen worden. Über den Umweg eines Subfaktors des C-Faktors wurde der Steinbedeckung der gleiche erosionshemmende Effekt unterstellt wie einer Mulchdecke mit entsprechendem Bodendeckungsgrad. Der ursprüngliche K-Faktor mit diesem Subfaktor multipliziert ergab den 'K-Faktor mit Steinbedeckung'. Für einen anschließenden Vergleich der errechneten K-Faktoren wird die unterschiedliche Steinbedeckung nicht berücksichtigt.

Die nach der MARTIN'schen Gleichung errechneten K_M-Faktoren liegen über den K-Werten SCHWERTMANNs. Die Schlufffraktion wird hier stärker gewichtet, so daß die Erodierbarkeit der schluffreichen Böden entsprechend ansteigt, aber auch den lehmigen Böden mit ihren immer noch bedeutenden Schluffanteilen werden höchste K_M-Faktoren zugeordnet. Ihre Erodierbarkeit wird sogar höher eingeschätzt als die der Schluffböden. Die Einstufung der leichten Böden (Eschmar, Hochdahl) als gering- bis mittelerodierbar (WITTMANN 1982) stimmt mit SCHWERTMANNs bzw. WISCHMEIERs Rechenmethode überein.

2.3 Empirische K-Faktoren

Für die experimentelle Überprüfung der errechneten K-Faktoren wurde die Gleichung $K = \Sigma A / \Sigma R$ genutzt. Sie leitet sich aus der ABAG her und gilt für standardisierte Bedingungen, so daß nur die Erosivität der gebietsspezifischen Niederschläge und der von ihnen ausgelöste Bodenabtrag zu ermitteln sind und als Variable in die Gleichung eingehen (BOLLINE 1985).

Tab. 2: Niederschlagscharakteristika der Einzelstandorte

Standort	Jahres- Sommer- Niederschlagshöhe (mm)		Jahres- Sommer- Niederschlagshäufigkeit		Jahr: Sommer: Erosive Niederschlagshöhe (mm)		Jahr: Sommer: R - Wert (kj/m^2 x mm/h)	
Euchen	523	314	140	82	218	125	39,6	31,5
Niederkastenholz	504	318	207	101	201	161	38,3	34,2
Eschmar	613	354	193	93	259	186	44,9	40,0
Saalhausen	778	397	181	90	419	223	68,3	55,8
Hochdahl	835	433	203	104	443	229	66,9	49,8
Kupferdreh		447		77		108		51,3
Soest		440		103		253		58,6
Nottuln	706	363	212	99	322	183	47,4	34,7

Die Tabelle 2 zeigt wichtige Regencharakteristika der Versuchsstandorte. Sie wurden mit Hilfe von Regenschreiberaufzeichnungen am Lehrstuhl für Landwirtschaftlichen Wasserbau und Kulturtechnik der Universität Bonn ermittelt. Für die Ermittlung der Regenerosivität, die sich im Faktor R ausdrückt, wurde die Schneeschmelze nicht gesondert berücksichtigt. R entspricht der mittleren EI_{30}- oder R_e-Summe des Standortes. R_e ist das Produkt aus kinetischer Energie (E) der aufprallenden Regentropfen und der maximalen 30-Minuten-Intensität (I_{30}) des Einzelniederschlages und errechnet sich nach der Formel $R_e = E_e \times I_{30}$. Die kinetische Energie E_e eines Niederschlages (LAWS 1941) ergibt sich aus der Summe der E_i der einzelnen Abschnitte mit gleicher Intensität:

$E_i = (11{,}89 + 8{,}73 \times \log I_i) \times N_i \times 10^{-3}$ für $0{,}05 < I_i < 76{,}2$
$E_i = 0$ für $I_i < 0{,}05$
$E_i = 28{,}33 \times N_i \times 10^{-3}$ für $I_i > 76{,}2$,

wobei I_i = mm/h   (Intensität des einzelnen Abschnittes)
N_i = mm   (Niederschlagshöhe des Abschnittes)
E_i = kJ/m²   (kinetische Energie des Abschnittes)

In den R-Wert gehen nur Regen ein, deren Regenmenge mindestens 10 mm und/oder deren 30-Minuten-Intensität mehr als 10 mm/h beträgt (ROGLER u. SCHWERTMANN 1981).

Die Parameter der Niederschläge sind von Jahr zu Jahr Schwankungen unterworfen. Auch die Meßwerte der Jahre 1987 und 1988, in denen die Erosionsversuche durchgeführt wurden, weichen zum Teil erheblich von den mittleren Werten der Tabelle 2 ab. Besondere Beachtung ist dabei den Sommerwerten zu schenken, da die Erosionsmessungen nur in den Sommermonaten erfolgten.

Zur Messung des Bodenabtrages A wurden im Frühjahr '87 Versuchsparzellen nebeneinander in zwei Wiederholungen je Standort angelegt und über die gesamte Meßzeit mittels von Hand geführten Gartengeräten vegetationslos gehalten. Bei hangparalleler Bearbeitung sollte ständig Saatbettgefüge vorliegen; eine Frühjahrsfurche wurde durch Umgraben mit dem Spaten simuliert.
Auf diese Weise wurde der Bodenabtrag gemessen und konnte mit dem R-Faktor zum vorläufigen K-Faktor verrechnet werden.

Tab. 3: R_e- und Abtragssummen der Meßzeiträume

Standort	R_e-Summe kJ/m² x mm/h 1987	R_e-Summe kJ/m² x mm/h 1988	Abtrag t/ha 1987	Abtrag t/ha 1988
Euchen	54,6	13,8	19,60	0,64
Niederkastenholz	68,5	54,8	26,06	8,73
Eschmar	78,9	27,9	91,90	36,97
Saalhausen	12,0	48,5	0,00	0,73
Hochdahl	32,0	57,0	11,02	17,05
Werden	33,6	18,9	4,82	0,19
Soest	62,2	47,4	0,22	0,28
Nottuln	22,4	23,1	4,15	1,64

Für eine sinnvolle Beurteilung der Erosionsversuche sind weder die Jahres- noch die Sommer-R-Werte der Standorte geeignet. Vielmehr ist ausschließlich die Erosivität des Versuchszeitraumes zur Menge des in dieser Zeitspanne erodierten Materials in Beziehung zu setzen. Die Erosionsmeßparzellen wurden in den Sommermonaten der Jahre 1987 und 1988 betrieben. Da die Parzellen auf privaten Ackerschlägen lagen, hatten die Bewirtschaftungsmaßnahmen der Landwirte Vorrang vor einem optimalen Versuchsbetrieb. Im Einzelfall kam es zu verspätetem Aufbau oder vorzeitigem Abbau der Meßparzellen und damit zu einer verkürzten Meßperiode. Tabelle 3 zeigt die Erosivitäten und die Abträge der Versuchszeiträume an den acht Versuchsstandorten.

Um eine Gewichtung der beiden für die vorliegende Arbeit ermittelten Jahres-K-Faktoren vornehmen zu können, wurden die Abtragssummen und die Jahres-R-Faktoren der Meßzeiträume 1987 und 1988 addiert und zum $K_{87/88}$-Faktor verrechnet. Dieser Faktor ist als vorläufiger K-Faktor (K_V) anzusehen und mit den errechneten K-Werten zu vergleichen (Tab. 4).

Tab. 4: Errechnete und empirisch ermittelte K-Faktoren (mit Steinbedeckung)

Standort	errechnete K-Faktoren		
	K_S	K_M	K_V
Euchen	0,57	0,61	0,31
Niederkastenholz	0,33	0,44	0,28
Eschmar	0,19	0,30	1,21
Saalhausen	0,10	0,11	0,01
Hochdahl	0,34	0,37	0,32
Werden	0,45	0,56	0,10
Soest	0,37	0,40	0,01
Nottuln	0,26	0,53	0,13

Die empirisch ermittelten Bodenerodierbarkeiten weichen zum Teil erheblich von den errechneten bzw. aus Nomogrammen entnommen K-Werten bayerischer Autoren (SCHWERTMANN et al. 1987; MARTIN 1988) ab. Die Unterschiede sind vermutlich im wesentlichen auf das maritim geprägte Klima Nordrhein-Westfalens zurückzuführen. Die Böden sind auch im Sommer feuchter, Trockenperioden sind seltener und kürzer als im süddeutschen Raum. Infolge niedrigerer Sommertemperaturen ist die aktuelle Verdunstung geringer, was zusätzlich einer Austrocknung der Böden entgegenwirkt (DEUTSCHER WETTERDIENST 1989; KELLER 1978). Das ausgeglichen feuchte Klima gewährleistet gute Lebensbedingungen für Bodenmikroben und fördert die Bildung eines stabilen Bodengefüges. Verminderte Luftsprengungseffekte senken die Verschlämmungsneigung (HENK 1989) und setzen ebenfalls die erosive Wirkung der Starkregen und damit die Bodenerodierbarkeit herab. Möglicherweise spielen in diesem Zusammenhang auch regionsspezifische Muster oder Häufigkeiten bestimmter Oberflächenzustände, Befeuchtungsgeschwindigkeiten und Tropfenaufprallwirkungen eine Rolle. Die über die beiden Meßperioden aufsummierten Abträge sind niedriger als von der Allgemeinen Bodenabtragsgleichung veranschlagt. Dementsprechend liegt das Niveau der empirisch ermittelten vorläufigen K-Faktoren meist unter dem Niveau der errechneten bzw. aus den Nomogrammen entnommenen Werte, die auf Untersuchungen in den USA und in Bayern zurückgehen. Eine Formel zur Berechnung des K-Faktors aus den bestimmbaren Bodeneigenschaften muß die geringere Bodenerodierbarkeit der untersuchten nordrhein-westfälischen Standorte berücksichtigen.

Die Beobachtungen zeigen, daß das Spektrum der effektiv erosionsauslösenden Niederschläge von dem nach WISCHMEIER und SMITH (1978) definierten und von ROGLER und SCHWERTMANN (1981) für Bayern modifizierten erosiven Starkregenspektrum (alle Niederschläge mit einer Regenmenge $\geq$ 10 mm und/oder einer maximalen 30-Minuten-Intensität (I_{30}) > 10 mm/h) abweicht. Trotz geringerer

Bodenerodierbarkeiten führen auch relativ schwache Niederschläge zu Abträgen, deren Anteil am Standort Eschmar immerhin 8%, an den übrigen Standorten zwischen 0 und 5% des Starkregenabtrages erreicht.

3. Schlußfolgerungen

Die Anpassung der Allgemeinen Bodenabtragsgleichung an nordrhein-westfälische Verhältnisse erfordert also die Festlegung eines erweiterten Spektrums von erosiven Regen. Die Untergrenze für diese Regen müßte erheblich niedriger liegen als von ROGLER und SCHWERTMANN (1981) für Bayern empfohlen. Bei einem Grenzwert von 4 mm Regenmenge und/oder einer maximalen I_{30} von 4 mm/h werden alle effektiv erosiven Regen der Meßzeit erfaßt. Dieser Wert ist in weiteren Meßreihen zu überprüfen.

Mit der Senkung des Grenzwertes ergeben sich aber Konsequenzen für die Maßzahl der Erodierbarkeit, den K-Faktor. Ein erweitertes Spektrum an erosiven Niederschlägen vergrößert den Quotienten in der Gleichung $K = A/R$, die Bodenerodierbarkeit sinkt also.

Zusätzlich zur gegenüber US-amerikanischen und süddeutschen Böden geringeren Erosionsanfälligkeit der hier vorgestellten Böden ergibt sich auch aus dem erweiterten Regenspektrum eine Reduzierung der Höhe der K-Werte, die ebenfalls in Formel und Nomogramm eingehen müßte.

Beide Modifizierungen führen zu geringeren K-Faktoren, ihre Auswirkungen auf die Allgemeine Bodenabtragsgleichung sind allerdings sehr unterschiedlich. Eine aufgrund der besonderen Klimabedingungen Nordrhein-Westfalens von anderen Regionen abweichende Bodenerodierbarkeit läßt sich aus dem empirisch ermittelten Quotienten A/R ableiten und nach entsprechenden Versuchsreihen in einer modifizierten Formel auf die Bodeneigenschaften zurückführen. Die Beziehung $K = A/R$ bleibt davon unberührt. Ein so ermittelter K-Faktor ist mit den K-Faktoren anderer Regionen vergleichbar. Die Veränderung des R-Faktors durch Einbeziehung schwächerer Regen verändert dagegen auch die Dimensionierung des K-Faktors, so daß die überregionale Vergleichbarkeit nicht mehr gegeben ist. Darüber hinaus wird mit der Festlegung neuer Grenzwerte der erosiven Regen auch der R-Faktor neu definiert. Beide Größen, der K- und der R-Faktor, erhalten im Rahmen der Allgemeinen Bodenabtragsgleichung einen neuen, gebietsspezifischen Stellenwert.

Da R und K Teile eines multiplen Regressionsmodelles sind, ist die grundsätzliche Veränderung einzelner Variablen, etwa durch Hinzufügen oder Eliminieren von Einflußgrößen, ohne gleichzeitige Überprüfung der Wirkung auf die anderen Variablen problematisch. Der der Allgemeinen Bodenabtragsgleichung zugrundeliegende Datenpool von 10000 Parzellenjahren (WISCHMEIER u. SMITH 1978) kann im Falle solcher Veränderungen jedoch erst nach langfristigen, regional differenzierten Messungen genutzt werden. Angesichts dieses enormen Aufwandes rücken - inzwischen zur Verfügung stehende - umfassendere Modelle mit stärker deterministischer Gewichtung (MORGAN 1988) ins Blickfeld. Die Anpassung solcher Modelle erfordert aber noch erhebliche Anstrengungen.

Die Allgemeine Bodenabtragsgleichung hat nach wie vor ihre Berechtigung solange andere Modelle noch nicht praxisreif sind. Da die ABAG offenbar den Bodenabtrag eher über- als unterschätzt, sind bei flächenhafter Realisierung von Erosionsschutzmaßnahmen auch keine nachteiligen Folgen für die Umwelt zu befürchten. Die ABAG sollte deshalb bei allen Vorbehalten bis auf weiteres in Nordrhein-Westfalen angewendet werden.

Literatur

AUERSWALD, K. (1984): Nährstoffabträge nach der Ernte von Wintergerste und Raps durch Oberflächenabfluß und Bodenabtrag. Mitteilgn. Dtsch. Bodenkundl. Gesellsch., 39, S. 109-110.

BECHER, H.H. (1981): Auswirkungen der Profilverkürzungen durch Wassererosion auf den Ertrag. Mitteilgn. Dtsch. Bodenkundl. Gesellsch., 30, S. 341-342.

BMI (1985): Bodenschutzkonzeption der Bundesregierung. Bundestagsdrucksache 10/2977 v. 7. März 1985, Bundesminister des Innern (Hrsg.), ISSN 3-17-009063-1, Verlag W. Kohlhammer, 229 S.

BOLLINE, A. (1985): Adjusting the universal soil loss equation for the use in western Europe. Soil erosion and conservation, S.A. El-Swaify, W.C. Moldenhauer, Andrew Lo (ed.).

BORK, H.-R. (1988): Bodenerosion und Umwelt. Landschaftsgenese und Landschaftsökologie, 13, TU Braunschweig, 249 S.

CAST (1982): Soil erosion: Its agricultural, environmental, and socioeconomic implications. Council for agricultural science and technology.

DEUTSCHER WETTERDIENST (1960, 1989): Klimaatlas von Nordrhein-Westfalen. Deutscher Wetterdienst, Offenbach a.M.

HACH, G. & W. HÖLTL (1989): Maßnahmen zur Erhaltung und Verbesserung der Wasserrückhalte-, Wasserreinhalte- und Speicherfähigkeit in der Landschaft. Z. Kulturtechn. Landentwicklung, 30, S. 8-21.

HEMPEL, L. (1963): Bodenerosion in Nordwestdeutschland. Erläuterungen zu Karten von Schleswig-Holstein, Hamburg, Niedersachsen, Bremen und Nordrhein-Westfalen. Forschungen zur deutschen Landeskunde, Bd. 144. Bad Godesberg, Bundesforschungsanstalt für Landeskunde und Raumordnung.

HENK, U. (1989): Untersuchungen zur Regentropfenerosion und Stabilität von Bodenaggregaten. Landschaftsgenese und Landschaftsökologie, 15, Braunschweig.

KIRKBY, M.J. & R.P.C. MORGAN (1980): Soil erosion. A publication of the British Geomorphological Group. Chichester, New York, Brisbane, Toronto.

KELLER, R. (1978): Hydrologischer Atlas der Bundesrepublik Deutschland. Im Auftrag der DFG, Harald-Boldt-Verlag, Boppard.

LANDESVERMESSUNGSAMT NRW (1968): Topographischer Atlas von Nordrhein-Westfalen. A. Schüttler (Leitg.).

LAWS, J.O. (1941): Measurements of the fall-velocity of water-drops and rain drops. Trans. Am. Geophys. Un., 22, p. 709-721.

MARTIN, W. (1988): Die Erodierbarkeit von Böden unter simulierten und natürlichen Regen und ihre Abhängigkeit von Bodeneigenschaften. Diss. TU München.

MARTIN, W. (1989): Einfluß des Unterbodens auf die Erosion. Mitteilgn. Dtsch. Bodenkundl. Gesellsch., 59/II, S. 1113-1114.

MOLLENHAUER, K. (1984): Oberflächenabfluß und Nährstoffabschwemmung auf ausgewählten Acker- und Grünlandstandorten im Einzugsgebiet einer Trinkwassertalsperre. Mitteilgn. Dtsch. Bodenkundl. Gesellsch., 39, S. 123-128.

MOLLENHAUER, K. (1985): Mehrjährige Untersuchungen zum Verhalten von Oberflächenabfluß und Stoffabtrag landwirtschaftlicher Nutzflächen. Mitteilgn. Dtsch. Bodenkundl. Gesellsch., 43/II, S. 873-878.

MOLLENHAUER, K. (1987): Oberflächenabfluß sowie Fest- und Nährstoffverlagerung landwirtschaftlicher Nutzflächen. Z. Kulturtechn. Flurberein., 28(3), S. 166-175.

MORGAN, R.P.C. (1988): A critique of methods for measuring soil erosion in the field. Mitteilgn. Dtsch. Bodenkundl. Gesellsch., 56, p. 13-18.

MÜLLER-WILLE, W., BERTELSMEIER, E., GORKI, H.F. & H. MÜLLER (1955): Der Landkreis Münster. Die Landkreise in Westfalen, Bd. 2. Böhlau-Verlag, Münster/Köln.

ONCHEV, N.G. (1985): Universal index for calculating rainfall erosivity. Soil erosion and conservation, p. 424-431. S.A. El-Swaify, W.C. Moldenhauer, A. Lo. (ed.).

RÖMKENS, M.J.M, PRASAD, S.N. & J.W.A. POESEN (1987): Soil erodibility and properties. Transactions of the XIII. Congress of ISSS, Hamburg, 1986, 5, p. 492-504.

ROGLER, H. & U. SCHWERTMANN (1981): Erosivität der Niederschläge und Isoerodentkarte Bayerns. Z. Kulturtechn. Flurberein., 22, S. 99-112.

SCHROEDER, D. (1981): Ertragsminderung durch Bodenerosion in Lößlandschaften. Mitteilgn. Deutsch. Bodenkundl. Gesellsch., 30, S. 343-354.

SCHWERTMANN, U., VOGL, W. & M. KAINZ (1987): Bodenerosion durch Wasser - Vorhersage des Abtrags und Bewertung von Gegenmaßnahmen. Verlag Ulmer, Stuttgart, 64 S.

STÜRMER, H., BECHER, H. & U. SCHWERTMANN (1982): Ertragsbildung bei Mais auf erodierten Hängen. Z. Acker- u. Pflanzenbau 151, S. 315-321.

WIECHMANN, H. (1973): Beeinflussung der Gewässereutrophierung durch erodiertes Bodenmaterial. Landw. Forsch., 26 (1), S. 37-46.

WISCHMEIER, W.H. (1976): Use and misuse of the Universal Soil Loss Equation. J. Soil Water Cons., 31 (1), p. 5-9.

WISCHMEIER, W.H. & D.D. SMITH (1978): Predicting rainfall erosion losses - a guide to conservation planning. USDA, Agric. Handbook No. 537, 58 S.

WITTMANN, O. (1982): Erosion von landwirtschaftlichen Flächen in Nordbayern. Laufener Seminarbeiträge 5/82, S. 96-100.

UNTERSUCHUNGEN ZUR BODENEROSION IM BONNER RAUM UNTER EINSATZ EINES GEOGRAPHISCHEN INFORMATIONSSYSTEMS

von Karl-Heinz Erdmann und Sabine Roscher

Summary

Taking a section of the countryside south of Bonn as a model, a map is being developed - by using a Geographical Information-System (GIS) - which, based on the compilation of a landscape inventory shows the potential risk and the historical change of natural soil erosion in its varying degrees throughout the area.

Zusammenfassung

Am Beispiel eines südlich von Bonn gelegenen Landschaftsausschnittes wird - unter Einsatz eines Geographischen Informationssystems (GIS) - eine Karte entwickelt, die das natürliche Bodenerosions-Gefährdungspotential und den historischen Wandel in seiner räumlichen Differenzierung als Ergebnis der Landschaftsinventarisierung darstellt.

1. Einleitung

Aufgrund einer allgemein feststellbar wachsenden Belastung des Bodens in der Bundesrepublik Deutschland verabschiedete das Bundeskabinett am 06. Februar 1985 die "Bodenschutzkonzeption der Bundesregierung". Sie wurde am 07. März 1985 von dem zu diesem Zeitpunkt für Umweltfragen zuständigen BUNDESMINISTER DES INNEREN (1985) als Bundesdrucksache 10/2977 veröffentlicht. Hierzu ergänzend publizierte das UMWELTBUNDESAMT (1985) den Textband "Materialien zur Bodenschutzkonzeption der Bundesregierung", der die Ergebnisse der Beratungen der 'Interministeriellen Arbeitsgruppe Bodenschutz' (IMAB) zusammenfaßt.

Diese am Vorsorgeprinzip orientierte Schutzkonzeption hat zum Ziel, vermeidbaren Bodenschäden bereits im Vorfeld präventiv entgegenzuwirken. Erstmals wurden in dieser rahmengebenden Darstellung alle derzeit bekannten relevanten Gefahren, denen die Böden der Bundesrepublik Deutschland unterliegen, im Überblick dargestellt.

Als besonders bodengefährdendes Phänomen heben die Autoren der Bodenschutzkonzeption das Problem der Bodenerosion, den durch anthropogene Eingriffe in den Naturhaushalt bedingten aquatischen und äolischen Bodenabtrag, hervor. Die Bodenerosion hat in den zurückliegenden Jahren weltweit eine zunehmende Beachtung erfahren. Sie stellt aber kein neues, erst mit der Verbreitung moderner Agrartechnologien entstandenes Problem dar (vgl. MÜCKENHAUSEN 1976), denn bereits für das Neolithikum lassen sich im Landschaftsgefüge Mitteleuropas Bodenverlagerungsprozesse infolge der Umwandlung von Naturlandschaft in Kulturlandschaft nachweisen (MENSCHING 1952, S. 219).

Zur Begrenzung der schädigenden Einwirkungen auf den Boden und der damit verbundenen Gefahren zielt die Bodenschutzkonzeption u.a. darauf ab (BUNDESMINISTER DES INNERN 1985, S. 104 f.),
- das Naturschutzrecht zu überprüfen und ggf. zu erweitern, um beispielsweise erosionsgefährdete Gebiete auszuweisen (§ 15 Abs. 1 Nr. 1, Abs. 2 BNatSchG),
- den Kahlschlag in Waldbeständen auf gefährdeten Standorten einzustellen und
- die Bodennutzung an spezielle Standortbedingungen anzupassen.

Im Rahmen der Erarbeitung politischer Richtlinien zum Schutz des Bodens zeigte sich jedoch sehr schnell, daß trotz beachtlicher Grundlagenkenntnisse noch erhebliche Wissenslücken existieren. Besonders beklagenswert ist beispielsweise das Defizit an Abtragsprognosekarten, mit Hilfe derer besonders gefährdete Flächen im Landschaftsgefüge zu identifizieren sind.

2. Bodenerosionsprognosekarten

Eine wesentliche Grundlage für die Einleitung erosionsmindernder bzw. -schützender Maßnahmen ist die Darstellung der potentiellen Erosionsgefährdung in Karten. Mittels dieser Abtragsprognosekarten können besonders gefährdete Flächen im Landschaftsgefüge identifiziert werden.

Zur Abschätzung der regionalen Bedeutung der verschiedenen erosionsbeeinflussenden Parameter und des zu erwartenden Ausmaßes des Bodenabtrages entwarfen AUERSWALD/SCHMIDT (1986) den "Atlas der Erosionsgefährdung in Bayern". Dieses - unter Verwendung der ABAG - im Maßstab 1:2.000.000 erstellte Kartenwerk gibt eine räumlich differenzierte Übersicht über den durch Regen ausgelösten flächenhaften Bodenabtrag in Bayern. Damit sollen insbesondere Planungsbehörden sowie die Landwirtschaftsberatung Informationen darüber erhalten, in welchem Ausmaß die verschiedenen bayerischen Regionen durch Bodenerosion gefährdet sind, welche Einflußgrößen diese bedingen und worauf mögliche Gegenmaßnahmen abzielen müßten. Die einzelnen Karten basieren auf einem Rasternetz mit einer mittleren Rasterlänge von ca. 2,3 km. Trotz der, auf Bayern bezogenen, relativ hohen Auflösung umfassen die einzelnen Rasterflächen immer noch verhältnismäßig große Gebiete.

Neben diesen kleinmaßstäbigen Erosionsprognosekarten für Bayern legten neben DIEZ (1985) auch AUERSWALD/FLACKE/NEUFANG (1988) sowie NEUFANG/AUERSWALD/FLACKE (1989) für einzelne Gemeindefluren sehr hochauflösende Karten im Maßstab 1:5.000 vor. Letztere Karten, die über ein digitales Geländemodell auf der Grundlage der ABAG entwickelt wurden, sollen künftig in Bayern bei allen Flurbereinigungsverfahren und in der Landwirtschaftsberatung zum Einsatz kommen. Die Vernetzung von Geländefazetten in Gefällerichtung ermöglicht bei einer hohen Detailgenauigkeit die flächenhafte Abbildung des Stofftransportes. Schutzmaßnahmen lassen sich unmittelbar für einzelne Parzellen aus diesen Erosionsprognosekarten ableiten.

Mit der im folgenden vorgestellten Bodenerosions-Gefährdungskarte soll eine Lücke zwischen kleinmaßstäbigen Karten, die das Gefährdungspotential ganzer Regionen darstellen und sehr großmaßstäbigen Karten, die einzelne Gemeindefluren charakterisieren, geschlossen werden. Ziel dieser Untersuchungen war es, eine Karte zu entwickeln, mit deren Hilfe die Erosionsgefährdung von Landschaftsräumen zu erfassen ist. Die Karte im Maßstab 1:25.000 stellt diesbezüglich einen vermittelnden Vorschlag dar (vgl. MANNSFELD 1984).

3. Untersuchungsraum und Methodik

Seit 1984 werden von der Abteilung für spezielle und angewandte physische Geographie des Geographischen Institutes der Universität Bonn im südlichen Nordrhein-Westfalen Arbeiten zum DFG-Schwerpunktprogramm "Geomorphologische Detailkartierung der Bundesrepublik Deutschland im Maßstab 1:25.000 (GMK-25)" durchgeführt. Am Beispiel der TK-25-Blätter 5308 Bonn-Bad Godesberg sowie 5309 Königswinter (in Auszügen) soll aufbauend auf diesen Erhebungen dargestellt werden, wie ohne zusätzliche Geländeaufnahme - in Anlehnung an STÄBLEIN (1987) - die Ableitung einer Bodenerosions-Prognosekarte erfolgen kann.

3.1 Zur Verwendung der "Allgemeinen Bodenabtragsgleichung" (ABAG)

WISCHMEIER/SMITH (1978) entwickelten mit der "Universal Soil Loss Equation" (USLE) ein empirisches Verfahren, das - auf der Basis der erosionsbedingenden Faktoren - eine Prognose des potentiellen Bodenabtrags für einzelne Ackerflächen ermöglicht. Seit nunmehr über drei Jahrzehnten wird in den USA die USLE von dem "Soil Conservation Service" bei der Planung von Maßnahmen gegen die Bodenerosion mit großem Erfolg eingesetzt.

Um diese Methode auch außerhalb der USA anwenden zu können, sind regionale Eichungen der die Bodenerosion beeinflussenden Faktoren erforderlich. SCHWERTMANN/VOGL/KAINZ (1987) legten deshalb das an mitteleuropäische Verhältnisse angepaßte modifizierte Verfahren "Vorausschätzung des Bodenabtrages durch Wasser mit Hilfe der Allgemeinen Bodenabtragsgleichung - ABAG -" vor. Mit diesem korrigierten und verbesserten quantitativen Bemessungsinstrumentarium ist es nunmehr möglich, die Wirksamkeit von Maßnahmen zur Reduzierung der Bodenerosion durch Wasser auch für mitteleuropäische Landschaften realistisch abzuschätzen.

In den folgenden Untersuchungen, denen die ABAG zugrunde liegt, wird das "natürliche Bodenerosions-Gefährdungspotential" (nBGP) (vgl. ERDMANN/HARDENBICKER 1989 und ERDMANN 1990) als Konstante bestimmt, die den jährlich zu erwartenden Bodenabtrag angibt, unabhängig von den tatsächlichen L-, C- und P-Faktoren. Zur Berechnung der "potentiellen Bodenerosionsgefährdung" waren folgende Daten des Untersuchungsraumes miteinander zu verarbeiten:
- R-Faktor: Bei einem durchschnittlichen Jahresniederschlag von ca. 700 mm wurde nach dem Verfahren ROGLER/SCHWERTMANN (1981, S. 106) ein R-Faktor von 56 geschätzt
- K-Faktor: Ermittlung über Nomogramm (vgl. SCHWERTMANN/ VOGL/KAINZ 1987, S. 23) der im Rahmen der GMK erfaßten Böden
- LS-Faktor: Berechnung der Hangneigungen mittels eines digitalen Geländemodells und Bestimmung des Topographiefaktors (LS) bei einer normierten Hanglänge von 100 m (nach SCHWERTMANN/ VOGL/KAINZ 1987, S. 29 ff)
- C- und P-Faktor: Zugrundelegung einer Schwarzbrache (d.h. C = 1; P = 1)

Die Karte der "potentiellen Bodenerosionsgefährdung" basiert nicht, wie die Untersuchung von ERDMANN/GRUNERT/HARDENBICKER (1991), auf der Klassenbildung für K-Faktoren, sondern auf realen Kennwerten (vgl. Abb. 1). Erst bei der abschließenden Berechnung des Gefährdungspotentials wurden die differenziert berechneten Bodenabträge in Bodenerosionsgefährdungsstufen zusammengefaßt.

Daran anschließend folgte eine Verschneidung der Karte der "potentiellen Bodenerosionsgefährdung" mit den jeweiligen Karten der realen Bodennutzung - differenziert nach Wald, Grünland, Acker und Siedlung (auf der Grundlage der TK-25) - für die Jahre 1893, 1926, 1956/57 und 1990 (vgl. Abb. 2). Diese Überlagerung hat zum Ziel, das Ausmaß der Veränderung der Bodenerosionsgefährdung aufgrund des Landnutzungswandels im Untersuchungsraum in den letzten 100 Jahren zu erfassen.

3.2 Einsatz eines Geographischen Informationssystems (GIS)

Die Analyse der Daten erfolgte mittels eines Geographischen Informationssystems (GIS, Software ARC/INFO), das Bestandteil des zwischen 1974 und 1980 aufgebauten Landschafts-Informationssystems (LANIS) der Bundesforschungsanstalt für Naturschutz und Landschaftsökologie ist (vgl. KOEPPEL/ARNOLD 1981). Ein solches computergestütztes System ist in der Lage, flächenbezogene geographische Daten zu erheben, zu verwalten, abzuändern und auszuwerten (vgl. ASHDOWN/ SCHALLER 1990). Durch die Erfassung ihrer Koordinaten, werden Flächen, Linien oder Punkte als Vektor- oder Rasterdaten gespeichert. Eine relationale Datenbank verwaltet die zu der erfaßten Geometrie gehörenden inhaltlichen Merkmale (vgl. KOEPPEL 1990). Beides zusammen - Geometrie

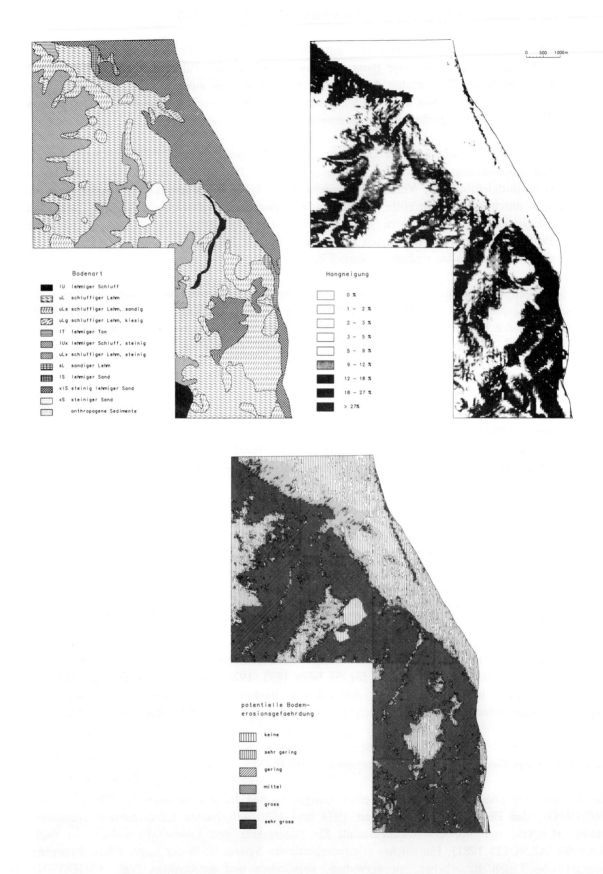

Abb. 1: Ableitung der Karte 'potentielle Bodenerosionsgefährdung' aus den Grundlagenkarten 'Bodenart', 'Hangneigung' u. 'Erosivität' (hier nicht dargestellt)

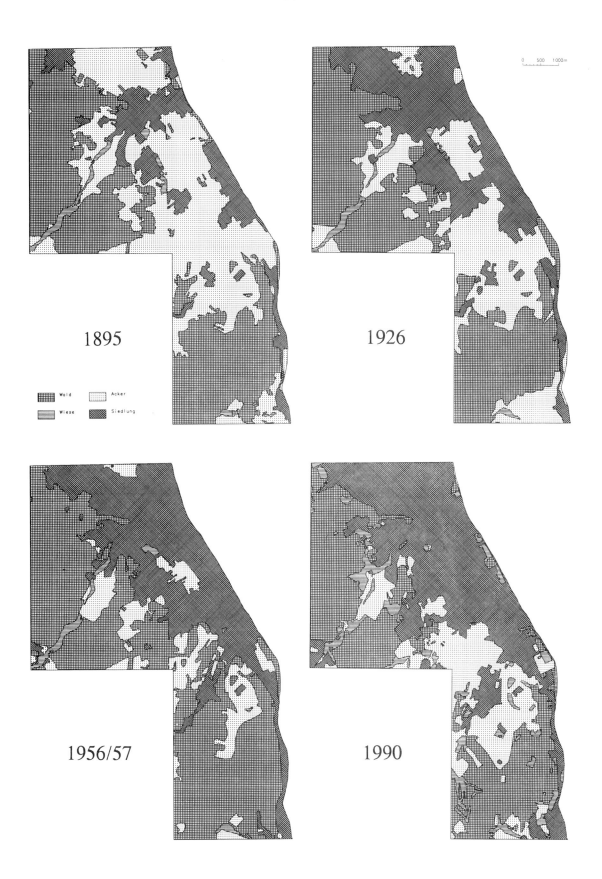

Abb. 2: Bodennutzung im Raum Bonn - Bad Godesberg (Topographische Grundlagen: TK-25 5308 Bad Godesberg u. 5309 Honnef-Königswinter

und Attribute - ergeben eine Informationsebene (Layer), die mit anderen Layern überlagert ('Overlay-Technik') und analysiert werden kann.

Die Informationsschicht Bodenarten wurde der GMK-25 des Untersuchungsraumes entnommen und manuell digitalisiert. Dazu waren die Grenzlinien der Flächen zunächst mit einer Digitalisierlupe abzufahren. Anschließend folgte für die so erfaßte Karte der Aufbau der Topologie, d.h. die Bestimmung der räumlichen Beziehungen der Kartenelemente. Aus den einzelnen Linienstücken wurden Polygone gebildet und anschließend automatisch die jeweilige Fläche berechnet. Nach der digitalen Erfassung der räumlichen Abgrenzung der verschiedenen Bodenarten konnte jeder Fläche die inhaltliche Beschreibung (Attribut) zugewiesen werden. Dazu war jedes Polygon mit einem sogenannten Labelpunkt zu versehen, der die Bodenart in codierter Form enthält. Die beschreibenden Merkmale jeder Fläche werden in der relationalen Datenbank INFO verwaltet. Über einen logischen Verweis (Pointer, in Abb. 3 und 4 als 'laufende Nummer' bezeichnet) sind die Geometriedaten mit ihren Attributen in der Datenbank verbunden. Durch Hinzufügen einer weiteren Spalte ('B.art') und der Decodierung über eine Zuordnungstabelle, die die Codenummer des Labelpunktes und die Bodenart enthält, steht nun für jedes Polygon die Bodenart in der Datenbanktabelle bereit.

Als Datengrundlage für die Erstellung der Hangneigungskarte wurden digitale Höhendaten des Landesvermessungsamtes Nordrhein-Westfalen verwendet, die in Form eines 50 m Rasters (Rastereckpunkte) landesweit zur Verfügung stehen. Sie entsprechen dem Generalisierungsgrad der TK-25, tragen deshalb die Bezeichnung DGM-25 und können als Vorstufe des von den Ländern aufzubauenden Amtlichen Topographisch-Kartographischen Informationssystems ATKIS betrachtet werden. Die Daten entstammen Höhenprofilen, die photogrammetrisch im Abstand von 20, 40 oder 80 m erfaßt wurden und ursprünglich dem Aufbau des Luftbildkartenwerkes TK-25-L dienten. Die Höhengenauigkeit liegt bei 2-3 m, bei waldbedeckten Flächen können unter Umständen auch größere Ungenauigkeiten auftreten (vgl. FÖCKELER/KUHN 1990, S.23). Mit Hilfe des in der GIS-Software integrierten Digitalen Geländemodells TIN (triangular irregular network) konnte aus den Höhendaten eine Hangneigungskarte mit einer Klassenbreite von einem Prozent abgeleitet werden. Die Neigung liegt entsprechend der Bodenkarte als Vektordatensatz vor.

Zur Erstellung der Karte "potentielle Bodenerosionsgefährdung" sind zunächst die Informationsebenen (Layer) Bodenarten und Hangneigung miteinander zu verschneiden. Dabei entsteht ein Datensatz der die Grenzen der Polygone aus beiden zugrundeliegenden Karten enthält (vgl. Abb. 3). Die durch die mathematische Verschneidung der beiden Geometrien neu entstehenden Flächen werden automatisch berechnet. Gleichzeitig erhält jedes Polygon die beschreibenden Merkmale beider Ausgangskarten zugeordnet. Das heißt: für jede Fläche steht sowohl die Bodenart als auch die Hangneigungsklasse in der INFO-Datenbank zur Verfügung. Dem Modellansatz der ABAG entsprechend sind Bodenart und Hangneigung im Hinblick auf ihre erosionsbeeinflussende Wirkung zu bewerten. Dazu werden in der Datenbank zwei Tabellen angelegt, die die jeweilige Zuordnung von Bodenart und K-Faktor, bzw. Hangneigung und LS-Faktor enthalten. Diese Tabellen werden mit der Tabelle des verschnittenen Datensatzes temporär verbunden (vgl. Abb 3). Folgt eine Verschneidung dieses Datensatzes mit einer - als Polygondatensatz vorliegenden - Isoerodentkarte, ist auch der R-Faktor für jedes Polygon bestimmbar, so daß für jede einzelne Fläche die Faktoren R, K und LS abrufbar bereitstehen. Anschließend werden die Werte spaltenweise multipliziert, das Ergebnis dieser Berechnung in einer neuen Spalte mit der Bezeichnung 'Abtrag' abgelegt, der berechnete potentielle Bodenabtrag (in t/ha * a) - durch einfache Datenbankabfrage - in Gefährdungsstufen eingeteilt und der Tabelle als weitere Spalte ('EfW') angehängt (vgl. Abb. 3 Mitte). Diese Zusammenfassung in Stufen wurde gewählt, da für die Karte der "potentiellen Erosionsgefährdung" - neben Lage und Größe der Fläche - ausschließlich die Gefährdungsklassen relevant sind. Die Informationsfülle des verschnittenen Datensatzes konnte durch das Zusammenfassen aller Flächen, die den gleichen Gefährdungsgrad aufweisen, erheblich reduziert werden (vgl. Abb. 3 unten). Die Auflösung der Geometrie nach dem Merkmal EfW erfolgte automatisch.

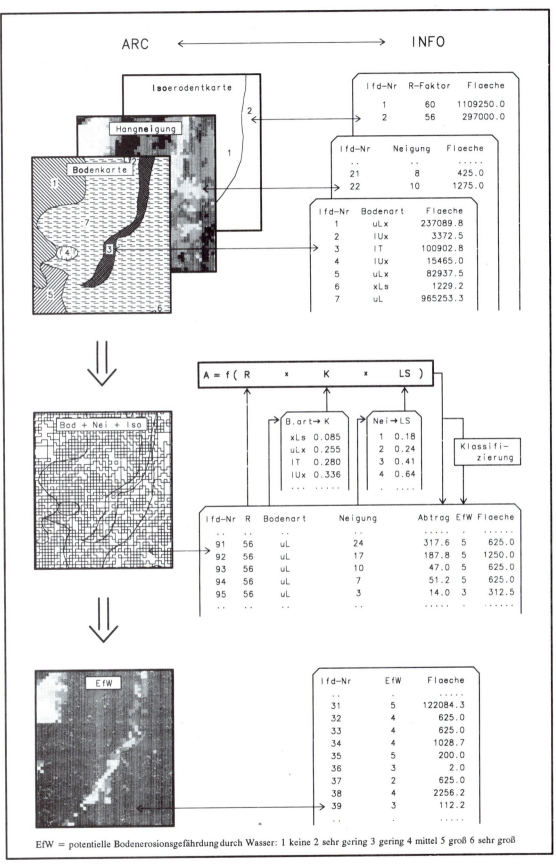

Abb. 3: Schematische Darstellung der Ableitung der Karte 'potentielle Bodenerosionsgefährdung'

Die Bodenerosionsdisposition des Untersuchungsgebietes wurde nachfolgend dem historischen Landnutzungswandel gegenübergestellt. Anhand Topographischer Karten aus den Jahren 1893, 1926, 1956/57 und 1990 war die Nutzung - differenziert nach Wald, Grünland, Acker und Siedlung - zunächst hochzuzeichnen und analog der Bodenkarte zu digitalisieren. Anschließend erfolgte eine Verschneidung der Karte der "potentiellen Bodenerosionsgefährdung" mit jeweils einer der Landnutzungskarten (vgl. Abb. 4).

Als Ergebnis dieser Auswertung konnte eine Statistik über den Anteil der Bodenerosionsklassen an den verschiedenen Bodennutzungstypen erstellt werden (vgl. Tab 1). Zur Verdeutlichung der räumlichen Veränderungen des Landnutzungswandels waren abschließend alle Acker- und Waldflächen der vier verschnittenen Datensätze zu extrahieren und als Einzelkarten darzustellen (vgl. Abb. 5 und 6).

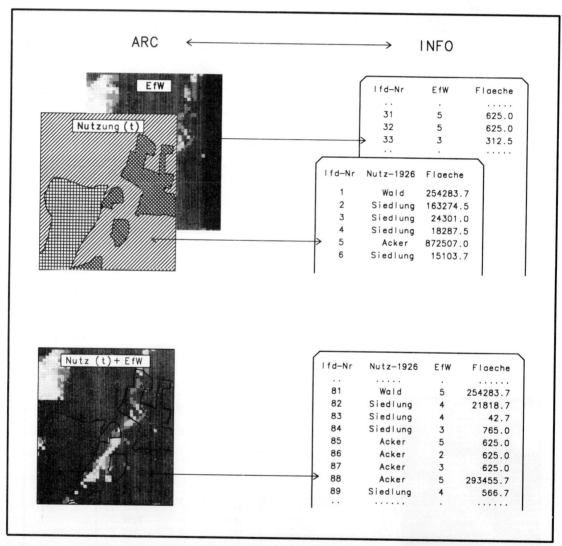

Abb. 4: Schematische Darstellung der Verschneidung der Karte 'potentielle Bodenerosionsgefährdung' mit den Karten 'Bodennutzung' verschiedener Jahre

Boden-nutzung	%-Anteil an der Gesamt-fläche	%-Anteile der verschiedenen Boden-erosionsklassen auf den verschiedenen Bodennutzungstypen					
		< 1	1-5	5-10	10-15	15-30	> 30

1893

Wald	43.9	0.9	5.2	3.3	1.9	3.5	29.1
Grünland	1.5	0.0	0.0	0.1	0.1	0.1	1.2
Acker	40.2	6.2	7.0	3.0	1.3	2.0	20.7
Siedlung	14.4	1.6	3.3	2.9	1.0	1.0	4.6

1926

Wald	43.2	1.0	5.2	3.1	1.9	3.5	28.5
Grünland	1.2	0.0	0.0	0.1	0.1	0.1	0.9
Acker	28.9	3.4	3.1	1.5	0.9	1.5	18.5
Siedlung	26.7	4.3	7.2	4.6	1.4	1.5	7.7

1956/57

Wald	51.9	1.1	5.0	3.1	1.9	3.8	37.0
Grünland	1.4	0.1	0.0	0.1	0.1	0.1	1.0
Acker	13.2	1.4	1.8	1.0	0.6	0.9	7.5
Siedlung	33.5	6.1	8.7	5.1	1.7	1.8	10.1

1990

Wald	34.3	0.4	4.1	2.1	1.4	2.6	23.7
Grünland	6.3	0.1	0.6	0.4	0.2	0.6	4.4
Acker	19.4	0.9	1.6	0.7	0.7	1.2	14.3
Siedlung	40.0	7.3	9.2	6.1	2.0	2.2	13.2
Gesamt	100.0	8.7	15.5	9.3	4.3	6.6	55.6

Tab. 1: Verteilung der Bodenerosionsklassen auf die verschiedenen Bodennutzungstypen im Untersuchungsraum für die Jahre 1893, 1926, 1956/57 und 1990

Abb. 5: Die historische Entwicklung der Bodenerosionsgefährdung von Ackerflächen im Raum Bonn - Bad Godesberg

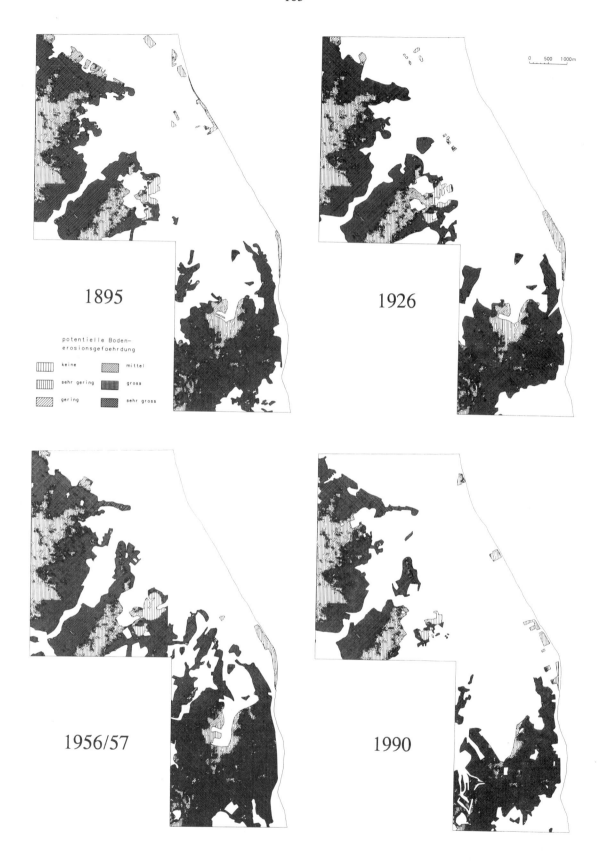

Abb. 6: Die historische Entwicklung der Bodenerosionsgefährdung von Waldflächen im Raum Bonn - Bad Godesberg

4. Ergebnisse

Die reale Gefährdung des Geopotentials 'Boden' hängt entscheidend von Art und Intensität der menschlichen Nutzung ab. In diesem Sinne verdeutlicht Tab. 1, daß innerhalb des Untersuchungsraumes im Verlauf der vergangenen 100 Jahren parallel mit den Änderungen der Landnutzung - diese wiederum bedingt durch umfassende sozioökonomische Wandlungsprozesse - auch deutliche Veränderungen in der Bodenerosionsgefährdung festzustellen sind. Einige besonders augenfällige Veränderungen werden im folgenden kurz zusammengefaßt dargestellt.

Vergleicht man die verschiedenen %-Anteile für die Bodenerosionsklasse > 30 t/ha * a in den einzelnen Aufnahmejahren, fällt besonders der zwischen 1893 und 1956/57 von 20,7% auf 7,5% deutlich abnehmende Ackeranteil auf, der bis 1990 wieder auf 14,3% ansteigt. Die Gefahr der Bodenerosion auf Ackerflächen hat demnach zwischen 1956/57 und 1990 wieder sehr stark zugenommen (vgl. Abb. 5). War 1893 von der Gesamtackerfläche, die 40,2% betrug, etwa die Hälfte (20,7%) sehr stark gefährdet, sind es 1990 etwa dreiviertel (14,3% von 19,4%).

Besonders hervorzuheben ist auch der hohe waldbaulich genutzte erosionsgefährdete Flächenanteil (vgl. Abb. 6). Dieser ist zwar von 37,0% (1956/57) auf 23,7% (1990) zurückgegangen, doch sind gerade diese Waldareale aufgrund ihrer bodenkonservierenden Funktion besonders erhaltenswert. Dies zeigt sich vor allem bei der Betrachtung der Bodenerosionsklasse > 30 t/ha * a (55,6% der Gesamtfläche), von der immer noch 42,6% (im Gegensatz zu 66,5% in 1956/57) waldbedeckt sind. Da Wälder mit einer geschlossenen Vegetationsdecke den Boden ganz besonders gut vor Abtrag schützen, sollte den ausgedehnten Waldflächen des Untersuchungsraumes im Rahmen der Naturschutzarbeit zukünftig vorrangige Aufmerksamkeit geschenkt werden.

5. Fazit

Mit Hilfe eines Geographischen Informationssystems kann der historische Wandel der Bodenerosionsgefährdung in seiner räumlichen Verbreitung sehr differenziert erfaßt werden. Die skizzenhafte Darstellung für einen Landschaftsausschnitt des Bonner Raumes verdeutlicht, daß innerhalb des untersuchten hundertjährigen Zeitraumes die Bodenerosionsgefahr aufgrund der variierenden Landnutzung sehr stark zwischen den einzelnen Jahren der Erhebung differiert. Die Aufnahme für das Jahr 1990 zeigt ein aktuell wieder stark angestiegenes Bodenerosionspotential.

Literatur

ASHDOWN, M. und J. SCHALLER (1990): Geographische Informationssysteme und ihre Anwendung in MAB-Projekten, Ökosystemforschung und Umweltbeobachtung/Geographic Information Systems and their application in MAB projects, ecosystem research and environmental monitoring. - MAB-Mitteilungen 34, 250 S.

AUERSWALD,K., FLACKE, W. & L. NEUFANG (1988): Räumlich differenzierende Berechnung großmaßstäblicher Erosionsprognosekarten - Modellgrundlagen der dABAG. - Zeitschrift für Planzenernährung und Bodenkunde 151, S. 369 - 373

AUERSWALD,K. & F. SCHMIDT (1986): Atlas der Erosionsgefährdung in Bayern. Karten zu flächenhaften Bodenabtrag durch Regen. - GLA-Fachberichte 1, 74 S.

BREBURDA, J. (1983): Bodenerosion - Bodenerhaltung. - DLG-Verlag Frankfurt (Main), 128 S.

BUNDESMINISTER DES INNERN (Hrsg.) (1985): Bodenschutzkonzeption der Bundesregierung. Bundestagsdrucksache 10/2977 von 7.März 1985. - Stuttgart, 229 S.

DIEZ, T. (1985): Grundlagen und Entwurf einer Erosionsgefährdungskarte von Bayern. - Mitteilungen der Deutschen Bodenkundlichen Gesellschaft 43/II, S. 833 - 840

ERDMANN, K.-H. (1990): Die GMK-25 als Instrument zur Abschätzung der Erosionsanfälligkeit. - Mitteilungen der Deutschen Bodenkundlichen Gesellschaft 61, S. 13 - 16

ERDMANN, K.-H., GRUNERT, J. & U. HARDENBICKER (1990): Räumlich differenzierte Berechnung der Bodenerosionsgefährdung unter Verwendung der "Geomorphologischen Karte" (GMK-25) . - Verhandlungen der Gesellschaft für Ökologie 19/II, S. 736 - 745

ERDMANN, K.-H. & U. HARDENBICKER (1989): Erfassung der Bodenerosion mit Hilfe der GMK-25. - Mitteilungen der Deutschen Bodenkundlichen Gesellschaft 59/II, S. 1049 - 1054

FÖCKELER, A. & H. KUHN (1990): Aufbau und Anwendung von Digitalen Geländemodellen in Nordrhein-Westfalen. - GIS 4, S. 22 - 27

KOEPPEL, H.-W. (1990): Inhalt und Funktionen von Umweltinformationssystemen. In: LANDSCHAFTSVERBAND RHEINLAND (Hrsg.): Kommunale Informationssysteme. Tagungsbericht zum Werkstattgespräch am 07. Nov. 1989 in Köln. - Köln, S. 5 - 25

KOEPPEL, H.-W. & F. ARNOLD (1981): Landschafts-Informationssystem. - Schriftenreihe für Landschaftspflege und Naturschutz 21, 187 Seiten

MANNSFELD, K. (1984): Die naturräumliche Ordnung als Grundlage für die Landschaftsdiagnose im mittleren Maßstab. In: RICHTER,H. & K.D. AURADA (Hrsg.): Umweltforschung zur Analyse und Diagnose der Landschaft. - Gotha, S. 63 - 79

MENSCHING, H. (1952): Die Kulturgeographische Bedeutung der Auelehmbildung. - Tagungsberichte und wissenschaftliche Abhandlungen des Deutschen Geographentages vom 12. - 18.05.1951 in Frankfurt/Main. - Remagen, S. 219 - 225

MÜCKENHAUSEN, E. (1976): Bisherige Untersuchungen über den Bodenabtrag in Deutschland und anderen europäischen und außereuropäischen Ländern. In: RICHTER, G. & W. SPERLING (Hrsg.): Bodenerosion in Mitteleuropa. Wege der Forschung Bd. 430. - Darmstadt, S. 26 - 33

NEUFANG, L., AUERSWALD, K. & W. FLACKE (1989): Räumlich differenzierende Berechnung großmaßstäblicher Erosionsprognosekarten. Anwendung der dABAG in der Flurbereinigung und Landwirtschaftsberatung. - Zeitschrift für Kulturtechnik und Landentwicklung 30, S. 233 - 241

ROGLER, H. & U. SCHWERTMANN (1981): Erosivität der Niederschläge und Isoerodentkarte Bayerns. - Zeitschrift für Kulturtechnik und Flurbereinigung 22, S. 99 - 112

ROSCHER, S. (1991): Untersuchungen zur Bodenerosion mit Hilfe eines Geographischen Informationssystems (im Druck)

SCHWERTMANN, U., VOGL, W. & M. KAINZ (1987): Bodenerosion durch Wasser. Vorhersage des Abtrags und Bewertung von Gegenmaßnahmen. - Stuttgart, 64 S.

STÄBLEIN, G. (1987): Bodenerosion und geomorphologische Kartierung. Probleme und Ansätze einer angewandten Geomorphologie. - Münstersche Geographische Arbeiten 27, S. 29 - 41

UMWELTBUNDESAMT (Hrsg.) (1985): Materialien zur Bodenschutzkonzeption der Bundesregierung. - UBA-Texte 27/85, 499 S.

WISCHMEIER, W.H. & D.D. SMITH (1978): Predicting rainfall erosion losses - a guide to conservation planning. - Agriculture Handbook 537, 58 p.

DER EINFLUSS UNTERSCHIEDLICHER HANGLÄNGEN AUF DIE BODENEROSION
- EXPERIMENTELLE UNTERSUCHUNGEN IM BONNER RAUM -

von Brigitte Odinius und Karl-Heinz Erdmann

Summary

The influence of different slope lengths on soil erosion has not been examined only under natural conditions but also with the help of simulated tests. The results of both methods are nearly comparable. The ratios of runoff and soil erosion have always reached higher values on the 10 m-plots than on the 5 m-plots, how it could be expected according to WISCHMEIER/SMITH (1978) and SCHWERTMANN/VOGL/KAINZ (1987). Certainly many years of measurements are further on necessary to characterize the influence of different slope lengths on soil erosion.

Zusammenfassung

Der Einfluß unterschiedlicher Hanglängen auf die Bodenerosion wurde unter Naturregenbedingungen und mit Hilfe von Regensimulationen untersucht. Die Ergebnisse beider Methoden korrelieren eng miteinander. Die ermittelten Abfluß- und Abtragswerte erreichten auf den 10 m-Parzellen deutlich höhere Ergebnisse als die Erosionsraten der 5 m-Parzellen, wie nach WISCHMEIER/SMITH (1978) und SCHWERTMANN/VOGL/KAINZ (1987) zu erwarten ist. Allerdings sollten weitere langjährige Messungen durchgeführt werden, um den Einfluß der Hanglänge noch genauer quantitativ zu erfassen.

1. Einleitung

Im Rahmen eines vom Minister für Umwelt, Raumordnung und Landwirtschaft (MURL) des Landes Nordrhein-Westfalen finanzierten Forschungsprojektes an der Landwirtschaftlichen Fakultät der Universität Bonn wurden Untersuchungen zum Einfluß unterschiedlicher Hanglängen auf den Bodenerosionsprozeß durchgeführt. Sie hatten zum Ziel festzustellen, wie stark der Einfluß unterschiedlicher Hanglängen auf den Bodenabtrag ist und ob bei simulierten Erosionsversuchen ähnliche Ergebnisse wie unter natürlichen Starkregen zu erwarten sind bzw. inwieweit die Werte miteinander korrelieren.

2. Der Untersuchungsraum

Das Untersuchungsgebiet, das Versuchsgut Frankenforst der Universität Bonn, 15 km östlich von Bonn, am Südrand der Gemeinde Vinxel gelegen, gehört naturräumlich zum rechtsrheinischen Pleiser Hügelland, das einen Übergangsraum zwischen Kölner Tieflandsbucht und Rheinischem Schiefergebirge darstellt. Als Ausgangssubstrate für die Bodenbildung sind tertiäre Trachyttuffdecken, pleistozäne Hauptterrassensedimente und vor allem Löß zu nennen. Letzterer ist aufgrund seiner bodenphysikalischen Eigenschaften besonders erosionsanfällig.

3. Versuchsaufbau

Im Sommer 1989 wurden auf drei verschiedenen Lößstandorten der Gutsfläche Testparzellen angelegt. Standort I (Pararendzina) und Standort II (Erodierte Parabraunerde-Braunerde) lagen nordöstlich der Betriebsgebäude und umfaßten jeweils zwei Testparzellen von 5 m und 10 m Länge und 1,5 m Breite. Der untersuchte Mittelhangabschnitt des Standortes I (Höhe 159 m ü. NN) weist eine Neigung von

12% auf und ist NNW exponiert (vgl. Abb. 1).

Standort II ist NNO exponiert und 6% geneigt. Die Parzellen lagen östlich von Standort I auf demselben Ackerschlag im oberen Mittelhangbereich (Höhe 159 m ü. NN). Standort II war zusätzlich mit einem Monatsregenschreiber (RS) ausgestattet (vgl. Abb. 2).

Standort III (Pseudogley) - im Südteil der Gutsfläche - ermöglichte den Aufbau von vier parallel angeordneten unterschiedlich langen Testflächen (3 m-, 5 m-, 7 m- und 10 m-Länge) mit einer Breite von jeweils 1,5 m. Die Parzellen, im unteren Mittelhangbereich (Höhe 184 m ü. NN) angelegt, waren WSW exponiert und 9% geneigt. Standort III verfügte ebenfalls über einen Monatsregenschreiber (vgl. Abb. 3).

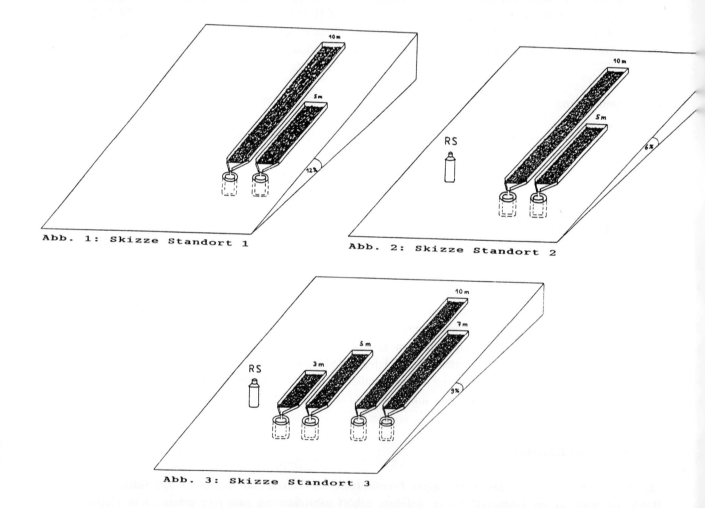

Abb. 1: Skizze Standort 1

Abb. 2: Skizze Standort 2

Abb. 3: Skizze Standort 3

Im Gegensatz zu den beiden nahezu steinfreien Standorten I und II, betrug die Steinbedeckung (Hauptterrassenschotter) des Standortes III ca. 10 - 15%. Weiterhin zeichnet sich dieser Standort durch einen hohen Tonanteil (> 30%) im Oberboden aus, während auf Standort I und Standort II die Bodenart Schluff, die die Erosionsanfälligkeit der Böden fördert, dominiert.

Zur Abgrenzung der Testflächen dienten 2 m lange und 15 cm breite, verzinkte, etwa 10 cm tief und sich gegenseitig überlappend in den Boden eingeschlagene Bleche. Am Parzellenende wurde ein ebenfalls verzinktes Abflußblech ebenerdig eingebaut. Die Dreieckform des breiten Bleches gewährleistete während der Beregnungsversuche bzw. der natürlichen Starkregen die quantitative Ableitung des Erosionsmaterials in die darunter in den Boden eingelassenen Auffanggefäße (50 - 200 Liter Fassungsvermögen) und damit eine korrekte Erfassung von Oberflächenabfluß und Bodenabtrag. Die

Abdeckung des Abflußbleches und der Regentonne mit einer Folienkonstruktion verhinderte bei Naturregenereignissen die Verfälschung der Ergebnisse durch äußere Einflüsse (vgl. u.a. BOTSCHEK 1990, S. 11 ff; WOLFGARTEN 1989, S. 42 ff). Um eine hangparallele Bearbeitung der Testflächen während der Vegetationsperiode zu ermöglichen, erfolgte die Anlage der Parzellen in einem Abstand von ca. 50 cm. Im Untersuchungszeitraum wurden alle Testparzellen vegetationslos gehalten (Schwarzbrache).

Da natürliche Starkregen im Untersuchungszeitraum (Sommer 1989) weitgehend ausblieben, wurden die Messungen im Sommer 1990 mit Hilfe künstlicher Beregnungen fortgesetzt. Vergleichend zu diesen simulierten Regenereignissen können Abflüsse und Abträge zweier natürlicher Starkregenereignisse (Juni und August 1990) herangezogen werden.

4. Naturregenereignisse

Abb. 4 - 6 stellen den Einfluß unterschiedlich langer Parzellen auf den Bodenerosionsprozeß bei Naturregenereignissen dar.

Unter Naturregenbedingungen zeigten alle drei Standorte relativ eindeutige, mit der Hanglänge ansteigende Abfluß-, Abtrags- und Sedimentgehaltsraten, wie nach WISCHMEIER/SMITH (1978) bzw. SCHWERTMANN/VOGL/KAINZ (1987) zu erwarten war. Abweichungen ergaben sich lediglich für die Abflußraten (l/m²) der pseudovergleyten, stark tonigen Parzellen des Standortes III, was auf den unterschiedlichen Einfluß der Steinbedeckung der vier Testflächen und auf Unterschiede im Mikrorelief der Parzellen zurückzuführen ist. Die Abtrags- und Sedimentgehaltsraten erreichten wie bei den übrigen Standorten auf den 10 m-Parzellen im Vergleich zu den kürzeren Testflächen die höchsten Werte.

Das zweite Naturregenereignis am 29.8.1990 wies eine wesentlich höhere Niederschlagsmenge (28 mm/h) als das Gewitter am 27.6.1990 (10 mm/h) auf. Die Erosionsraten lagen aufgund der höheren Niederschlagsintensität auf allen Standorten über den Ergebnissen des ersten Starkregenereignisses.

Das Gewitter am 29.8.1990 ereignete sich unmittelbar im Anschluß an die letzte Beregnung des Standortes I. Auf den verschlämmten Parzellen kam es zu hohen Abfluß- und Abtragsraten, die das Überlaufen der Regentonnen bewirkten. Die tatsächlichen Gesamtabfluß- und Gesamtsedimentmengen konnten deshalb für Standort I nicht ermittelt, sondern lediglich geschätzt werden. Die realen Werte wären auf der 10 m-Parzelle schätzungsweise doppelt so hoch gewesen, was bei der Interpretation von Abb. 4, in der nur die tatsächlich ausgeliterten Boden-Wassersuspensionsmengen berücksichtigt werden konnten, zu beachten ist. Die Abflußrate, bezogen auf eine Einheitsfläche von 1 m², ist deshalb für die 10 m-Parzelle niedriger als auf der 5 m-Parzelle. Unter Berücksichtigung der real wesentlich höher einzuschätzenden Abflußrate der 10 m-Fläche lagen alle Erosionsraten der langen Pararendzina-Parzelle in beiden Fällen über den Werten der kurzen 5 m-Parzelle.

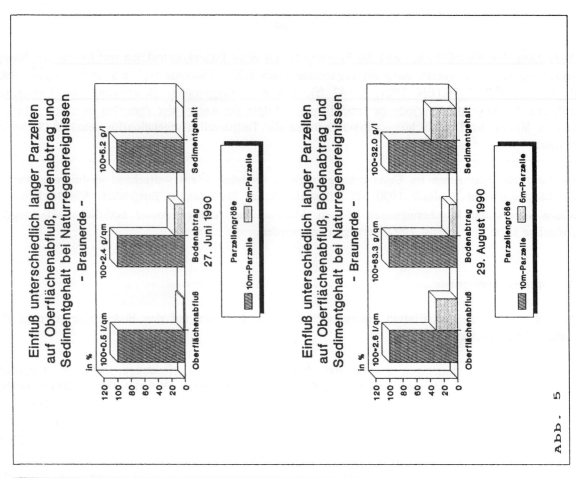

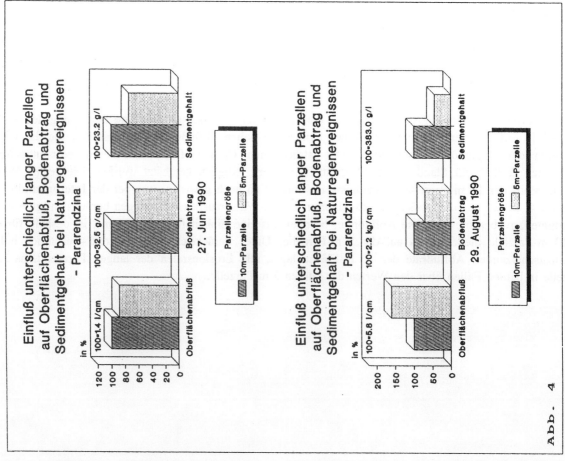

Abb. 4: Einfluß unterschiedlich langer Parzellen auf Oberflächenabfluß, Bodenabtrag und Sedimentgehalt bei Naturregenereignissen - Pararendzina -

Abb. 5: Einfluß unterschiedlich langer Parzellen auf Oberflächenabfluß, Bodenabtrag und Sedimentgehalt bei Naturregenereignissen - Braunerde -

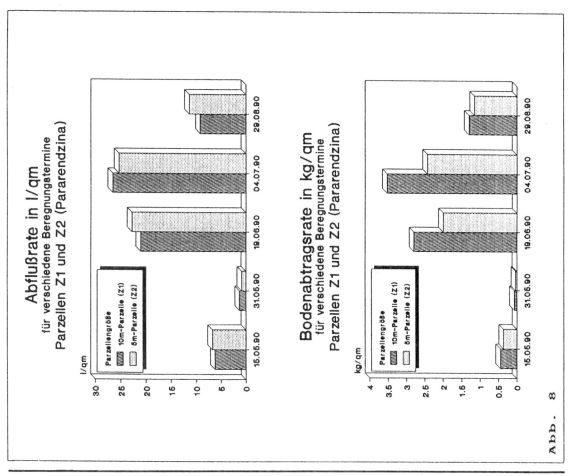

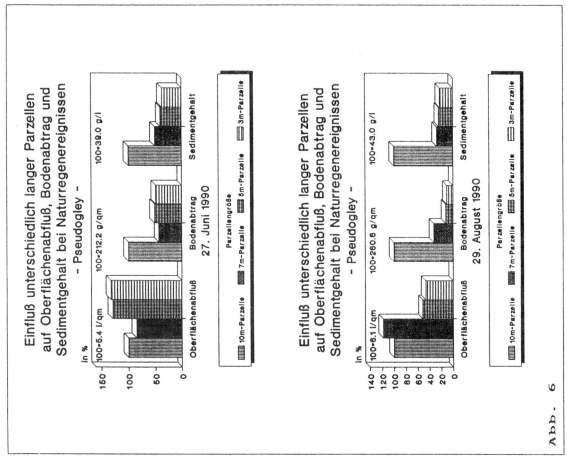

Abb. 6: Einfluß unterschiedlich langer Parzellen auf Oberflächenabfluß, Bodenabtrag und Sedimentgehalt bei Naturregenereignissen - Pseudogley -

Abb. 8: Abflußrate in l/m² und Bodenabtragsrate in kg/m² für verschiedene Beregnungstermine Parzellen Z1 und Z2 (Pararendzina) (s. Kap. 5)

5. Versuchsablauf der Regensimulation

Die Beregnungsversuche wurden mit dem am Institut für Landtechnik der Universität Bonn unter der Leitung von Herrn Prof. Dr. K.-H. Kromer entwickelten "Bonner Regensimulator" durchgeführt. Es handelt sich dabei um einen Düsenregner, dessen Kalibrierung die Erzeugung verschiedener Tropfenspektren ermöglicht. Mittels oszillierender Düsenbewegung können gleichzeitig je zwei parallele, 1,5 m breite Erosionsparzellen gleichzeitig beregnet werden. Bei jeder Parzellenüberfahrt wird ein Düsensatz (4 Stück) wechselnd angeschaltet, wodurch sich die Pausenzeiten am Parzellenrand verkürzen. Im Gegensatz zu schwenkbaren oder rotierenden Düsen anderer Regensimulatoren ist die Düsenbewegung des Bonner Regners gleichmäßiger. Weiterhin kann durch die oszillierende Bewegung eine höhere kinetische Energie erzielt werden. Der "Bonner Regensimulator" schneidet im Vergleich mit den im deutschsprachigen Raum zum Einsatz kommenden Regnern hinsichtlich der Funktions-, Betriebs- und Einsatzanforderungen sehr gut ab und stellt einen großen Fortschritt in der Regensimulationsforschung dar. Vor allem durch eine sehr kurze Auf- und Umbauzeit wird das Arbeiten auf Testparzellen erheblich erleichtert (vgl. KROMER/VÖHRINGER 1988). Abb. 7 zeigt die Vorder- und Seitenansicht des "Bonner Regensimulators".

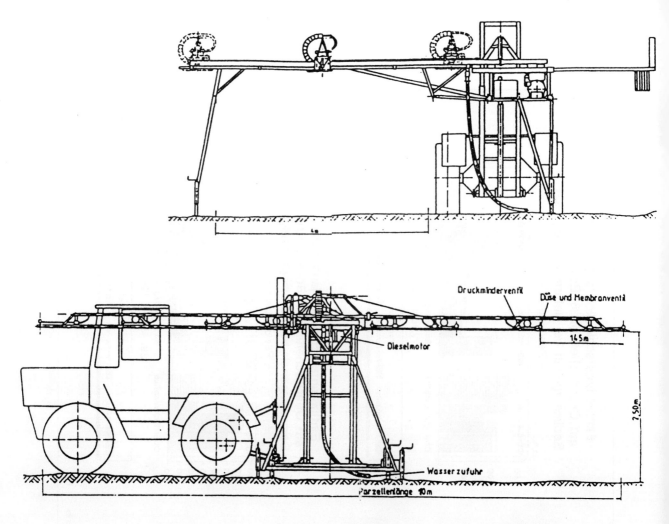

Abb. 7: Vorder- und Seitenansicht des "Bonner Regensimulators" (KROMER/VÖHRINGER 1988, S. 19)

Die Beregnung der Parzellen erfolgte in der Regel eine Stunde lang mit einer Niederschlagsintensität von 40 mm/h. Lediglich bei den ersten beiden Beregnungen auf Standort II wurde, da nach einer Stunde noch kein Abfluß eingetreten war, der Versuch auf 1,5 h (60 mm) verlängert. Bei den letzten Beregnungsterminen ergab die Prüfung der Regenintensität erhöhte Niederschlagsmengen (45 - 48 mm/h), bedingt durch einen technischen Fehler des Regensimulators.

Nach dem Abflußbeginn erfolgte alle drei Minuten die Entnahme von Suspensionsproben in verschließbaren 500 ml-Gläsern. In den Zwischenzeiten wurde der Abfluß mit 3-Liter-Meßgefäßen ausgelitert und die entsprechenden Sedimentmengen durch Interpolation der Probenwerte ermittelt. Die Abflußrate pro Minute war volumetrisch, der Bodenabtrag gravimetrisch - nach Trocknung der Proben aus dem Gesamtabfluß - zu bestimmen und für den Gesamtabtrag - bezogen auf eine Beregnungsstunde - aufzusummieren. Die Erosionsversuche fanden an elf verschiedenen Tagen von Mitte Mai bis Ende August 1990 statt. Standort I wurde in diesem Zeitraum fünfmal, Standort II viermal und Standort III aus gerätetechnischen Gründen nur zweimal beregnet. Um ein Saatbettgefüge herzustellen und für alle Versuche gleiche Ausgangsbedingungen zu schaffen, mußten die Parzellen vor jedem Beregnungstermin neu bearbeitet werden.

5.1 Versuchsergebnisse Standort I

Abb. 8 stellt die Abflußrate (l/m^2) und die Bodenabtragsrate (kg/m^2) für verschiedene Beregnungstermine der Pararendzina-Parzellen dar.

Bei den Abflußraten sind im Vergleich der beiden Testflächen untereinander nur geringfügige Unterschiede zu erkennen. Die Abtragsraten der Langparzelle erreichten während aller Termine Werte, die über denen der Kurzparzelle lagen. Vor den ersten beiden Beregnungen waren die Parzellen regellos, bei den nachfolgenden Versuchen in Gefällerichtung bearbeitet worden. Die Abfluß- und Abtragsraten der ersten beiden Beregnungen waren deshalb im Vergleich zu den späteren Terminen auf beiden Testflächen gering bis sehr gering. Die richtungslose Bearbeitung und das relativ grobe Saatbettgefüge bewirkten eine hohe Versickerungsrate und vor allem beim zweiten Erosionsversuch einen sehr späten Anstieg der Abfluß- und Abtragskurven.

Die höchsten Erosionsraten wurden am 19. Juni und am 4. Juli erzielt. Dies ist zum einen mit der hangparallelen Bearbeitung und dem feinaggregierten Saatbett erklärbar und andererseits auf den bei schneller Durchfeuchtung raschen Aggregatzerfall des wenig bindigen Schluffbodens zurückzuführen (vgl. HENK 1989, S. 66 ff). Zu bemerken ist, daß die Bodenabtragskurven während des Versuchs zunächst entsprechend den Abflußkurven stark anstiegen, mit zunehmender Beregnungsdauer aber abfielen. Die Aggregate waren zum Beregnungsende hin weitgehend zerstört und das Feinmaterial bereits abtransportiert, so daß von der verschlämmten Bodenoberfläche nur noch geringere Sedimentmengen erodiert werden konnten.

Die letzte Beregnung Ende August wies im Vergleich zu den beiden vorherigen Versuchen mittlere Abfluß- und Abtragswerte auf. Der Erosionsprozeß setzte später als bei den vorangegangenen Beregnungen ein und ist mit einer größeren Stabilität der Bodenaggregate am Anfang des Versuches zu erklären. Da zwischen dem vierten und fünften Beregnungstermin mehr als sechs Wochen lagen, in denen die Aggregate nicht zerstört wurden, konnte auf dem frisch bearbeiteten Boden anfänglich mehr Wasser versickern. Im Verlauf der Beregnung zerstörten die auftreffenden Regentropfen die Bodenaggregate, wodurch die Erosionsraten auf beiden Testflächen bis zum Versuchsende stark anstiegen.

Am 4. Juli wurden die höchsten Sedimentmengen abgetragen. Auf der 10 m-Parzelle betrug das erodierte Bodenmaterial 53 kg und auf der 5 m-Parzelle 18,2 kg. Die Ergebnisse der Beregnung lagen aufgrund der höheren Niederschlagsintensität über den natürlich gemessenen Werten.

5.2 Versuchsergebnisse Standort II

Abb. 9 stellt die Abflußrate in l/m² und die Bodenabtragsrate in kg/m² für verschiedene Beregnungstermine der Braunerde-Parzellen dar.

Auffällig ist die bei den verschiedenen Terminen höhere Abflußrate der 5 m-Parzelle gegenüber der 10 m-Parzelle, was mit einer relativ größeren Versickerungsrate der langen Testfläche zu erklären ist (DIKAU 1983, S. 166 ff und 1986, S. 137).

Vor den ersten beiden Beregnungen wurden die Parzellen richtungslos bearbeitet. Die Abtragsraten pro m² der Kurzparzelle weisen geringfügig höhere Sedimentmengen als die der Langparzelle auf. Absolut betrachtet ist pro Beregnungsminute allerdings auf der langen Testfläche weitaus mehr Bodenmaterial abgetragen worden.

Die Abtragsraten (kg/m²) der langen Parzelle am 18. Juni und am 1. August stiegen deutlich über die Werte der Kurzparzelle an. Hierfür kann einerseits die ab diesem Zeitpunkt hangparallele Bearbeitungsrichtung, welche Leitlinien für den Oberflächenabfluß vorgibt, verantwortlich gemacht werden; andererseits spielt der Bodenzustand und der Bodenfeuchtegehalt vor dem Beregnungsbeginn eine wichtige Rolle. Die Aggregate des lufttrockenen, frisch bearbeiteten Bodens wurden durch die Prall- und Planschwirkung der auftreffenden Regentropfen zerstört. Die Luftsprengung bewirkte einen raschen Aggregatzerfall, der zur Verschlämmung des schluffreichen Bodens beitrug und den Erosionsprozeß begünstigte (vgl. HENK 1989, S. 66 ff).

Die maximal abgetragenen Gesamtsedimentmengen betrugen am 18. Juni und 1. August auf der 10 m-Parzelle knapp 5 kg und auf der 5 m-Parzelle etwa 2 kg Boden. Diese Ergebnisse lagen aufgrund der höheren Niederschlagsintensitäten deutlich über den unter Naturregenbedingungen ermittelten Werten.

5.3 Versuchsergebnisse Standort III

Die Abflußrate (l/m²) und die Bodenabtragsrate (kg/m²) für die zwei Beregnungstermine der Pseudogley-Parzellen sind in Abb. 10 dargestellt.

Beim Vergleich der vier Parzellen untereinander zeigen die drei kürzeren Testflächen im Gegensatz zu der 10 m-Parzelle für beide Termine höhere Abflußraten. Die absoluten Abflußmengen nehmen zwar mit der Hanglänge zu, aber bei einer Normierung auf 1 m² fallen sie wie auf Standort II mit der Hanglänge ab. Der nicht lineare Anstieg der Abflußrate mit der Hanglänge (AUERSWALD 1987, S. 36) spielt dabei neben dem unterschiedlichen Einfluß der Steinbedeckung an der Bodenoberfläche der Parzellen und der relativ größeren Versickerungrate auf der Langparzelle eine Rolle.

Bei den Abtragsraten pro m² sind die Ergebnisse genau umgekehrt; die 10 m-Fläche weist die höchsten Abträge der vier Pseudogley-Parzellen auf. Im Vergleich zur 5 m-Parzelle liegen die Abtragsraten der 10 m-Testfläche bei beiden Versuchen um mindestens 50% über den Werten der 5 m-Fläche.

Der Erosionsprozeß setzte auf allen vier Parzellen während beider Beregnungen sehr früh ein (etwa nach 10 Minuten), da die Bodenoberfläche aufgrund des hohen Tonanteiles im Oberboden rasch verdichtet. Die Infiltration wird dadurch verhindert und die Bodenerosion gefördert.

Die höchsten Sedimentmengen erbrachte der zweite Erosionsversuch (3./4. Juli). Auf der 3 m-Parzelle wurden 6,1 kg, auf der 5 m-Fläche 6,6 kg, auf der 7 m-Testfläche 20,1 kg und auf der 10 m- Parzelle 33,9 kg Bodenmaterial abgetragen. Die Ergebnisse beider Beregnungen stiegen - ähnlich wie schon auf Standort I und II - weit über die Werte der Naturregenereignisse.

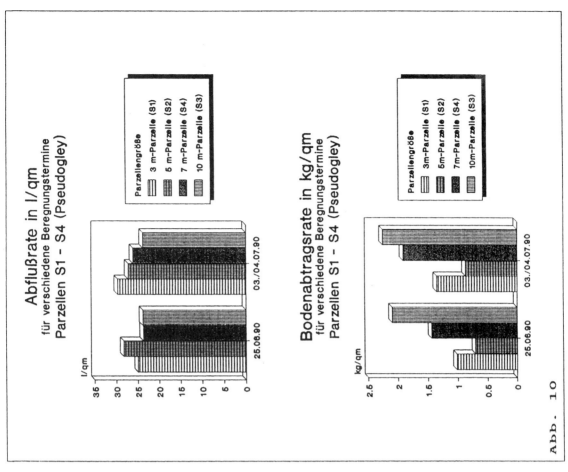

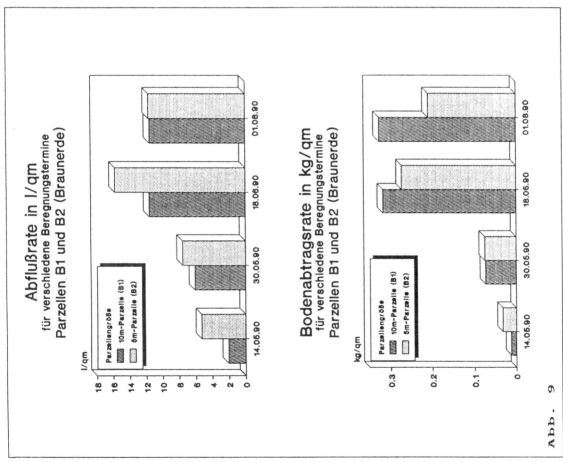

Abb. 9: Abflußrate in l/m² und Bodenabtragsrate in kg/m² für verschiedene Beregnungstermine Parzellen B1 und B2 (Braunerde)

Abb. 10: Abflußrate in l/m² und Bodenabtragsrate in kg/m² für verschiedene Beregnungstermine Parzellen S1 - S4 (Pseudogley)

6. Schlußfolgerungen

Bei der Betrachtung der Ergebnisse der natürlichen Starkregen ist festzuhalten, daß absolut auf den 10 m-Parzellen aller drei Standorte höhere Abfluß- und Abtragswerte als auf den 5 m-Parzellen gemessen wurden, was auf die mit der Hanglänge zunehmenden Transportkapazität und Schleppkraft des Oberflächenabflusses zurückzuführen ist (vgl. BREBURDA 1983, S. 31 ff; SCHMIDT 1979, S. 50; SCHWERTMANN/VOGL/KAINZ 1987, S. 29). Bezogen auf eine Einheitsfläche von 1 m² ergaben sich für die Abflußraten der Pseudogley-Parzellen Abweichungen. Die Abtragsraten erreichten wie an den anderen beiden Standorten auf der 10 m-Parzelle die höchsten Werte.

Die Ergebnisse der Regensimulationsversuche sind mit denen der beiden Naturregenereignisse vergleichbar. Die Niederschlagsintensitäten differierten zwar, jedoch waren die absoluten Abflüsse und Bodenabträge auf allen drei 10 m-Parzellen am höchsten, was den wachsenden Einfluß größerer Hanglängen auf den Erosionsprozeß unterstreicht.

Bei den mittels künstlicher Beregnung erzielten Ergebnisse aller drei Standorte fielen die auf eine Fläche von 1 m² bezogenen teilweise höheren Abflußraten der kurzen Parzellen auf. Zu ähnlichen Meßergebnissen kam auch DIKAU (1983, S. 166 ff und 1986, S. 137), der für die Beziehung zwischen Oberflächenabfluß bzw. Bodenabtrag zur Hanglänge einen negativen Hanglängenexponenten von -0,5 ermittelte. Die laut DIKAU negative Beziehung zwischen Bodenabtrag und Hanglänge bei einer Normierung auf 1 m² Fläche konnte in der vorliegenden Untersuchung jedoch nicht bestätigt werden. Die Bodenabtragsraten (kg/m²) der langen Testflächen stiegen im allgemeinen deutlich über die Werte der Kurzparzellen an und wiesen einen positiven Hanglängenexponenten von +0,5 auf.

Der Hanglängeneinfluß auf den Bodenabtrag wurde auf allen Testparzellen, vor allem auf Standort I, durch die Hangneigung verstärkt. Wie die Untersuchungen gezeigt haben, stellt die Verkürzung langer Ackerschläge bei hangparalleler Bearbeitungsrichtung eine wirksame Bodenschutzmaßnahme dar.

Die wenigen Ergebnisse der Naturregenereignisse reichen jedoch nicht aus, die Schätzwerte des Bodenabtrags für Testparzellen auf der Grundlage der "Universellen Bodenabtragsgleichung" nach WISCHMEIER/SMITH (1978) bzw. SCHWERTMANN/VOGL/KAINZ (1987) abschließend zu beurteilen. Da die Ergebnisse teilweise weit über den nach der Abtragsgleichung geschätzten Werten liegen - besonders bei hohen Niederschlagsintensitäten - sollten künftig weitere, den Einfluß der Hanglänge betreffende Untersuchungen durchgeführt werden.

Literatur

AUERSWALD, K. (1987): Sensitivität erosionsbestimmender Faktoren. - Wasser und Boden 39, S. 34-38

BOTSCHEK, J. (1990): Bodenkundliche Detailkartierung erosionsgefährdeter Standorte in Nordrhein-Westfalen und Überprüfung der Bodenerodierbarkeit (K-Faktor). - Dissertation an der Universität Bonn, 126 S.

BREBURDA, J. (1983): Bodenerosion und Bodenerhaltung. - Frankfurt/Main, 128 S.

DIKAU, R. (1983): Der Einfluß von Niederschlag, Vegetationsbedeckung und Hanglänge auf Oberflächenabfluß und Bodenabtrag. - Geomethodica 8, S. 149-177

DIKAU, R. (1986): Experimentelle Untersuchungen zu Oberflächenabfluß und Bodenabtrag von Meßparzellen und landwirtschaftlichen Nutzflächen. - Heidelberger Geographische Arbeiten 81, 195 S.

HENK, U. (1989): Untersuchungen zur Regentropfenerosion und Stabilität von Bodenaggregaten. - Landschaftsgenese und Landschaftsökologie 15, 197 S.

KROMER, K.-H. & R. VÖHRINGER (1988): Konstruktion und Bau einer Bewässerungseinrichtung - Simulation von natürlichen Regen. - Bonn, 66 S.

SCHMIDT, R.-G. (1979): Probleme der Erfassung und Quantifizierung von Ausmaß und Prozessen der aktuellen Bodenerosion (Abspülung) auf Ackerflächen. - Physiogeographica 1, 240 S.

SCHWERTMANN, U., VOGL, W. & M. KAINZ (1987): Bodenerosion durch Wasser. Vorausschätzung des Abtrags und Bedeutung von Gegenmaßnahmen. - Stuttgart, 64 S.

WISCHMEIER, W.H. & D.D. SMITH (1978): Predicting rainfall erosion losses - a guide to conservation planning. - Agriculture Handbook 537, 58 S.

WOLFGARTEN, H.-J. (1989): Acker- und pflanzenbauliche Maßnahmen zur Verminderung der Bodenerosion und der Nitratverlagerung im Zuckerrübenanbau. - Dissertation an der Universität Bonn, 196 S.

EXPERIMENTELLE BODENSCHUTZKALKUNGEN IM KOTTENFORST BEI BONN - EIN BEITRAG ZUR ANGEWANDTEN LANDSCHAFTSÖKOLOGIE

von Armin Skowronek und Thomas Weyer

Summary

The necessity of compensatory liming of acid forest soils is emphasized because the deposition of acids is a permanent problem. The aim of our experiments with different fertilizer limes is to find out the best effect of compensation. For that an area with strongly acid pseudogleyic soils in the Kottenforst near Bonn has been treated with four different limes, and after that the changes of the chemical composition of the soil solution are analysed continuously. Furthermore the liming of soils is discussed in a higher context of landscape ecology because liming might have consequences even to the whole ecosystem.

Zusamenfassung

Vor dem Hintergrund anhaltender Säureeinträge wird die Notwendigkeit von kompensatorischen Schutzkalkungen versauerter Waldböden herausgestellt. Experimente mit verschiedenen Düngekalken haben zum Ziel, die optimale Kompensationswirkung herauszufinden. Dazu werden stark versauerte Pseudogleye aus dem Kottenforst bei Bonn mit vier verschiedenen Kalken behandelt und danach Veränderungen in der chemischen Zusammensetzung der Bodenlösung kontinuierlich gemessen. Da Kalkungen ökosystemare Folgen haben können, wird die Bodenschutzkalkung auch in einem übergeordneten landschaftsökologischen Zusammenhang diskutiert.

1. Atmogene Bodenversauerung, Destabilisierung von Waldökosystemen und Kompensationskalkungen

Unter humidem Klima produzieren terrestrische Ökosysteme mehr Wasserstoffionen als neutralisiert werden. Das dokumentiert sich in einer allmählichen Bodenversauerung: die Säurenneutralisationskapazität nimmt ab, die Böden verlieren gleichzeitig austauschbare Kationen (Na^+, K^+, Mg^{2+}, Ca^{2+}, Al^{3+}), welche durch Protonen ersetzt werden, und die Basenneutralisationskapazität steigt an. Mit letzterer läßt sich der Kalkbedarf errechnen, will man den pH-Wert wieder anheben.

Seit einigen Jahrzehnten gelangen über die Atmosphäre zusätzlich - neben anderen ökologisch wirksamen Stoffen - erhebliche Mengen an Säuren und Säurebildnern auf die Böden. So wurden in Nordrhein-Westfalen unter Fichte 3,8, unter Buche 1,0 und im Freiland 1,45 kmol H^+/ha/Jahr reiner Säuredeposition gemessen (UMWELTBUNDESAMT 1989, S. 251). Diese anthropogen induzierten Luftverunreinigungen stellen eine Belastung der Waldböden und der Waldökosysteme dar, weil zahlreiche Bodeneigenschaften ungünstig verändert werden, vor allem wenn die Protonenzufuhr die jeweilige Pufferrate übersteigt und der Boden alle Pufferbereiche (Carbonat, Silikat, Austauscher) bis zum Löslichkeitsbereich der Al-(Hydr)oxide unterhalb pH 5 durchlaufen muß. Ausgehend von einer Säurenemissionsdichte von 7 kmol und einer Pufferrate im Silikat-Pufferbereich von 0,2 bis 2 kmol Protonenäquivalenten pro Hektar und Jahr in der Bundesrepublik Deutschland besteht deshalb nach ULRICH (1983, Abb.1, S. 672) die Gefahr, daß die Waldböden weiter versauern bzw. podsolieren und daß Waldökosysteme auf nicht-hydromorphen Standorten nach Erreichen des Al/Fe-Pufferbereiches (pH < 3,8) langfristig in Heiden und Säuresteppen übergehen.

Quantitative Vorstellungen über die imissionsbedingte Erniedrigung des pH-Wertes wurden über einen

Vergleich der Ergebnisse früherer Waldbodenkartierungen mit jüngeren Messungen gewonnen. Danach sank das pH in den obersten Lagen von Waldböden Nordrhein-Westfalens zwischen 1959/61 und 1981 um 0,12 bis 1,15 pH-Einheiten ab (BUTZKE 1981).Untersuchungen von GEHRMANN et al. (1987) an 150 Waldbodenprofilen der wichtigsten - im wesentlichen substratbestimmten - Ökoserien ergaben, daß in den Jahren 1981/83 der kritische pH(KCl)-Wert von 4,2 in 10 cm Tiefe zu 90%, in 40 cm zu 60% und in 80 cm zu 55% schon unterschritten war, d.h. die Böden befanden sich mehrheitlich in einem Bereich, in dem Säuren durch die Freisetzung von Al-Ionen aus den Tonmineralen abgepuffert werden (Austauscher-Pufferbereich).

Zur Neutralisierung der anhaltenden Säureeinträge werden sog. Kompensationskalkungen durchgeführt, die sich von der Düngung (=Nährstoffzufuhr), der Meliorationsdüngung (=Bodenverbesserung) und der Sanierung (=Reparatur geschädigter Böden) dadurch unterscheiden, daß sie den gegenwärtigen Zustand der Nährstoffanlieferung und Versauerung erhalten und den Boden gegen weitere Versauerung schützen sollen. Rein rechnerisch müßten bei einer durchschnittlichen Säuredeposition von 2 kmol H^+/ha/Jahr etwa 55 kg CaO bzw. 98 kg $CaCO_3$ oder 109 kg eines kohlensauren Kalkes als basischer Gegenwert ausgebracht werden. Die übliche Dosis von 3 t/ha würde also ca. 9 Jahre vorhalten. Doch beeinflussen bodenspezifische Reaktionen sowie Reaktivität und Ausbringungstechnik der Kalke die Kompensationswirkung ganz entscheidend (s. dazu GUSSONE 1987). Seit 1984 und nach eingehenden Bodenuntersuchungen wird auch im Rheinland gekalkt (RAU & KNOTH 1985).

Weil Böden nicht nur die Vitalität des Waldes und damit dessen vielfältige Funktionen in der Landschaft garantieren, sondern weil bei weiterer Versauerung ihr Potential selbst schwer geschädigt wird und sich der Stoffhaushalt einer Landschaft z.B. infolge Schwermetallmobilisierung oder Durchbruchs einer Versauerungsfront gravierend verändert, sind Kompensationskalkungen ("Bodenschutzkalkungen" i.S. BUTZKEs 1988, S. 85) zugleich auch Maßnahmen zur Stabilisierung ganzer Landschaften und Wassereinzugsgebiete.

2. Kottenforstböden, Stand der Bodenversauerung und Gegenmaßnahmen

Die holozänen Böden des Kottenforstes sind typologisch deshalb zu etwa 80-90% als Pseudogleye entwickelt, weil:
a) der Rhein im Zeitraum von 600 000 bis 500 000 Jahren vor heute seine jüngere Hauptterrasse nach Austritt aus dem schmalen Mittelrheintal linksrheinisch durch starke Seitenerosion weitflächig in das devonische Grundgebirge bzw. in die tektonisch abgesenkten, meist tonreichen Tertiärsedimente eingetieft hat (vgl. dazu "Geomorphologische Karte des Bonner Raumes 1:70 000" in GRUNERT 1988 u. Schnitt A-B in GK 25 Blatt 5308 Bonn-Bad Godesberg)
b) die im Durchschnitt 5-8 m mächtigen Hauptterrassenkiese und -sande nachträglich einer mehrfachen interglazialen Verwitterung und Bodenbildung unterlagen und dadurch abgedichtet wurden (FRÄNZLE 1969, S. 21-22) und
c) der hangende, 0,4 bis maximal 3 m mächtige, weichselzeitliche Löß ("Kottenforstlehm" nach RAUFF 1980, S. 52) an seiner Basis teilweise aus umgelagertem Material der liegenden Hauptterrasse besteht und stellenweise oberflächlich lessiviert ist.

Eine Erweiterung des bodentypologischen Spektrums durch Braunerden und Parabraunerden ergibt sich dort, wo die pedogenen Verdichtungen der Hauptterrasse durch prä-weichselzeitliche Taleinschnitte geöffnet wurden bzw. wo infolge des welligen Untergrundreliefs die Lößmächtigkeiten größer werden (s. WIECHMANN & BRUNNER 1986, Fig. 3, S. 125). Die sog. Maare (Singular: die Maar) sind kleinere Geländevertiefungen natürlicher oder künstlicher Entstehung, welche heute Niedermoore tragen (ROSENZWEIG 1986, unveröff.). Insgesamt kommt durch die genannten geomorphologisch-geologischen Gegebenheiten ein relativ einförmiges Grundrißbild der Kottenforstböden zustande (s. BK 10 des Staatsforstes Kottenforst, Blatt 2), doch weisen diese noch so große Unterschiede im Wasserhaushalt und in der Nährstoffversorgung auf, "daß sie waldbaulich berücksichtigt werden müssen"

(BUTZKE 1978, S. 22). Die forstliche Standortskartierung bezieht deshalb bei der Ausweisung von "Standortstypen der Öko-Serie Decklehme" die wechselnden Bodenwasserverhältnisse mit ein (DOHMEN & DORFF 1984, S. 83-96). Auch scheinen die starken Vitalitätsverluste der Buche auf langanhaltende Bodenvernässungen nach niederschlagsreichen Perioden zurückzugehen (SPELSBERG 1989).

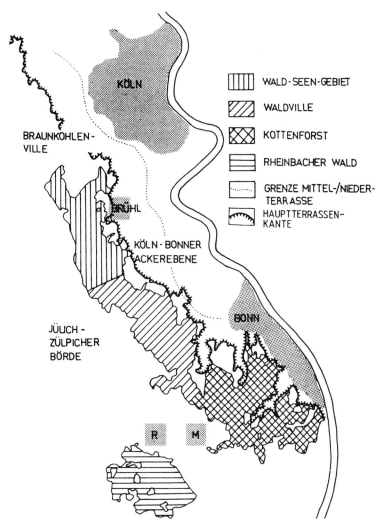

Abb. 1: Lage des Kottenforstes (n. KREMER & CASPERS 1977, verändert)

Was den Stand der Bodenversauerung der primär naßgebleichten Pseudogleye betrifft, so zeigen Laboruntersuchungen im Rahmen der Bodenkartierung pH(KCl)-Werte in allen Horizonten unter 5, von 3,8-4,3, d.h. im stark sauren bis sehr stark sauren Bereich (BUTZKE 1978, Profil Abt.104). Mittelwerte von fast 3000 pH(KCl)-Messungen in der Naturwaldzelle Nr. 7 bestätigen diese Analysen, wobei unter einem 85-jährigen Fichtenbestand (1. Generation nach Laubholz) die Werte bis zu 0,59 niedriger sind als unter Laubwald und von 2,75 im Oberboden auf 3,61 im Sd-Horizont ansteigen (s. BUTZKE 1988, Tab. 1, S. 84). Rastermäßige Erhebungen im Betriebsbezirk Buschhoven durch WEYER (1987, unveröff.) kommen zu gleichlautenden Ergebnissen. Schließlich machen spezielle Untersuchungen an Tonmineralen das ganze Ausmaß der Bodenversauerung deutlich: im Zuge einer tiefgründigen Versauerung in (Pseudogley)Parabraunerden sind quellfähige Dreischichttonminerale in Al-Chlorite umgewandelt worden, welche in sehr stark sauren Oberböden wieder in Smectite übergehen, wo allerdings auch weiterführende Silikatverwitterung amorphe Si-Verbindungen erzeugt (VEERHOFF & BRÜMMER 1989).

Als Gegenmaßnahme wurden auf der 10592 ha umfassenden Waldfläche des Forstamtes Kottenforst bisher folgende kompensatorischen Bodenschutzkalkungen (3 t/ha) mit dem Hubschrauber durchgeführt:

1988 Ausbringung von kohlensaurem Magnesiumkalk 90 mit 35-40% $MgCO_3$ (Grevenbrücker Dolomit) und einer Mahlfeinheit von 0,1-2 mm auf einer Fläche von 217,8 ha in den Betriebsbezirken Venne, Schönwaldhaus und Buschhoven,

1989 ebenfalls kohlensaurer Magnesiumkalk 90 (40-44% $MgCO_3$, 45-50% $CaCO_3$) auf 458,4 ha im Betriebsbezirk Venne und

1991 auf 1492,5 ha in den Betriebsbezirken Röttgen, Schönwaldhaus und Venne kohlensaurer Magnesiumkalk 95 (40-45% $MgCO_3$, 50-55% $CaCO_3$, "belgischer Dolomit") mit einer Mahlfeinheit von 20% unter 0,09 mm, 70% unter 1,0 mm und 97% unter 3,0 mm.

Erste Erkenntnisse über die Wirkung der Bodenschutzkalkung von 1988 (Januar, Februar) nach einem halben Jahr (Juli 1988) wurden über bodenchemische Analysen von Oberflächenproben (0-2 und 23-25 cm Tiefe) aus den Abteilungen 175, 176, 178, 180 und angrenzenden des Betriebsbezirkes Buschhoven gewonnen (NECK 1989, unveröff.). Danach erfolgte lediglich in 0-2 cm Bodentiefe eine Anhebung des pH($CaCl_2$)-Wertes, unter Laubwald von 3,6 auf 3,85, unter Fichte von 2,9 auf 3,05. Ebenso waren eine Verbesserung der Basensättigung und ein deutlicher Rückgang der sauer wirkenden Kationen (Fe, Mn, Al) festzustellen.

3. Experimentelle Untersuchungen zur Wirkung von vier verschiedenen, handelsüblichen Düngekalken

Da über das Lösungsverhalten oberflächlich ausgebrachter Kalke und ihre kompensatorische Wirkung in tieferen Bodenschichten noch relativ wenig bekannt ist (vgl. MINDRUP & BEESE 1987), und weil Bodenschutzkalkungen (Kompensationskalkungen) auch mit forstökologischen bzw. landschaftsökologischen Risiken behaftet sind (s. WENZEL & ULRICH 1988), werden im Kottenforst insgesamt vier handelsübliche Düngerkalke auf nachstehende Effekte überprüft:
- Erhöhung der Ca^{2+}- und Mg^{2+}-Gehalte in der Bodenlösung und am Austausch-Komplex
- Verminderung der Säuren- und Kationensäurenbelastung im Wurzelraum
- Freisetzung von Nitrat und
- Mobilisierung von Schwermetallen.

Dazu werden im folgenden die Versuchskonzeption, die Waldbodeninventur, die applizierten Düngekalke und erste bodenchemische Ergebnisse nach den experimentellen Kalkungen am 30. März 1990 vorgestellt.

3.1 Konzept und Anstellung des Feldversuchs

Um die Kompensationswirkung verschiedener Düngekalke auf Stauwasserböden vergleichend zu untersuchen, wurde in der Abteilung 103 D des Betriebsbezirkes Venne des Staatlichen Forstamtes Kottenforst bei ca. 170 m über NN und in ebener Lage ein Bodenareal ausgewählt, das die im Kottenforst flächenhaft verbreiteten "Typischen Pseudogleye, stark ausgeprägt, aus schluffigem Lehm mehr als 8 Dezimeter mächtig über schluffig-tonigem Lehm und häufig verfestigtem kiesigem Untergrund, mäßig basenhaltig" repräsentiert (Bodeneinheit S333 der BK 10). Die Waldhumusform ist Moder mit Übergängen zu Rohhumus, hinzu kommt eine schwache Podsoligkeit. Der Wald ist ein Fichtenbestand und 80-90 Jahre alt. Die Anzahl der Versuchsparzellen beträgt 15, da die vier Kalke in drei Wiederholungen (=12 Parzellen) ausgebracht wurden und eine Nullvariante ebenfalls in drei Wiederholungen mituntersucht wird. Die Parzellen liegen nebeneinander und sind jeweils 4 m^2 groß. Die Versuchsstation ist eingezäunt.

Zur Gewinnung der Bodenlösung, deren stoffliche Veränderung wichtige Rückschlüsse auf die

Kompensationswirkung der applizierten Kalke zuläßt, wurden keramische Saugkerzen vom Typ P-80 unterhalb des Oh-Horizontes (1 Kerze) und im Mineralboden bei 25 cm Tiefe (2 Kerzen) eingebaut. Die von den Saugkörpern aufgenommene Bodenlösung wird zweimal im Monat mittels Unterdruck (-0,6 bar) über Nylonkapillaren in die - zentral aufgestellten - Sammelflaschen geführt. Die beiden Proben eines Monats werden zunächst tiefgefroren und vor der Analyse im Labor zu einer Monatsmischprobe verschnitten. Vor Versuchsbeginn wurden die Saugkerzen einer sog. Feldkonditionierung unterzogen, d.h. mit der Bodenlösung gespült, wobei die ersten drei Durchläufe verworfen wurden. Erst danach waren die Saugkörper betriebsbereit.

3.2 Ein Pseudogley-Profil

Neben dem eingezäunten Versuchsgelände wurde ein Bodenprofil aufgegraben (R 25 76 220, H 56 14 880), um Einblick in den Aufbau der Bodendecke und damit ggf. Hilfen bei der Interpretation der experimentellen Untersuchungsergebnisse zu erhalten. Der stark ausgeprägte Pseudogley (Foto 1) ist feldbodenkundlich und laboranalytisch wie folgt gekennzeichnet.

Foto 1: Stark ausgeprägter Pseudogley aus "Kottenforstlehm" über Hauptterrassenschottern

L, Of, Oh	5	cm	Moder bis Rohhumus mit mittlerer Durchwurzelung
Ah	0- 2	cm	bräunlich schwarzer (7.5 YR 3/2), carbonatfreier, extrem humoser, sehr schwach kiesiger, schluffiger Lehm; kohärent bis grob polyedrisch; mittel durchwurzelt
Aeh	2- 6	cm	schwach gelblich brauner (10 YR 4/3), carbonatfreier, humoser bis stark humoser, sehr schwach bis schwach kiesiger, mittel lehmiger Schluff; kohärent; schwach durchwurzelt
Sew	6-14	cm	schwach gelblich oranger (10 YR 6/3), carbonatfreier, mittel humoser, schwach kiesiger, mittel lehmiger Schluff; kohärent (bis stellenweise subpolyedrisch), Seggregation größerer ovaler Körper; schwach durchwurzelt

Sw   14-40 cm   gräulich gelb brauner (10 YR 6/2), carbonatfreier, schwach humoser, schwach kiesiger, mittel lehmiger Schluff; kohärent bis subpolyedrisch, Seggregation größerer ovaler Körper; hoher Anteil (30-35%) brauner (10 YR 4/6) Fe- und Mn-Konkretionen; sehr schwach durchwurzelt

BtSd   40-87 cm   brauner (10 YR 4/6), carbonatfreier, sehr schwach humoser, mittel kiesiger, schluffiger Lehm; kohärent bis subpolyedrisch, deutlich in Prismen und Blöcke seggregiert; ausgeprägte Fleckung; sehr schwach durchwurzelt

IISd   87 cm +   brauner (10 YR 4/6), carbonatfreier, sehr schwach humoser, stark kiesiger, schluffiger Lehm; kohärent bis subpolyedrisch; keine Wurzeln

Tab. 1: Korngrößenzusammensetzung (Gew.%)

Hor.	gS	mS	fS	gU	mU	fU	T	Bodenskelett
Ah	1,3	2,7	5,9	38,8	25,6	8,7	17,2	3,1
Aeh	0,7	2,5	6,1	35,1	33,7	6,6	15,4	2,1
Sew	0,9	2,5	5,8	36,9	32,8	6,4	14,9	3,6
Sw	2,1	2,6	5,2	38,0	31,4	6,1	14,8	11,9
BtSd	0,7	1,2	2,3	33,6	29,9	5,2	27,2	14,7
IISd	9,4	9,8	10,7	35,0	12,4	3,0	19,9	46,7

Tab. 2: Porung (Vol.%), Lagerungsdichte und gesättigte Wasserleitfähigkeit

Hor.	GPV	sGP	GP	MP	FP	d_B g/cm^3	kf-Wert cm/Tag
Ah	56,6	16,6	7,6	32,4	9,0	0,87	133
Aeh	52,9	11,0	6,0	29,9	6,0	1,28	17
Sew	52,9	15,0	9,1	21,1	7,7	1,26	172
Sw	48,7	15,5	6,8	15,9	10,5	1,41	427
BtSd(1)	40,4	4,4	3,3	17,4	15,3	1,52	54
BtSd(2)	40,0	4,7	1,8	12,0	21,6	1,55	11

Die im wesentlichen substratbedingte, als "lehmiger Schluff" zu bezeichnende Bodenart erweist sich infolge der hohen Grob- und Mittelschluffgehalte (gU, mU) als löß(lehm)bürtig. Der relativ hohe

Tonanteil (T) im Sd-Horizont mag auf Illuvation zurückgehen (--> BtSd). Der Substratwechsel zur Hauptterrasse spiegelt sich vor allem in der Erhöhung des Bodenskeletts und der Sandanteile (gS, mS, fS) sowie einer Verringerung des Mittel- und Feinschluffs wider.

Die Porenverteilung läßt gewisse Zusammenhänge mit den Schluff- und Tonanteilen erkennen. Die zahlreichen Mittelporen (MP) in den oberen Bodenhorizonten sind Ausdruck der stärkeren Durchwurzelung und des Gehaltes an organischer Substanz. Der Rückgang der weiten (sGP) und der engen Grobporen (GP) erlaubt den Schluß, daß die Luftversorgung im tieferen Unterboden - zumindest in feuchten Perioden - schlecht ist, wogegen die Wasserversorgung durch pflanzenverfügbares Haftwasser der Mittelporen bis weit in die Trockenperioden hinein gesichert sein dürfte. Die Lagerungsdichte (d_B) überschreitet im BtSd-Horizont den für die Bodenart Lehm und das Pflanzenwachstum optimalen Wert von 1,45 g/cm^3, so daß damit die Möglichkeit einer Durchwurzelung eingeschränkt ist. Die gesättigte Wasserleitfähigkeit (kf-Wert) ist im Aeh-Horizont und den Wasserstauern stark herabgesetzt.

Die bodenchemischen Daten (Tab. 3 und 4) unterstreichen die starke Versauerung bis in tiefe Bereiche des Solums. Die ungünstige Humusform bewirkt, daß der Stickstoff nur langsam mineralisiert wird, und die Konzentration der Durchwurzelung auf den Oberboden verhindert höhere N-Gehalte im Unterboden. Das dokumentiert sich in weiten C/N-Verhältnissen (Tab. 3). Die effektive Kationenaustauschkapazität als Ausdruck des - bei gegebenem Boden-pH - vorhandenen Kationenbelags ist erheblich kleiner als die - bei pH 7 bis 8 - maximal mögliche (KAK_{pot}), so daß das KAK_{eff}/KAK_{pot}-Verhältnis weit unter 1 bleibt, zwischen 0,26 (Aeh) und 0,64 (IISd). Die Vorräte an austauschbaren Nährkationen im Wurzelraum sind gering und z.Z. kaum aufzufüllen, da sehr wahrscheinlich Al-Hydroxide seit Durchlaufen des Austauscher-Pufferbereichs (pH 5,0-4,2) Austauscherplätze besetzen, worauf auch die hohe potentielle hydrolytische Acidität hinweist. Das führt zu einer niedrigen Basensättigung der entsprechenden Horizonte (Tab. 4).

Tab. 3: pH-Werte sowie Kohlenstoff- und Stickstoffgehalte

Hor.	H_2O	pH-Wert 0,01 M $CaCl_2$	1 M KCL	C_{org} %	N_t %	C/N
Of	3,7	3,0	2,7	39,2	2,2	18,2
Oh	3,4	2,9	2,7			
Ah	3,6	3,0	2,8	15,9	0,6	28,4
Aeh	3,7	3,2	3,1	3,4	0,1	34,0
Sew	3,9	3,5	3,4	2,2	0,1	36,7
Sw	4,0	3,6	3,6	0,7	0,03	25,9
BtSd	4,5	3,9	3,5	0,3	0,02	15,0
IISd	5,0	4,4	3,8	0,2	n.n.	n.n.

Tab. 4: Austauschverhältnisse und Basensättigung

Hor.	KAK	Ca	Mg	K	Na	H + Al	Basen-sättigung %
effektiv, mval/100 g Boden							
Ah	9,46	1,70	0,53	0,42	0,09	6,72	28,96
Aeh	4,63	0,03	0,13	0,10	0,05	4,32	6,69
Sew	3,34	0,00	0,07	0,07	0,04	3,16	5,38
Sw	2,89	0,00	0,09	0,08	0,04	2,68	7,26
BtSd	7,94	2,50	2,60	0,22	0,10	2,52	68,26
IISd	8,11	4,00	3,66	0,16	0,14	0,15	98,15
potentiell, mval/100 g Boden							
Ah	31,86	1,56	0,33	0,24	0,04	29,69	6,81
Aeh	17,16	0,37	0,09	0,05	0,02	16,63	3,08
Sew	10,57	0,10	0,04	0,03	0,01	10,39	1,70
Sw	6,91	0,08	0,04	0,03	0,00	6,76	2,17
BtSd	14,59	3,02	2,60	0,16	0,07	8,74	40,09
IISd	12,59	3,86	3,70	0,13	0,11	4,79	62,00

3.3 Ökochemische Bewertung der Versuchsfläche

Da auch eine homogen erscheinende Bodeneinheit, z.B. eine Kartiereinheit der forstlichen Standortskartierung, hinsichtlich ihrer chemischen Parameter bis zu 40% variieren kann, wird für eine Fläche von 50 m x 50 m die Entnahme von 3-4 Mischproben, welche wieder aus je 6 Einzelproben bestehen, empfohlen (ULRICH et al. 1984, S. 280). Deshalb wurden in Anlehnung an die Untersuchungsverfahren von MEIWES et al. (1984) auf dem Versuchsgelände im Kottenforst (25 m x 25 m) insgesamt 3 Mischproben aus dem Auflagehumus sowie jeweils aus 0-5, 5-10, 10-20, 20-30 und 30-50 cm Bodentiefe mit dem Bohrer entnommen und auf zahlreiche chemische Merkmale im Labor untersucht. Aus dem umfangreichen Material von SCHULTE-KARRING (1991, unveröff.) werden im folgenden nur einige Daten der Mischprobe I vorgestellt, die einen Vergleich mit den Analyseergebnissen von GEHRMANN et al. (1987) zulassen, und die die Kriterien einer ökologischen Bewertung des Versauerungs- und Gefährdungsgrades nach MEIWES et al. (1984) erfüllen. Es wird daher zwischen Analysen der Festphase, der Lösungsphase und des Humus unterschieden.

Tab. 5: Festphase

Tiefe	pH H$_2$O	pH CaCl$_2$	Ca	Mg	K	Na	H + Al
cm			in % KAK$_{eff}$				
0 - 5	3,6	3,1	11,7	3,3	2,9	1,0	81,1
5 - 10	3,8	3,3	n.n.	1,4	2,1	1,0	95,0
10 - 20	3,9	3,5	n.n.	1,9	1,6	1,1	95,4
20 - 30	4,0	3,7	1,9	2,3	2,6	1,3	91,9
30 - 50	4,1	3,8	n.n.	2,7	3,0	1,4	92,9

Aus den in 0,01 M CaCl$_2$ gemessenen pH-Werten kann mit ULRICH et al. 1984 (S. 280) geschlossen werden, daß sich der Auflagehumus, der Ah-Horizont und der größte Teil des Aeh-Horizontes im Eisen-Pufferbereich (pH 2,8-3,2) befinden, alle anderen im Aluminium/Eisen-Pufferbereich (pH 3,2-3,8). Da das pH(H$_2$O) und das pH(Salz) - insbesonders ab 20 cm Tiefe - sehr nahe beieinander liegen, wird angenommen, daß der Boden gerade eine stärkere Versauerung durchmacht. Nach MEIWES et al. (1984, Tab. 6, S. 50) weist der gemeinsame Anteil von Ca und Mg an der KAK$_{eff}$ mit 14% bis 4,2% eine geringe bis sehr geringe Elastizität hinsichtlich Säuretoxizität auf, hinsichtlich Kalium- und Magnesiumversorgung eine mittlere bis überwiegend geringe Elastizität.

Tab. 6: Lösungsphase

Tiefe cm	pH GBL	Ca mg/l	Al mg/l	Ca/Al mol/mol
0 - 5	3,4	20	5,9	2,23
5 - 10	3,5	19	7,2	1,82
10 - 20	3,6	18	10	1,17
20 - 30	3,9	20	12	1,08
30 - 50	4,0	24	7,7	2,11

Wenn sich die Gleichgewichtsbodenlösung (GBL) - als Sättigungsextrakt einer gerade in Suspension vorliegenden Probe - mit der Festphase annähernd im Gleichgewicht befindet, können mit der GBL Nährstoffpotentiale beschrieben werden. Der Unterschied zu einer im natürlichen Bodenverband entnommenen Lösung besteht darin, daß die räumliche Variabilität der Nährstoffe nicht mehr gegeben ist und der Boden wasserübersättigt vorliegt. Dennoch läßt sich damit der aktuelle chemische Zustand des Bodens kennzeichnen und das Ca/Al-Verhältnis als Kriterium für die Elastizität gegenüber Aluminiumtoxizität auf Fichten- und Buchenwurzeln nutzen (MEIWES et al. 1984, Tab. 4, S. 7). Weil das letztgenannte Verhältnis über 1 liegt, besteht für die Fichten z.Z. keine Gefährdung.

Humus

Die Mittelwerte aller drei Mischproben aus dem Auflagehumus, gemessen nach trockener Veraschung, verdeutlichen die schlechte Ausstattung mit basisch wirkenden Kationen, die nur 3-5% ausmachten (Ca+Mg+K+Na). So werden in der Of/Oh-Lage 7696 mg Fe/kg, 4498 mg Al/kg, jedoch nur 32 mg Ca/kg nachgewiesen. Das pH(CaCl$_2$) liegt hier bei 3,1. Orientiert man sich an der von MEIWES et al. (1984, Tab. 8, S. 52) vorgeschlagenen "Klassifizierung des Basensättigungsgrades im O$_H$-Horizont des Auflagehumus als Elastizitätsparameter bezüglich Säuretoxizität", so bedeutet das sehr kleine Verhältnis von Calcium zu Ca+Al+Fe von 0,002 eine starke Gefährdung, die eine Kalkung mit einem Mg- und P-haltigen Kalk dringlich macht.

3.4 Basenneutralisationskapazität des Bodens und applizierte Düngekalke

Die Kapazität eines Bodens, Basen zu neutralisieren, wird als Basenneutralisationskapazität (BNK) bezeichnet. Sie ist ein Maß für die im Boden vorhandene Säuremenge, genauer gesagt ein quantitativer Ausdruck für die Pufferkapazität gegenüber Basen. Ihre Bestimmung erfolgt über eine diskontinuierliche Titrationskurve, aus der die verbrauchten Basenäquivalente abgelesen werden können. Unter Berücksichtigung der Trockendichte und des Skelettanteils kann man auf diese Weise den Kalkbedarf für die Anhebung des Boden-pH auf ein bestimmtes Niveau berechnen (MEIWES et al. 1984, S. 20-24).

Für die Versuchsfläche im Kottenforst hat PÄTZOLD (1991, S. 34-36, unveröff.) den Kalkbedarf für pH 5,0 ermittelt. Danach müßten dem Of- und Oh-Horizont 12,2 dt CaCO$_3$/ha zugeführt werden. In die Tiefen von 0-5 cm müßten 41,7, in 5-10 cm 20,2, in 10-20 cm 25,5, in 20-30 cm 17,7 und in 30-50 cm 47,0 dt CaCO$_3$/ha gelangen, also insgesamt 164,4 dt CaCO$_3$/ha (=16,44 t) gekalkt werden, um den pH-Wert des durchwurzelten Solums auf 5,0 anzuheben.

Derzeit werden vier handelsübliche Kalkdünger auf ihre kompensatorische Wirkung bei einer Bodenschutzkalkung von 3t/ha experimentell überprüft. Es sind dies: ein Kohlensaurer Magnesiumkalk 90 (hier mit Nr. 2 bezeichnet), ein Kohlensaurer Kalk mit 10% MgCO$_3$ (Nr. 3), ein Forsthüttenkalk (Nr. 6) und ein Thomaskalk 4 (Nr. 7). Ihre wichtigsten Kenndaten sind der Tabelle 5 zu entnehmen.

Tab. 7: Kennwerte der applizierten Kalkdünger

Kalk Nr.	Siebdurchgang 0,063 mm %	Spezifische Oberfläche cm^2	Ca %	Mg %	S %	Reaktivität %
2	63	498	22,9	12,9	0,024	12
3	9	114	37,2	2,8	0,007	55
6	1	40	30,6	4,1	1,49	30
7	44	374	34,8	1,4	0,087	50

Der Dolomit (Nr. 2), der dolomitische Kalk (Nr. 3), der röntgenamorphe Forsthüttenkalk (Nr. 6) und der silikatische Konverterkalk (Nr. 7) wurden durch Naßsiebung in 11 Korngrößenfraktionen zwischen 3 mm und 0,063 mm Maschenweite getrennt. Die Werte für den Siebdurchgang bei 0,063 mm (Tab. 5) geben daher nur ein unvollständiges Bild von der Vermahlung (Mahlfeinheit) des Materials. Rund 50% von Nr. 6 z.B. sind größer als der Äquivalentdurchmesser von 0,8 mm, während bei Nr. 7 über 90% diese Maschenweite passierten und dabei noch 44% kleiner als 0,063 mm waren. Die jeweiligen Korngrößenverteilungen schlagen sich deshalb dann auch in den berechneten spezifischen äußeren Oberflächen nieder.

Hinsichtlich der chemischen Zusammensetzung sind Nr. 2 als Kohlensaurer Magnesiumkalk und Nr. 3 als Kohlensaurer Kalk mit Magnesium im Sinne der Düngemittelverordnung zu bezeichnen. Unter der Vorraussetzung, daß der hohe Schwefelgehalt in Nr. 6 nicht in Sulfatform vorliegt, besitzen die vier Kalkdünger ein relativ hohes Neutralisationspotential (ausgedrückt in mmol IÄ/g Kalk): Nr. 2 (22,02) > Nr. 3 (20,88) > Nr. 7 (18,47) > Nr. 6 (17,66). Kalk Nr. 7 enthält als einziger größere Mengen Phosphor (1,8% P bzw. 4,2% P_2O_5). Die Elemente Aluminium, Mangan und Eisen erreichen nur in Nr. 6 (4,0% Al) und Nr. 7 (1,5% Al, 2,0% Mn, 14,6% Fe) höhere Werte. Das Schwermetall Cadmium lag unter der Nachweisgrenze, Blei konnte nur in Nr. 3 und 7 mit jeweils 8,92 mg/kg nachgewiesen werden.

Daß das tatsächliche Neutralisationsvermögen der Kalkdünger nicht nur von ihrem Gehalt an basisch wirkenden Kationen abhängt, sondern auch von der Neutralisationsgeschwindigkeit (als Funktion der Mahlfeinheit und der natürlichen Reaktivität) belegen verschiedene Labortests von PÄTZOLD (1991, unveröff.). Zusammenfassend läßt sich sagen, daß die großen Unterschiede in der Reaktivität (Tab. 5) u.a. auf den verschiedenen Mg-Gehalten bzw. der dolomitischen Bindung beruhen. Nr. 2 genügt nur knapp der Düngemittelverordnung, die für Kohlensaure Kalke mit über 15% $MgCO_3$ eine Mindestreaktivität von 10% vorschreibt. Bezugsbasis ist gefälltes $CaCO_3$, dessen basisch wirksame Bestandteile nach 10 Minuten vollständig in verdünnter Säure umgesetzt sein müssen (=100% Reaktivität). Auch der Reaktionsverlauf und die erreichten pH-Werte in Bodensuspensionen des Of- und Oh-Horizontes gestalteten sich nach einer Referenzkalkung von 3 t/ha und nach 37 Tagen sehr unterschiedlich. Die Kalke Nr. 2, 3 und 7 stiegen in den ersten drei Tagen rasch (über pH 5,0) an, und verliefen dann mehr oder weniger flach bis zu ihrem End-pH: 6,08 (Nr. 3), 5,98 (Nr. 7) und 5,79 (Nr. 2). Kalk Nr. 6 dagegen entwickelte sich in der gleichen Zeit stetig und mit flachem Anstieg von pH 4,0 auf pH 4,99. Analog war der Verlauf der Kurven bei dem Ziel-pH 5,0 und zwar in allen Bodentiefen (Of- und Oh-Horizont, 0-10 cm, 10-50 cm).

3.5 Veränderung der chemischen Zusammensetzung der Bodenlösung nach der Kalkung

Seit Ausbringung der vier Kalkdünger am 30. März 1990 in einer äquivalenten Menge von 3 t/ha werden auf den Versuchsparzellen 1-15 vierzehntäglich die Bodenlösungen aus jeweils zwei Tiefen gewonnen und im Labor auf zahlreiche Kationen und Anionen untersucht. Im folgenden werden lediglich der pH-Verlauf aufgezeigt sowie Tendenzen in der Veränderung des Gehaltes an Ca, Mg, Al, Mn, Fe, NO_3, Cd und Pb aus 25 cm Bodentiefe und bis Dezember 1990 erörtert. Auch wird nur jeweils eine (von drei) Parallelen pro Versuchsvariante berücksichtigt, für Kalk Nr. 2 die Versuchsparzelle 12, 13 für Nr. 3, 14 für Nr. 6 und 4 für Nr. 7. Da die Analyse der Bodenlösung mindestens bis Herbst 1991 fortgesetzt wird, ist eine abschließende Bewertung der Kompensationswirkung noch nicht möglich.

Gegenüber der Situation vor der Kalkung und gemessen an den Werten einer Nullparzelle (Parzelle 3) fällt besonders der sprunghafte Verlauf der pH-Änderungen in der Bodenlösung auf (Abb.2). Die Kalke mit der geringsten Reaktivität (Nr. 2 und 6) steigen im Juni steil auf pH 7,8 (Parzelle 12) bzw. 6,8 (Parzelle 13) an, um nach ebenso steilem Abfall im Juli und August noch einmal etwas angehoben zu werden, bevor sie am Jahresende auf pH 4,0 absinken. Das ist höher als vor der Kalkung: 3,1 (Nr.

2) und 3,8 (Nr. 6). Ein ähnlicher Verlauf ist in Parzelle 13 nach Applikation des Kalkes Nr. 3 zu erkennen. Dagegen bewirkt Kalk Nr. 7 einen langsameren Anstieg von pH 3,4 auf 6,4 im Juli und 7,0 im Oktober bis zum Abfall auf 3,9 am Jahresende. Dadurch entsteht ein differenziertes Bild von den Auswirkungen der verschiedenen Kalke auf den pH-Verlauf der Bodenlösung in 25 cm Tiefe für das Jahr 1990.

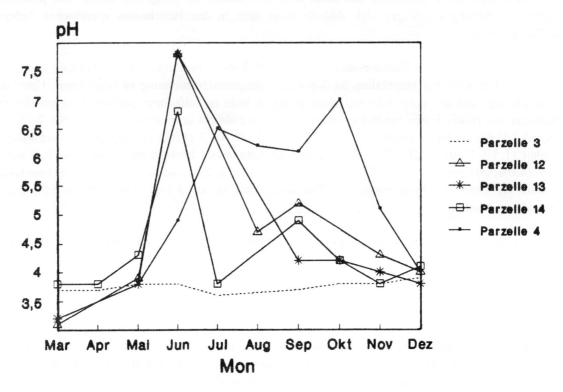

Abb. 2: pH-Verlauf in der Bodenlösung (25 cm Tiefe) ausgewählter Düngeparzellen im ersten Jahr nach der Kalkung

Hinsichtlich der anderen Ionen ist für die einzelnen Monate folgendes festzuhalten:

April
Es treten keine wesentlichen Gehaltsänderungen auf. Die Schwankungen der Werte der jeweiligen Versuchsparzellen bleiben unverändert hoch. Bemerkenswert sind allerdings die extrem hohen Nitratgehalte der Bodenlösungen, die immer über 100 mg NO_3/l - in Spitzen sogar ein Vielfaches davon - erreichen.

Mai
In Parzelle 4 (Kalk Nr. 7) ist eine starke Erhöhung des Calciums von 5,2 auf 21 mg/l und des Magnesiums von 1,1 auf 3,5 mg/l festzustellen. Al, Mn und Fe sind leicht erhöht, NO_3 bleibt auf hohem Niveau.

Juni
Neben den schon vorgestellten hohen Anstiegen des pH bei allen Kalkungen sind keine entsprechenden Veränderungen in der Bodenlösung zu beobachten.

Juli
Die geringen Niederschläge erzeugen auch nur wenig Bodenlösung. Doch steigen in Parzelle 14 (Nr. 6) die Gehalte von Ca, Mg, Al, Mn und Fe an, während das pH von 6,8 auf 3,7 sinkt. Die Nitratgehalte fallen gegenüber den Vormonaten teilweise um mehr als 50% ab, liegen aber fast immer noch über 50 mg NO_3/l.

August
Niederschlagsarmut erbringt wiederum wenig Bodenlösung. Kalk Nr. 7 hält in Parzelle 4 das hohe pH-Niveau über 6 (6,15).

September
Es werden generell niedrige NO$_3$-Konzentrationen gemessen. Auch die Gehalte an basisch wirkenden Kationen und an Kationsäuren gehen stellenweise (Parzellen 14/Nr. 6 und 4/Nr. 7) zurück.
Oktober
Calcium steigt signifikant in Parzelle 14 (Nr. 6) an, ebenso Magnesium. Nitrat bleibt allgemein etwa auf gleichem Niveau.
November
Die Gehalte an Ca und Mg steigen weiter an, in gleicher Weise aber auch Aluminium und Mangan. Nitrat-Stickstoff geht tendenziell unter 50 mg/l zurück.
Dezember
Die o.g. Tendenz bleibt erhalten. Der deutliche Ca- und Mg-Anstieg in Parzelle 4 (Nr. 7) ist festzuhalten, aber auch eine Zunahme von Aluminium, Mangan und Eisen.

Vorbehaltlich einer umfassenden Bewertung läßt sich aus dem bisherigen Verhalten der Bodenlösung gegenüber Kompensationskalkungen der (vorsichtige) Schluß ziehen, daß eine alkalische Tiefenwirkung der Kalke (bes. Nr. 2 und 7) zwar zustande kommt, die hohen Gehalte an basisch wirkenden Kationen aber eher für eine fortschreitende Tonmineralzerstörung sprechen. Eine generell zu befürchtende Nitratfreisetzung war nicht zu beobachten. Auch blieb eine Mobilisierung von Schwermetallen aus.

4. Bodenschutzkalkung und Angewandte Landschaftsökologie

Waldökosysteme sind essentieller und flächendeckender Bestandteil von Landschaften. Sie sind in deren Energie- und Stoffhaushalt eingebunden und besitzen zahlreiche wichtige Funktionen. Da die neuartigen Waldschäden und das Waldsterben auch durch immissionsbedingte Bodenversauerung hervorgerufen werden, bedeutet Kompensationskalkung versauerter Waldböden eine Stabilisierung das status quo bzw. den Versuch, weitere bodenbedingte Vitalitätsverluste des Waldes zu vermeiden. Die möglichen Risiken dieser Maßnahme wie z.B. eine Überaktivierung des mikrobiellen Stoffumsatzes und daraus resultierende erhöhte Nitrataustäge in das Grundwasser deuten an, daß man Kalkungen in einen größeren räumlichen und zeitlichen Zusammenhang, also in die Landschaftsebene integrieren muß.

Die Sorge von Landschaftsökologen (LENZ & HABER 1990), daß diese "medikamentöse Behandlung" des kranken Waldes letztlich aber auch die Gefahr in sich birgt, eine "Düngewelle" im Sinne einer standortsnivellierenden Sanierung heraufzubeschwören, muß u.E. ernstgenommen werden. Zeigt doch das Beispiel Landwirtschaft, wie die an primäre Standortsunterschiede gebundene biotische Vielfalt durch trophische Nivellierung aus der Landschaft eliminiert wurde, auf Kosten selbstregulatorischer Funktionen im Agrarökosystem. Einige Folgen davon sind die Eutrophierung der Oberflächengewässer und die Nitratbelastung des Grundwassers. Die o.g. Autoren, welche übrigens Kompensationskalkungen als Besserungs- und Heilungsmaßnahme ausdrücklich befürworten, fordern deshalb u.a. ein "Waldökosystemkonzept", in dem die langfristigen Diversifizierungsziele einer Region oder eines Wuchsbezirks definiert werden müssen, bevor Düngungseingriffe mit heute noch nicht erkennbarer ökosystemarer Tragweite die trophischen Standortsbedingungen im Walde nivellieren.

Außer der natürlichen Stauwasserwirkung nivelliert im Kottenforst - wie in vielen Waldökosystemen Europas - der atmogene Säureeintrag das chemische Bodenpotential durch progressive Degradation bis in die tiefsten Pufferbereiche, so daß die wenigen Standortsunterschiede von der atmogenen Bodenversauerung überlagert zu werden drohen. Unter landschaftsökologischen Gesichtspunkten können die vorgestellten experimentellen Bodenschutzkalkungen daher auch als Versuch verstanden werden, die optimale Kompensationswirkung herauszufinden, um funktionell (schwer) geschädigte Waldböden wieder in die Lage zu versetzen, entsprechend ihres unterschiedlichen trophischen Potentials in Zukunft biotische Vielfalt in der Landschaft zu gewährleisten.

Literatur

BUTZKE, H. (1978): Erläuterungen zur Bodenkarte des Staatsforstes Kottenforst 1:10 000, Krefeld, 22 S.

BUTZKE, H. (1981): Versauern unsere Wälder? Erste Ergebnisse der Überprüfung 20 Jahre alter pH-Wert-Messungen in Waldböden Nordrhein-Westfalens. - Der Forst- und Holzwirt 21, S. 542-548

BUTZKE, H. (1988): Zur zeitlichen und kleinräumigen Variabilität des pH-Wertes in Waldböden Nordrhein-Westfalens. Punktuelle Vergleiche über längere Zeiträume und flächendeckende Untersuchungen in Naturwaldzellen. - Forst und Holz 43, S. 81-85

DOHMEN, H. & R. DORFF (1984): Forstliche Standortskarte Nordrhein-Westfalen 1:10 000 Heft 1, Erläuterungen für das Kartiergebiet Kottenforst-Ville, Recklinghausen, 153 S.

FRÄNZLE, O. (1969): Geomorphologie der Umgebung von Bonn. Erläuterungen zum Blatt NW der geomorphologischen Detailkarte 1:25 000. - Arb. z. Rhein. Landeskde. 29, 58 S.

GEHRMANN, J., BÜTTNER, G. & B. ULRICH (1987): Untersuchungen zum Stand der Bodenversauerung wichtiger Waldstandorte im Land Nordrhein-Westfalen. - Ber. d. Forschungszentrums Waldökosysteme/Waldsterben, Reihe B, Band 4, Göttingen, 233 S.

GRUNERT, J. (1988): Geomorphologische Entwicklung des Bonner Raumes. - Arb. z. Rhein. Landeskde. 58, S. 165-180

GUSSONE, H.A. (1987): Kompensationskalkungen und die Anwendung von Düngemitteln im Walde. - Der Forst- und Holzwirt 42, S. 158-163

KREMER, B.P. & N. CASPERS (1977): Der Naturpark Kottenforst-Ville. - Rheinische Landschaften 10, 31 S.

LENZ, R. & W. HABER (1990): Kritische Anmerkungen zur Forstdüngung aus landschaftsökologischer Sicht. - Natur und Landschaft 65, S. 382-387

MEIWES, K.-J., KÖNIG, N., KHANNA, P.K., PRENZEL, J. & B. ULRICH (1984): Chemische Untersuchungsverfahren für Mineralböden, Auflagehumus und Wurzeln zur Charakterisierung und Bewertung der Versauerung in Waldböden. - Ber. d. Forschungszentrums Waldökosysteme/Waldsterben, Reihe A, Band 7, Göttingen, 67 S.

MINDRUP, M. & F. BEESE (1987): Lösungsverhalten oberflächlich ausgebrachter Kalke in sauren Waldböden. - Mitteilgn. Dtsch. Bodenkundl. Gesellsch. 55/II, S. 643-644

RAU, R. & J. KNOTH (1985): Bodenuntersuchung und Kompensationsdüngung im Rheinland. - Allgem. Forstzeitschr. 43, S. 1174-1176

RAUFF, H. (1980): Geologische Karte von Nordrhein-Westfalen 1:25 000. Erläuterungen zu Blatt 5308 Bonn-Bad Godesberg, Krefeld, 2. Auflage. 66 S.

SPELSBERG, G. (1989): Untersuchungen in einem kranken Buchenbestand im Forstamt Kottenforst. - Allgem. Forstzeitschr. 49, S. 1320-1322

ULRICH, B. (1983): Stabilität von Waldökosystemen unter dem Einfluß des "sauren Regens". - Allgem. Forstzeitschr. 38, S. 670-677

ULRICH, B., MEIWES, K.-J., KÖNIG, N. & P.K. KHANNA (1984): Untersuchungsverfahren und Kriterien zur Bewertung der Versauerung und ihrer Folgen in Waldböden. - Der Forst- und Holzwirt 39, S. 278-286

UMWELTBUNDESAMT (1989): Daten zur Umwelt 1988/89, Berlin, 613 S.

VEERHOFF, M. & G.W. BRÜMMER (1989): Silikatverwitterung und Tonmineralumwandlung in

Waldböden als Folge von Versauerungsprozessen. - Mitteilgn. Dtsch. Bodenkundl. Gesellsch. 59/II, S. 1203-1208

WENZEL, B. & B. ULRICH (1988): Kompensationskalkung - Risiken und ihre Minimierung. - Forst und Holz 43, S. 12-16

WIECHMANN, H. & C. BRUNNER (1986): Pseudogleyic soils in the Kottenforst area. - Mitteilgn. Dtsch. Bodenkundl. Gesellsch. 47, p. 113-134

Unveröffentlichte Arbeiten:

NECK, T.K. (1989): Einfluß einer Kompensationskalkung auf die chemischen Eigenschaften saurer Waldböden aus dem Kottenforst (Bonn). - Diplomarbeit, Landw. Fak. Univ. Bonn, 82 S. (Inst. f. Bodenkunde)

PÄTZOLD, S. (1991): Experimentelle Untersuchungen zum Neutralisationsverhalten von handelsüblichen Kalk- und Magnesiumdüngern sowie von Braunkohlenflugaschen in versauerten Waldböden. - Diplomarbeit, Landw. Fak. Univ. Bonn, 94 S. (Inst. f. Bodenkunde)

ROSENZWEIG, Ch. (1986): Die Feuchtgebiete im nördlichen Kottenforst (Waldville) unter besonderer Berücksichtigung des Dürren Bruches. Ein Beitrag zur rheinischen Landeskunde. - Diplomarbeit, Math.-Naturwiss. Fak. Univ. Bonn, 139 S. (Geogr. Inst.)

SCHULTE-KARRING, M. (1991): Bodenkennwerte repräsentativer Waldstandorte in Nordrhein-Westfalen - Versauerungsgrad und Möglichkeiten der Meliorationskalkung. - Diplomarbeit, Landw. Fak. Univ. Bonn, 112 S. (Inst. f. Bodenkunde)

WEYER, T. (1987): Untersuchungen zur Acidität von Waldböden im Kottenforst (Betriebsbezirk Buschhoven). - Diplomarbeit, Landw. Fak. Univ. Bonn, 95 S. (Inst. f. Bodenkunde)

Karten:

Geologische Karte von Nordrhein-Westfalen 1:25 000, Blatt 5308 Bonn-Bad Godesberg (1980)
Bodenkarte des Staatsforstes Kottenforst 1:10 000, Blatt 2 (1977)
Forstliche Standortskarte Nordrhein-Westfalen 1:10 000, Kartiergebiet Kottenforst-Ville, Teilkarte 5308 NO (1984)
Forstliche Übersichtskarte Nordrhein-Westfalen 1:250 000, 4. Auflage (1984)

ZUR SYSTEMATIK LANDSCHAFTSÖKOLOGISCHER PROZESSGEFÜGE-TYPEN UND ANSÄTZE IHRER ERFASSUNG IN DER SÜDLICHEN NIEDERRHEINISCHEN BUCHT[1]

von Harald Zepp

Summary

The paper presents a systematic approach to geoecological process combinations. They are designed as theoretical guidelines for systematic field surveys as well as for the presentation on maps. Furthermore, they enable to compare regional types of landscapes. On a high level of hierarchy the hydrodynamics of sites are combined with the natural and anthropogenic influences of the site specific material cycles. Preliminary results of a regionalization of geoecological processes in the Lower Rhenisch Embayment are given.

Zusammenfassung

Die flächendeckende, landschaftsökologische Erfassung anthropogen überformter und naturnaher Räume setzt eine umfassende Systematik landschaftsökologischer Prozeßgefüge-Typen voraus, die auch die Vergleichbarkeit landschaftsökologischer Raumtypen in naturräumlich unterschiedlichen Landschaften ermöglicht. Hierzu wurde ein prozeßorientierter Ansatz gewählt, der den hydrodynamischen Grundtyp und die Art und Intensität der geogenen und anthropogenen Beeinflussung der standörtlichen Stoffdynamik integriert. Abschließend werden Ansätze für die Quantifizierung der Prozeßgefüge-Typen skizziert.

1. Einleitung

Auf der Grundlage der Kartieranleitung Geoökologische Karte 1 : 25.000 (LESER & KLINK 1988) arbeiten einige Arbeitsgruppen in repräsentativen Beispiellandschaften Deutschlands an der Umsetzung und Verbesserung dieses Konzeptes. Die flächenhafte Erfassung landschaftsökologischer Strukturmerkmale und Prozesse wird dabei mit unterschiedlichen Methoden angegangen.[2] Einerseits werden flächendeckende Kartierungen von landschaftlichen Partialkomplexen, wie Boden, Vegetation bzw. Nutzungstyp vorgenommen, andererseits wird auf vorliegende geowissenschaftliche Karten zurückgegriffen und in Bereichen, wo dies erforderlich ist, detailliert nachkartiert. In Gebieten mit bereits verfügbaren flächendeckenden Basisinformationen kommen Methoden der komplexen Standortanalyse zum Einsatz. Als ein sinnvolles Hilfsmittel zur systematischen, standortbezogenen Dokumentation landschaftsökologischer Informationen haben sich Standortkataster erwiesen, die für eine Vielzahl von Aufnahmepunkten quasi flächendeckend angelegt werden und auch solche Standorte einschließen, an denen keine quantitativen Prozeßgrößen durch mehrjährige oder mehrmonatige Meßreihen erhoben werden können. Die Arbeit mit Landschaftsinformationssystemen erschließt zusätzliche Möglichkeiten

---

[1] Der Beitrag enthält erste Ergebnisse eines vom Ministerium für Wissenschaft und Forschung des Landes Nordrhein-Westfalen geförderten Forschungsvorhabens "Großmaßstäbige Erfassung geoökologischer Prozeßgefüge in Agrarlandschaften". Für die Forschungsförderung sei an dieser Stelle herzlich gedankt.

[2] Da an dieser Stelle die methodische Vielfalt landschaftsökologischer Ansätze nur angedeutet, jedoch nicht eingehender diskutiert werden soll, wird auf ausführliche Literaturhinweise zur Theoriediskussion verzichtet.

der Verwaltung und Verknüpfung von punkt-, linien- oder flächenhaft erhobenen ökologischen Basisdaten. In den weiterführenden Diskussionen des Arbeitskreises hat es sich als notwendig herausgestellt, vor allem die landschaftsökologischen Prozesse in den Vordergrund zu stellen, um der bloßen Kompilation von landschaftsstrukturierenden Merkmalen vorzubeugen. Auch die Arbeiten auf Blatt Rheinbach sind verstärkt auf die großmaßstäbige Erfassung landschaftsökologischer Prozeßgefüge mit besonderer Berücksichtigung der Agrarlandschaft ausgerichtet (vgl. ZEPP & STEIN 1991).

Nach TROLL (1939), der den Begriff Landschaftsökologie 1939 in die geographische Literatur eingeführt hat, bedeutet Landschaftsökologie "das Studium des gesamten in einem bestimmten Landschaftsausschnitt herrschenden komplexen Wirkungsgefüges zwischen den Lebensgemeinschaften und ihren Umweltbedingungen. Dies äußert sich räumlich in einem bestimmten Verbreitungsmuster...". Bereits in dieser Definition werden die Wechselwirkungen zwischen den Lebensgemeinschaften und ihrer Umwelt, anders formuliert die ökosystemaren Relationen, Funktionen und Prozesse, wie sie sich in der Landschaft räumlich differenziert manifestieren, in den Vordergrund der Betrachtung gerückt. Sofern die Vegetation noch Integral und Ausdruck der natürlichen Standortbedingungen ist, kommt der Analyse der Wechselbeziehungen zwischen Pflanzengemeinschaften und ihren Umweltbeziehungen eine Schlüsselfunktion zu. In dem Maße wie nichtökologische Steuergrößen, also direkte und indirekte anthropogene Einwirkungen auf die Landschaft eine Rolle spielen, behält zwar die Vegetation eine zentrale Stellung im Rahmen der landschaftsökologischen Analyse, jedoch gewinnt sie in Kulturlandschaften einen Indikatorwert für wiederholte, regelmäßige Eingriffe in die Landschaft, für die bewußte oder unbewußte Steuerung der naturhaushaltlichen Prozesse durch die Land- und Forstwirtschaft, durch Grundwasserabsenkung, wasserbauliche Eingriffe oder Freizeitaktivitäten. Diese Einwirkungen erlangen eine derartige quantitative und qualitative Bedeutung im Landschaftshaushalt, daß sie bei der landschaftsökologischen Prozeßanalyse nicht außer Acht gelassen werden dürfen.

Daher ist für die eigenen Arbeiten in der südlichen Niederrheinischen Bucht als Arbeitsgrundlage eine erweiterte Aufgabenstellung für die Landschaftsökologie erforderlich. Die Aufgaben der Landschaftsökologie bestehen in der Analyse und Bewertung der räumlichen Differenzierung von Strukturen und Prozessen des Landschaftshaushaltes unter Einschluß ihrer anthropogenen Steuerung. Abbildung 1a) zeigt ein fiktives Landschaftsprofil zwischen einem Berghang und einem Fließgewässer. Die Landschaftsausstattung läßt den unterschiedlichen geologischen Untergrund, das Grundwasser und die verschiedenen Böden erkennen. Insbesondere ist auch die Bodenbedeckung durch Wald oder Kulturpflanzen dargestellt. Die Figur veranschaulicht gewissermaßen das, was üblicherweise als stofflich-materielle Substanz der Landschaft, als räumliche Differenzierung der Landschaftsstruktur bezeichnet werden kann.

Landschaftsökologische Prozesse sind in Abbildung 1b) angedeutet. Wichtige Prozesse sind beispielsweise der Aufbau organischer Substanz, die Mineralisierung und Humifizierung organischer Bestandsabfälle, der Stoffeintrag durch Düngung sowie die Stoffentnahme durch die Ernte von Kulturpflanzen, aber auch Prozesse des Wasserumsatzes am Standort, vom Niederschlag über die Verdunstung, die Infiltration, die Durchsickerung bis hin zur Grundwasserneubildung oder die Bildung und der Abfluß von Kaltluft. Selbstverständlich laufen diese Prozesse nicht - wie in der Figur aus Darstellungsgründen idealisiert - räumlich nebeneinander, sondern räumlich und zeitlich miteinander verflochten ab. Die Prozesse greifen ineinander, beeinflussen und bedingen sich gegenseitig. Deswegen ist es gerechtfertigt, von landschaftsökologischem Prozeßgefüge zu sprechen. Ein Charakteristikum landschaftsökologischer Prozesse ist ihre Quantifizierbarkeit als Stoffumsatzraten oder Energieeinheiten in Bilanzierungszeiträumen von einer Vegetationsperiode, von einem Jahr oder einer Fruchtfolge. Um wesentliche Aspekte der landschaftsökologischen Prozeßgefüge anthropogen beeinflußter Landschaften zu erfassen, kann es erforderlich sein, die zeitliche Betrachtung auf längere Zyklen, in der Regel Bodennutzungszyklen auszudehnen. Für forstliche Ökosysteme empfiehlt sich die Betrachtung von Umtriebszeiten; in innertropischen Räumen sind mitunter komplizierte Zyklen alternierender und teilweise gleichzeitiger Bodennutzung durch Nutzholzentnahme aus dichten oder aufgelichteten Wäldern mit nachfolgendem Ackerbau zu beachten.

2. Systematik landschaftsökologischer Prozeßgefüge-Typen

Die flächendeckende, landschaftsökologische Erfassung anthropogen überformter und naturnaher Räume setzt eine umfassende Systematik, ein Ordnungsschema für landschaftsökologische Prozeßgefüge-Typen auf möglichst breiter Basis voraus. Um den Vergleich mit anderen Landschaftsräumen zu gewährleisten, muß ein derartiges Schema universell anwendbar und zugleich landschaftsspezifisch modifizierbar sein. Bisherige Ansätze basierten auf dem Konzept der Ausgliederung landschafts- oder geoökologischer Raumeinheiten, die das - selten klar operationalisierte - Kriterium der Homogenität erfüllen sollen. Wegen der großen Standortvielfalt wurde dabei meist nach sinnvollen, merkmalsorientierten Zusammenfassungen gesucht, wobei häufig in Abhängigkeit vom Maßstab und vom Landschaftstyp nach dominant geologisch-geomorphologischen, hydrologischen oder pflanzensoziologischen Gesichtspunkten vorgegangen wurde (vgl. MARKS 1979, insbesondere S. 3 - 17), oder Kombinationen stabiler Landschaftshaushaltselemente herangezogen wurden (vgl. LESER 1976, MOSIMANN 1990, insbesondere S. 8 - 11).

Eine Typisierung sollte nach landschaftsökologischen und nicht nach primär geomorphologischen, boden- oder vegetationskundlichen Aspekten erfolgen. Zwangsläufig sind nur solche Merkmale und Prozesse heranzuziehen, die in den meisten landschaftsökologischen Systemen eine bedeutsame Rolle für Energie- und Stoffflüsse spielen und insofern einen Vergleich auf hohem Integrationsniveau erlauben. Auf eine Systematik von Ökotypen bzw. Ökotopen zielt der Ansatz der Kartieranleitung Geoökologische Karte 1 : 25.000 (LESER & KLINK 1988, vor allem S. 229 - 242). Wesentliche geoökologische Strukturgrößen werden definiert und klassifiziert (Hangneigung, Bodenart, Gründigkeit, Skelettgehalt, Deckschichtmächtigkeit, Festgesteinsuntergrund, pH-Wert, nutzbare Feldkapazität, Oberflächengewässer, reale Vegetation, Vegetationsstruktur). Geoökologische Raumeinheiten unterscheiden sich in der spezifischen Kombination der Ausprägungen der Strukturgrößen. Dieses Verfahren muß zwangsläufig an die Grenzen der Systematisierbarkeit unhierarchisierter Vielfaktorenkombinationen stoßen, wenn man bedenkt daß 11 Strukturgrößen in je zwei- bis achtfacher Ausprägung kombiniert werden. Eine auf zahlreiche landschaftsökologische Prozesse gleichzeitig und universell anwendbare Klassifikation von Strukturgrößen ist problematisch. Bei zunehmendem Erkenntnisfortschritt in der Prozeßcharakterisierung könnte sich das statische Strukturgrößenraster als revisionsbedürftig erweisen. Eine vergleichende landschaftsökologische Raumbetrachtung auf der Grundlage der Strukturgrößen stößt nicht nur auf kartographische Darstellungsschwierigkeiten, sondern sie wird auch vielfach von Kartierern im Gelände als nicht praktikabel eingeschätzt.

Einen Ausweg aus dem Dilemma der Merkmalsklassifikation bietet der Versuch einer prozeßorientierten Systematisierung. Entsprechende Vorbilder sind in der Bodensystematik (MÜCKENHAUSEN 1962) und dem Geomorphologischen Detailkartenwerk (BARSCH & LIETDKE 1980, LESER & STÄBLEIN 1980) zu sehen. Die Grundzüge der Bodensystematik folgen primär pedogenetischen Gesichtspunkten, während erst auf niedrigerem Niveau auf Merkmale zurückgegriffen wird. Bei der Konzeption des Geomorphologischen Kartenwerkes ist der morphogenetische Prozeß in den Vordergrund gerückt, Reliefmerkmale und Eigenschaften treten kartographisch als ergänzende Informationen hinzu. Durch die Arbeiten von HAGEDORN & POSER (1974) waren geomorphologische Prozeßkombinationen in weltweiter vergleichender Sicht bereits seit längerem verstärkt beachtet worden. In analoger Weise kann eine landschaftsökologische Systematisierung und Gliederung auf Prozesse bzw. Prozeßgefüge ausgerichtet werden. Die Beschränkung der Prozesse in dem oben erläuterten Sinne auf Zeiträume einer Vegetationsperiode bis zu einer Fruchtfolge bzw. einer Umtriebszeit läßt einen derartigen Ansatz auch für Anwendungen außerhalb der wissenschaftlichen Landschaftsökologie interessant erscheinen.

Tab. 1: Systematik landschaftsökologischer Prozeßgefüge-Haupttypen

	Art und Intensität der geogenen (quasinatürlichen) und anthropogenen Beeinflussung der standörtlichen Stoffdynamik					
	bedeutsamer lateraler Stoffeintrag oder Materialabfuhr				quasi-stationäre Stoffdynamik	
	A	B	C	D	E	F
(Einträge)	atmosphärische und/oder anthropogene Einträge	nur atmosphärische oder geogene, anthropogen unbelastete regelmäßige Einträge durch Hang-, Grund-, Oberflächenzuschußwasser oder Überflutungen mit oder ohne Sedimentakkumulation	nur atmosphärische oder anthropogen mit Nährstoffen angereicherte, regelmäßige Einträge durch Hang-, Grund-, Oberflächenzuschußwasser sowie Überflutungen mit oder ohne Sedimentakkumulation	nur atmosphärische oder anthropogen mit Nährstoffen angereicherte, regelmäßige Einträge durch Hang-, Grund-, Oberflächenzuschußwasser sowie Überflutungen mit oder ohne Sedimentakkumulation	nur atmosphärische Einträge	nur atmosphärische Einträge
(Entnahmen)	regelmäßige oder periodische, starke bis katastrophale Materialabfuhr durch Erosion, Rutschungen, Bodenfließen, Deflation etc.	keine	geringe oder keine	regelmäßige Entnahmen	periodische Entnahmen ohne Kahlschlag bzw. ohne nachhaltige Zerstörung des des Vegetationsbestandes	periodische Entnahmen mit Kahlschlag

Hydrodynamischer Grundtyp						
Überflutungstyp I						
kombinierter II Grund- und Staunässe-Typ						
Grundwasser-Typ III (<= 2 m u. Flur) deszendent						
Grundwasser-Typ IV (<= 2 m u. Flur) aszendenter Typ						
Staunässe-Typ V (<= 1 m u. Flur)						
Hangwasser-Typ VI (<= 1 m u. Flur)						
Perkolationstyp VII						
stehendes Gewässer	(Differenzierung nach dem natürlichen Nährstoffstatus und der anthropogenen Eutrophierung durch Saprobiensystem oder durch hydrochemische Indices)					
Fließgewässer						
Moor	(Differenzierung nach Hoch- Übergangs- Hang- und Niedermoor sowie anthropogener Überprägung (z.B. Abbauzustand))					
Abflußtyp	(Differenzierung in z.B. Blockschutt (stabil/mobil), Felsflächen und versiegelte Flächen)					
Firnfl./Gletscher						

Art und Intensität der geogenen (quasinatürlichen) und anthropogenen Beeinflussung der standörtlichen Stoffdynamik

|—— lange Zyklen ——||—————— kurze Fruchtfolgezyklen ——————|

G	H	I	J	K	L
nur atmosphärische Einträge	mäßige bis mittelstarke, regelmäßige Einträge	nur atmosphärische Einträge	regelmäßige, meist mittlere Einträge	regelmäßige, mittlere bis starke Einträge	regelmäßige starke Einträge
regelmäßige geringe Entnahmen mit weitgehender Veränderung eines über Jahrzehnte gewachsenen Bestandes mit kurzzeitig gesteigerter Stoffdynamik durch Ernte, Brandrodung oder Waldweide	regelmäßige geringe Entnahmen mit finalem Kahlschlag bzw. Bestandswechsel	regelmäßige Entnahmen, verbunden mit Bestandswechsel, häufig mit Schwarzbrache oder Abbrennen eines Grasbestandes	regelmäßige Entnahmen ohne Bestandswechsel	regelmäßige Entnahmen, verbunden mit Bestandswechsel	regelmäßige Entnahmen, verbunden mit Bestandswechsel

(Differenzierung nach dem natürlichen Nährstoffstatus und der anthropogenen Eutrophierung durch Saprobiensystem oder durch hydrochemische Indices)

(Differenzierung nach Hoch- Übergangs- Hang- und Niedermoor sowie anthropogener Überprägung (z.B. Abbauzustand))

(Differenzierung in z.B. Blockschutt (stabil/mobil), Felsflächen und versiegelte Flächen)

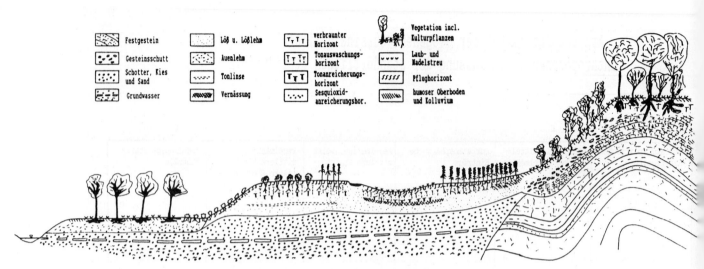

Abb. 1a: Beispiel für ein idealisiertes Landschaftsstruktur-Profil

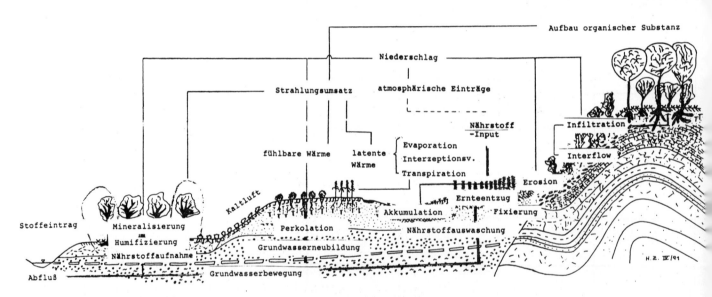

Abb. 1b: Ausgewählte landschaftsökologische Prozeßgefüge

Mit Tab. 1 wird eine Systematik landschaftsökologischer Prozeßgefüge-Haupttypen vorgeschlagen, die gleichrangig auf höchstem Ordnungsniveau die <u>Intensität der geogenen (quasinatürlichen) und anthropogenen Beeinflussung der standörtlichen Stoffdynamik</u> und - in Anlehnung an MOSIMANN (1990) - den <u>Grundtyp des Standortwasserumsatzes</u> integriert. Hier wird ganz bewußt auf allzu enge Grenzwerte von Merkmalsausprägungen zur Prozeßidentifikation verzichtet, da die Ansprache des hydrodynamischen Grundtyps und der Beeinflussung der standörtlichen Stoffdynamik offen bleiben muß für wissenschaftliche Erkenntnisfortschritte. Solche landschaftlichen Systeme wie Gewässer, Gletscher oder versiegelte Flächen, die sich nicht sinnvoll durch diese Prozeßkombinationen erfassen lassen, werden Sonderkategorien zugeordnet.

Sieben Kategorien des hydrodynamischen Grundtyps (Tab. 1 und Abb. 2) sind nach dem vorherrschenden Charakter der Wasserbewegung und Wasserbewegungsrichtung gekennzeichnet. Dem Überflutungstyp werden zeitweise bzw. regelmäßig durch Oberflächenwasser (z.B. Flußwasser oder im

Einflußbereich der Gezeiten) überflutete Flächen zugeordnet. In humiden Klimaten treten bei ausgeprägter Bodenartenschichtung oder bei feinkörnigem Substrat vorzugsweise bei mittleren Grundwasserständen zwischen 1 und 2 Metern kombinierte Feuchteregimes mit Grund- und Staunässe auf, die Richtung und Intensität ökologischer Prozesse beeinflussen. In solchen Fällen, in denen Grundwasser so oberflächennah ansteht, daß ökologische Prozesse nachhaltig beeinflußt werden (z.B. Wasserversorgung der Pflanzen, Wechsel von aszendentem und deszendentem Wasser- und Stofftransport im Boden) erfolgt eine Einstufung in die Kategorien III oder IV. Die Grenze von 2 m ist als Orientierungshilfe zur Einstufung gedacht. Sie kann in Abhängigkeit von der Bodenartenschichtung (Wasserleitfähigkeiten der Grundwasserdeckschichten) variieren. Häufig sind solche Standorte durch laterale Stoffanlieferung durch das Grundwasser beeinflußt. Die Kategorie IV dürfte vor allem in semiariden Räumen mit hoher potentieller Evapotranspiration eine Rolle spielen; dort ist dieser hydrodynamische Grundtyp mit vorherrschend aszendentem Bodenwasserstrom häufig mit Salzanreicherung verbunden. Staunässe, als Ausdruck von regelmäßig eingeschränkter Perkolation des Niederschlagswassers führt zur Einstufung in Kategorie V, sofern die zeitweise Vernässung in ökologisch relevanter Bodentiefe auftritt. Als eine besondere Form der Staunässe ist die Hangnässe anzusehen, die als eigenständige Kategorie aufgefaßt wird, weil die hydrologische Dynamik und damit gekoppelt oft die Stoffdynamik am Standort durch laterale Austauschprozesse (zu- und abfließender Interflow) mitgeprägt wird. Diese Kategorie umfaßt auch Situationen, in denen hydromorphe Bodenmerkmale nicht ausgeprägt sind, jedoch sollte Interflow oder Hangzugwasser ökologisch bedeutsam auftreten. Dem Perkolationstyp können solche terrestrischen Flächen zugeordnet werden, die eine uneingeschränkte vertikale Perkolation ohne Vernässungen im Wurzelraum aufweisen.

Als Sondertypen werden Abflußtyp sowie Firnflächen und Gletscher behandelt. Flächen mit Permafrost in ökologisch relevanter Tiefe erhalten keine eigene Kategorie, da das vorgelegte Ordnungsschema für die intrazonale landschaftsökologische Gliederung vorgesehen ist. Eine Differenzierung läßt sich in solchen Gebieten auch durch die Zuordnung zu den übrigen Kategorien vornehmen; eine feinere Untergliederung nach dem Bodeneis kann auf niedrigerem Ordnungsniveau durch die (möglichst quantitative) Charakterisierung des Feuchteregimes und des Wasserumsatzes erfolgen. Beim Abflußtyp handelt es sich um Flächen, von denen auftreffendes Niederschlagswasser, von geringfügigem Muldenrückhalt abgesehen, sofort und vollständig an der Oberläche abfließt oder in die Tiefe absickert, ohne am Standort für höhere Pflanzen verfügbar zu sein. Diese Hydrodynamik ist gebunden an feinmaterialfreies Substrat wie Blockschutthalden, quasi-ebene sowie geneigte Fels- und versiegelte Flächen, auf denen in der Regel nur Spezialisten wie Moose und Flechten siedeln. Schließlich bilden stehende und fließende Gewässer, deren Palette vom wenig anthropogen beeinflußten See bis zum Fischzuchtteich bzw. vom oligotrophen Bach bis zum Abwasserkanal reicht, Sonderkategorien. Ebenso sind Moore gesondert ausgewiesen. Alle Sondertypen lassen zwar eine Differenzierung nach natürlichem Nährstoffstatus und anthropogener Eutrophierung bzw. Veränderung zu, doch sind die für jede Kategorie spezifischen Gliederungen nicht untereinander und auch nicht mit den Differenzierungen der Normaltypen I bis VII sinnvoll parallelisierbar, weil die Art der Beeinflussung der Stoffdynamik sich stark unterscheidet.

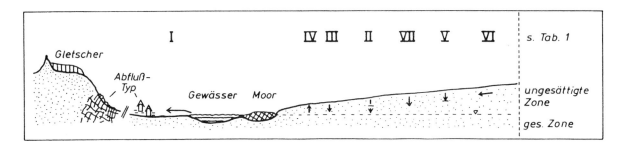

Abb. 2: Halbschematische Darstellung hydrodynamischer Grundtypen

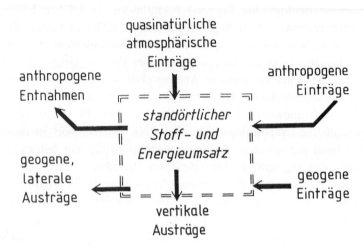

Abb. 3: Prinzipskizze zur geogenen und anthropogenen Beeinflussung des standörtlichen Stoff- und Energieumsatzes

Zur Charakterisierung des Prozeßgefüge-Haupttyps tritt neben den hydrodynamischen Grundtyp die Intensität der geogenen (quasinatürlichen) und anthropogenen Beeinflussung der standörtlichen Stoffdynamik (vgl. Abb. 3). Der Zusatz 'quasinatürlich' ist gewählt, um auszudrücken, daß eine vollständig unbeeinflußte landschaftsökologische Stoffdynamik nirgendwo existiert. Einträge mit dem Niederschlag sind hier ebenso anzuführen wie die Labilisierung der Bodendecke durch die Nutzung oder die Veränderung des Abflußregimes von Flüssen mit der potentiellen Folge verstärkter lateraler Stofftransporte in Form der Bodenerosion und als gravitative Massenbewegungen. Die Intensität der Beeinflussung der Stoffdynamik wird qualitativ abgeschätzt nach der Bedeutung der Fest- und Nährstoffeinträge sowie der Entnahmen durch den Menschen bzw. Verluste durch laterale Stofftransporte. Auf diesem Niveau der Systematik nicht berücksichtigt sind die Austräge mit dem Sickerwasser. Diese können sinnvoll nur auf quantitativer Grundlage und wegen der potentiellen Fixierung oder Transformation im Boden und wegen der Aufnahme durch die Pflanzen nur stoff- bzw. stoffgruppenspezifisch erfolgen. Gegen eine Aufnahme auf dem Niveau der Prozeßgefüge-Haupttypen spricht, daß in diesem Fall die Systematik für die meisten Fälle nicht mehr praktikabel wäre. Außerdem ergäbe sich auf hohem Ordnungsniveau ein Zwang zur weiteren Diversifizierung, der der angestrebten Übersichtlichkeit zuwiderläuft. Selbstverständlich sind auf niedrigerem Ordnungsniveau Quantifizierungen ausgewählter Stoffverlagerungs und -transformationsprozesse anzustreben. Die Varianten A bis L sind mit einigen Beispielen in Tabelle 2 erläutert. Sie lassen sich im allgemeinen durch den Nutzungs- oder Vegetationstyp sowie die aktualmorphologische Dynamik erfassen. Die Bezeichnung 'regelmäßig' wird verwendet für Eintrags- oder Entnahmezyklen von mindestens einmal pro Jahr und 'periodisch' steht für Perioden zwischen 50 und 200 Jahren.

Für die Differenzierung der Prozeßgefüge auf niedrigerem Niveau (Prozeßgefüge-Typen) sind (möglichst quantitative) Prozeß-, Bilanz- und Zustandsgrößen des ökosystemaren, standörtlichen Stoff- und Energieumsatzes geeignet. Hierzu zählt die Charakterisierung des Pufferbereichs (ULRICH 1981) als grundlegender Ausdruck für das Niveau potentieller bodenchemischer Stofftransformationen; die Angabe des Feuchteregimes als jahreszeitlich wechselnde Bindungsintensität des Bodenwassers im Wurzelraum (ZEPP 1990) ist ebenfalls relevant für Stofftransformationsprozesse, sie besitzt darüber hinaus integrale Bedeutung für den Standortwasserumsatz, der zusätzlich durch die mittlere langjährige Durchsickerungshöhe oder die komplementäre reale Evapotranspiration ergänzt werden sollte. Weitere Differenzierungen erfolgen bevorzugt durch die flächendeckende Angabe der biotischen Aktivitätsstufe (STEIN in LESER & KLINK (1988)), der Basensättigung und der Kationenaustauschkapazität. Standörtlich besondere Prozeßgefüge (Prozeßgefüge-Subtypen) sollten zusätzlich durch die Charakterisierung des Strahlungsumsatzes in fühlbare Wärme ("Energiedargebot" nach LANG in LESER & KLINK (1988), "Wärmehaushaltscharakter" nach MOSIMANN 1990), durch die Kennzeichnung von Sondersituationen der standörtlichen Luftmassenzufuhr (Bewindung, Kaltluftzufuhr nach ALEXANDER, LANG, MÜLLER, SCHMIDT in LESER & KLINK (1988)) erfaßt werden.

Tab. 2: Beispiele für Varianten der geogenen und anthropogenen Beeinflussung der Stoffdynamik

A aktive Rutschungshänge; besonders erosionsgefährdete Hangzonen; steile Reblagen; Deflationswannen

B Naturwaldzellen; Auenwälder in naturbelassenen Einzugsgebieten; Geländedepressionen oder Unterhänge unterhalb vegetationsfreiem, ungedüngtem Gelände in (semi-)ariden Räumen, aktives Dünengelände

C regelmäßig überschwemmte Auen und amphibische Bereiche an stehenden Gewässern (Sumpf, Röhricht)

D Wiesen (u. Weiden) ohne Zusatzdüngung in Auen von nährstoffreichen Flüssen; Riedflächen mit Röhricht-Entnahme

E Wald- bzw. Forstflächen mit Naturverjüngung (Plenter- und Femelwirtschaft); extensiv weidewirtschaftlich genutztes, ungedüngtes (natürliches) Grasland u.ä.

F Forste mit starker Durchforstung mit Kahlschlag

G Formen des Brandrodungs- und Wanderfeldbaus in den Tropen

H Baumschulen, Baum- und Strauchobstplantagen, ebene Rebflächen

I Formen des Trockenfeldbaus in den Randtropen

J gedüngte Wiesen und Standweiden; (Streu-)Obstwiesen

K Ackerland mit Getreide-Hackfrucht-Folge

L Ackerland mit hohem Anteil Zuckerrüben/Mais an der Fruchtfolge; "Gülle-Entsorgungsflächen"; Intensiv-Gemüse-Bau hoher Düngungsintensität

Diskussion

Ein Vorteil des Ordnungsschemas liegt in der problemlosen Anwendbarkeit für unterschiedliche landschaftsökologische Arbeitsrichtungen. Sowohl der landschaftsökologische Geländekartierer als auch solche Wissenschaftlergruppen, die die Quantifizierung von Prozessen auf stark experimentell, messender Grundlage mit großem Geräteeinsatz betreiben, treffen sich auf einer gemeinsamen Begriffs- und Ordnungsebene. Daß die Grundlage der Systematik qualitativer Natur ist, bedeutet m.E. keinen Rückfall in der landschaftsökologischen Methodik, denn jeder Quantifizierung von Prozeßgefügen muß die qualitative Deskription vorausgehen, um gezielte Arbeitshypothesen formulieren und daraus abgeleitete Meßanordnungen sinnvoll planen zu können.

Diese Neuorientierung bedeutet nicht, auf die Erhebung von Merkmalen im Gelände verzichten zu können. Jedoch ändert sich die Zielrichtung des Arbeitens grundlegend, denn nun steht nicht mehr die kompilatorische Erhebung zahlreicher Einzelmerkmale im Vordergrund. Die Erfassung und Messung wird auf solche Merkmale, Eigenschaften und Zustandsgrößen konzentriert, die den Einblick in Prozesse erlauben. Eine landschaftsökologische Systematik muß die Prozesse in den Mittelpunkt der Betrachtung rücken, die die Landschaftsfaktoren als Elemente des ökologischen Systems miteinander verbinden, eine Klassifikation nach Strukturgrößen nach LESER & KLINK (1988) ist zu wenig differenziert (siehe MOSIMANN 1990).

So mag es zunächst erscheinen, daß beispielsweise das Relief oder das Untergrundgestein keine Rolle in der Systematik spielen würden. Wenn das Relief im Zusammenwirken mit anderen Landschaftsfaktoren die standörtliche Stoffdynamik oder die Erscheinungsform des Bodenwassers beeinflußt oder gar steuert, so spiegelt sich der Reliefeinfluß selbstverständlich im abgeleiteten Prozeßgefügetyp wider, ohne selbst als zu klassifizierendes Objekt in der Systematik genannt zu werden. Beispielsweise muß der Einfluß der Hangneigung auf Stofftransformation und -verlagerung je nach Bodenartenschichtung und vegetationsbeeinflußtem Standortwasserumsatz verschieden bewertet werden. Eine merkmalsorientierte Ökotop-Klassifikation darf daher nicht von festgelegten Klassengrenzen der Hangneigung ausgehen. Somit ist der Anwender bereits auf hohem Niveau der Systematik zu einem ökosystemaren Denken angehalten. Dominante Geofaktoren spielen in diesem Konzept keine Rolle mehr, wesentlich ist alleine das prozessuale Zusammenwirken der natürlichen Systemelemente und deren anthropogene Beeinflussung. Dieses Grundprinzip wird auch auf dem tieferen Niveau der Systematik beibehalten, indem nicht die Landschaftsfaktoren wie Vegetation und Bodenart unmittelbar als Gliederungskriterium benutzt werden, sondern integrale, prozeßbezogene Größen.

Die Konzentration auf Prozesse bedeutet, daß Fragen der Abgrenzung von Raumeinheiten sekundäre Bedeutung erhalten bzw. erst bei einer kartographischen Darstellung maßstabsabhängig zu entscheiden sind. Die Vergesellschaftung von Prozeßgefüge-Haupttypen auf engem Raum kann durch entsprechende Prozeßgefüge-Typen innerhalb zeichnerisch darstellbarer Flächen ausgedrückt werden.

Das vorgelegte Konzept ist auch aus Erfahrungen mit der Anwendung des Hemerobiestufen-Systems (vgl. BLUME & SUKOPP 1976, HABER 1988, ausführliche Literaturhinweise in ZEPP & STEIN 1991) entwickelt worden. Es ist der Versuch einer Integration von Intensitätsstufen der Kulturwirkung auf die Landschaft in einen naturwissenschaftlich-landschaftsökologischen Kontext. Gleichberechtigt erscheinen daher nebeneinander sowohl geogene als auch anthropogene Einflüsse unter Berücksichtigung einer möglichen lateralen Prozeßdynamik. Möglicherweise muß die Systematik für Landschafts- bzw. Ökozonen der niederen Breiten im Sinne von SCHULZ (1990) und für Hochgebirgsräume ergänzt werden, ohne das Grundprinzip aufzugeben.

Eine Systematik von Prozeßgefüge-Typen unterscheidet sich auch von Typisierungen der Stabilität und Belastbarkeit von Ökosystemen (z.B. ELLENBERG 1972, WINIGER 1983) sowie von deren Behandlung als Geosystem (CHORLEY & KENNEDY 1971, KLUG & LANG 1983), in denen von der materiellen landschaftsökologischen Realität sehr stark abstrahiert und diese systemorientiert, gesamtheitlich bewertet werden muß. Diese Bewertung ist zweifellos ein zentrales Anliegen der Landschaftsökologie; sie kann nur dann gesichert erfolgen, wenn Landschaftsstruktur und Prozeßgefüge hinreichend erfaßt sind. Die vorgelegte Systematik kann hierfür eine Grundlage liefern, indem sie die vielfältige landschaftsökologische Realität auf einem Niveau zu ordnen hilft, auf dem tatsächlich noch flächendeckende Aussagen getroffen werden können.

Abb. 4: Genetische Substrattypen des Untersuchungsgebietes

3. Methodische Ansätze zur Quantifizierung von Prozeßgefüge-Typen in der südlichen Niederrheinischen Bucht

Die Rheinbacher Lößplatte und die Swistbucht, südwestlich von Bonn, gehören als Bördenräume zu typischen Landschaften Nordrhein-Westfalens im Übergang vom Mittelgebirge zum Tiefland. Flexurartig tauchen unter- und mitteldevonische Festgesteine nach Norden unter jüngere fluviale Sedimente (Hauptterrasse des Rheins und äquivalente Lokalschotter) im Bereich der Zülpicher Börde und der Ville ab (vgl. Abb. 4). Auf der Eifelnordabdachung überkleiden pleistozäne Fließerden, teilweise unter Beteiligung vorpleistozäner toniger Verwitterungsrelikte, die Festgesteine, während Lößdecken unterschiedlicher Mächtigkeit mit Parabraunerden und Pseudogleyen die Terrassensedimente in der Zülpicher Börde und auf der Ville abdecken. Klimatisch bestimmt die Leelage im Regenschatten des Hohen Venn die mit rund 600 mm relativ niedrigen Jahresniederschläge. Wegen dieser günstigen naturräumlichen Voraussetzungen bildet die Börde seit römischer und fränkischer Zeit ein traditionelles Ackerbaugebiet. Bezogen auf das gesamte Meßtischblatt Rheinbach nimmt Ackerland 58 % der Fläche ein, gefolgt von Siedlungs- und Verkehrsflächen mit etwa 17 % sowie Wald- bzw. Forstflächen mit 14 %. Forst- und Gründlandflächen (7 %) dominieren auf dem Ville-Rücken im Nordosten des Untersuchungsgebietes und auf der Eifelnordabdachung.[5]

Auf der Grundlage einer detaillierten Nutzungskarte (1 : 10.000) und einer Bodenkarte (1 : 5.000 bis 1 : 25.000) können unter Berücksichtigung der Hangneigungen bereits als Arbeitshypothese wesentliche Prozeßgefüge-Typen benannt werden, die im Untersuchungsgebiet eine Rolle spielen (Tab. 1). Aus arbeitsökonomischen Gründen wird ihre flächenmäßige Bedeutung und räumliche Darstellung mit Hilfe eines Informationssystems ermittelt. Hierzu werden zur Zeit die Grundlagenkarten, in Abb. 5 als landschaftliche Elementarkomplexe bezeichnet, digitalisiert. Auf dieser Grundlage wird entschieden, welche Prozeßgefüge vorrangig weiter bearbeitet werden, um zu einer möglichst weitgehenden Quantifizierung zu gelangen.

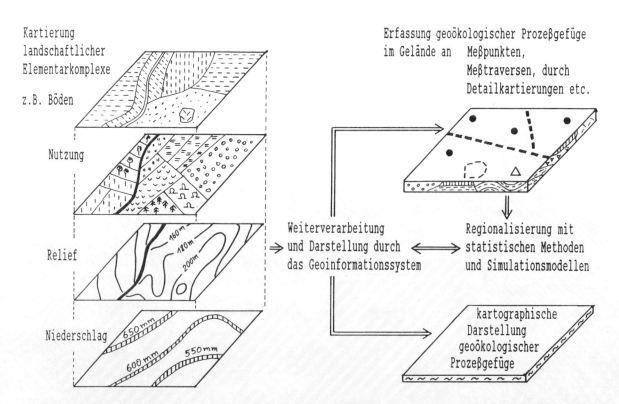

Abb. 5: Methodische Basis zur Erfassung und Darstellung landschaftsökologischer Prozeßgefüge

---

[5]Auf eine ausführliche naturräumliche Charakteristik und Darstellung der Nutzung des Meßtischblattes Rheinbach wird an dieser Stelle verzichtet, da entsprechende Hinweise in ZEPP & STEIN (1990) leicht zugänglich sind.

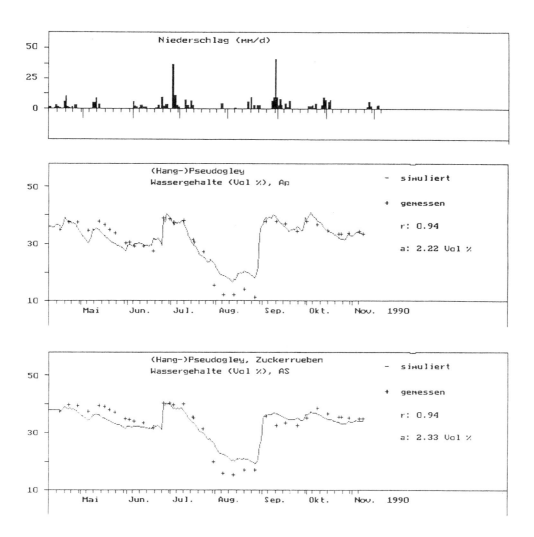

Abb. 6a: Gemessene und simulierte Wassergehalte des Ap-Horizontes ohne Berücksichtigung von Hangwasser (Hang-Pseudogley aus steiniger lehmig-toniger Fließerde mit Lößauflage)

Abb. 6b: Gemessene und simulierte Wassergehalte des Solums (0-80 cm Tiefe) mit Berücksichtigung von Hangwassereinfluß am 27.6. und 2.9.1990 nach Starkregen

Die sinnvolle Verschneidung und Aggregierung der verschiedenen Informationsebenen erfordert das Verständnis landschaftsökologischer Prozeßgefüge. Deswegen stehen gleichberechtigt neben der flächendeckenden Erfassung landschaftlicher Elementarkomplexe die Detailuntersuchungen an ausgewählten Meßpunkten, in Detailkartiergebieten und an Meßtraversen. Die Identifikation und prozeßrelevante Klassifikation der Merkmale und Landschaftselemente kann allerdings nur am Ende der auf die Quantifizierung der Prozeßgefüge ausgerichteten Detailuntersuchungen stehen.

Aus diesen standörtlichen Detailuntersuchungen sollen dann Regionalisierungsansätze für weitere, abgeleitete ökologische Merkmale und andererseits für ausgewählte Prozesse erarbeitet werden. Im folgenden werden einige dieser Detailuntersuchungen vorgestellt. Es handelt sich hierbei um erste Ergebnisse, da die Arbeiten in vollem Umfang erst im Sommer 1991 beginnen werden.

Als Beispiel für eine Prozeßidentifikation mit quantitativen Methoden dienen Ergebnisse von Wasserspannungsmessungen sowie die Simulation des Bodenwasserhaushaltes für einen Pseudogley unter Zuckerrüben auf der Eifelnordabdachung. Auf diesem nur 1 - 2 ° geneigten Standort, einer toniglehmigen, steinigen Fließerde mit 75 cm Lößlehmauflage, wurden im Sommerhalbjahr 1990 Saugspannungsmessungen begonnen. Über die im Labor ermittelten Wasserspannungscharakteristiken sind die Saugspannungen in volumetrische Bodenwassergehalte umgerechnet worden. Die Zeitfunktion des Wassergehaltes im Ap-Horizont (Abb. 6a) wurde mit Hilfe der Wetterdaten einer eigenen Klimastation in der Nähe des Meßstandortes simuliert. Das verwendete Bodenfeuchte-Simulationsmodell CASCADE (HENNIG & ZEPP 1991), das auf dem Prinzip nichtlinearer Speicherkaskaden basiert, ermöglicht zufriedenstellend das Nachvollziehen der Bodenwasserdynamik des Ap-Horizontes. Eine Simulation der Bodenfeuchte des gesamten Solums gelingt nicht, da im Juni und im September Starkregenereignisse einen lateralen Wasserzuschuß durch Interflow verursachen. Diese aus der Modellanwendung zwingende Schlußfolgerung wird erhärtet durch die Wasserspannungsmessungen, die für die genannten kritischen Zeitpunkte Druckpotentiale im Unterboden anzeigen, für die die Bedingungen des gesättigten Fließens gelten (vgl. Abb. 7). Um eine Größenordnung des Zuschußwassers angeben zu können, wird der Wasserinput im Modell an den beiden Tagen mit Starkniederschlag so weit erhöht, bis der simulierte Bodenfeuchtewert für die jeweiligen Tage unmittelbar nach den Starkregen mit den gemessenen übereinstimmt (vgl. Abb. 6b). Demnach entspricht das Zuschußwasser an beiden Terminen einer Niederschlagshöhe von mindestens 99 mm. Wesentlich bedeutsamer für eine flächendeckende Bewertung landschaftsökologischer Prozeßgefüge als diese Ziffer für einen einzelnen Standort und eine Vegetationsperiode ist die für den Untersuchungsraum verallgemeinerbare Erkenntnis, daß bei einer entsprechenden Bodenartenschichtung und nur geringen Hangneigung eine Hangwasserbewegung auftreten kann, die bei der Stoffdynamik nicht vernachlässigt werden kann.

Ein Beispiel für den Modelleinsatz mit dem Ziel der Prozeßquantifizerung bietet die Anwendung von CASCADE auf Wassergehaltsmessungen von WIECHMANN & BRUNNER (1986) von einer Parabraunerde. Am Ackerstandort 'Lüftelberg' überlagert eine Deckschicht von 1 m Löß Kiese und Sande der Rheinhauptterrasse. Das Modell wurde anhand der Wassergehaltsmessungen aus dem Jahre 1984 geeicht und anschließend über einen Zeitraum von 6 Jahren, von April 1982 bis März 1988 gerechnet. Als Fruchtfolge wurde Zuckerrüben/Winterweizen angenommen. In diesem Zeitraum variieren die Jahresniederschläge zwischen 513 und 760 mm. Entsprechend der Witterung, des Pflanzenbestandes und des Wassergehaltes zu Beginn des Jahres ergeben sich Grundwasserneubildungshöhen zwischen 58 und 252 mm pro Jahr.
Die landschaftsökologischen Vorzüge eines Modells liegen darin, daß sich quantitativ abschätzen und bewerten läßt, welche Konsequenz eine veränderte Fruchtfolge auf das Feuchteregime und die Grundwasserneubildung hätte. Boden, Bodenwasser, Vegetation und Klima werden als interaktives System behandelt. Es erfolgt keine künstliche Trennung der Systemelemente. Es ist nicht gerechtfertigt von einem nassen Boden zu sprechen, ohne gleichzeitig Angaben über die Vegetation zu machen. Eine veränderte Vegetation bedingt ein modifiziertes Feuchteregime. Die Standorte Antoniushof und Lüftelberg können aufgrund der Meßwerte und der Modellrechnungen hinsichtlich ihrer Feuchteregimes quantitativ gekennzeichnet werden. Im Mittel aller Jahre kann der Standort Lüftelberg nach der Klassifikation von ZEPP (1991) im gesamten Solum als wechsel-mäßig frisch und trocken (d.h. überwiegend mäßig frisch und trocken, zeitweise frisch bis feucht) bezeichnet, während der Standort Antoniushof im Jahr 1990 im Oberboden mäßig frisch (d.h. überwiegend mäßig frisch, zeitweise sehr feucht bis frisch) und im Unterboden wechselfeucht (d.h. überwiegend feucht, zeitweise naß oder sehr feucht, kurzfristig frisch und mäßig frisch) erscheint. Diese Angaben besitzen wegen der noch unvollständigen Datenbasis erst vorläufigen Charakter.
Zur räumlich differenzierten Ausweisung von Säurepufferbereichen werden pH-Messungen mit dem Ziel durchgeführt, einen regional gültigen Schätzrahmen zu erstellen. Wichtige Prozesse, die die Bodenreaktion steuern sind Protonenfreisetzung durch Verwitterung, Säureproduktion durch den Umbau der organischen Substanz und durch atmosphärischen Eintrag sowie die Zufuhr basisch wirkender Kationen durch Agrarchemikalien und deren Auswaschung. Als Indikatoren für diese Teilprozesse werden die Variablen Vegetations- bzw. Nutzungstyp, bei Baumbeständen auch das Bestandesalter und die voraufgegangene Bestockung, und die Bodenform (Ausgangssubstrat und Bodentyp) bei den pH-Messungen aufgenommen. Abb. 8 faßt erste Ergebnisse von 47 Einzelmessungen aus Oberböden zusammen. Erwartungsgemäß spiegeln die Nutzungstypen auch im eigenen Untersuchungsraum die bekannten Diskrepanzen zwischen "versauernden" Waldböden und gekalkten Nutzflächen wider. Bei

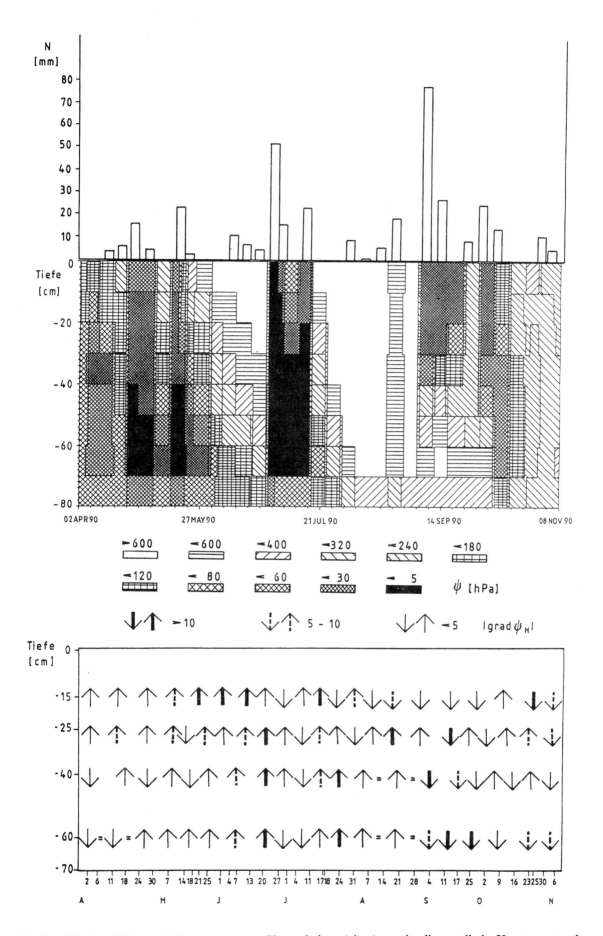

Abb. 7: Niederschläge und Saugspannungs-Choroplethen (oben) sowie die vertikale Komponente des hydraulischen Gradienten des Hang-Pseudogleys

der Interpretation ist allerdings zu bedenken, daß statistisch signifikante Zusammenhänge zwischen Bodenform und dem Nutzungstyp nachweisbar sind. Die in Abb. 8 gezeigten pH-Unterschiede sind daher nicht ausschließlich nutzungsbestimmt. Für einen multivariaten Schätzungsrahmen muß die Datenbasis erheblich erweitert werden.

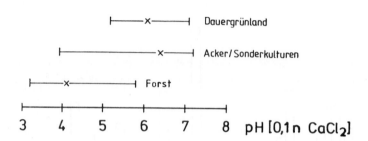

Abb. 8: pH-Werte in Abhängigkeit verschiedener Nutzungstypen

Die jetzt anlaufenden Arbeiten haben zum Ziel, die Prozeßgefüge auf dem Niveau der Prozeßgefüge-Subtypen zu quantifizieren. Dies geschieht nicht nur mit Mitteln der Kartierung und Messung an zahlreichen Einzelstandorten im Gelände und Labor, sondern auch durch Einschluß der Befragung von Schlüsselpersonen aus Land- und Forstwirtschaft, um zusätzliche Erkenntnisse über die Intensität und zeitliche Dynamik anthropogener Eingriffe in den Landschaftshaushalt zu gewinnen. Das Ziel ist eine weitgehende Quantifizierung besonders der nährstoffbezogenen Komponenten der Prozeßgefüge in ihrer räumlichen Differenzierung.

Literatur

BARSCH, D. & LIEDTKE, H. (1980): Geomorphologische Detailkartierung in der Bundesrepublik Deutschland. - Berliner Geogr. Abh. 31, S. 7-12

BLUME, H.-P. & SUKOPP, H. (1976): Ökologische Bedeutung anthropogener Bodenveränderung. - Schriftenreihe f. Vegetationskd. 10, S. 75-89

CHORLEY, R. & KENNEDY, B.A. (1971): Physical Geography - a systems approach. - London.

ELLENBERG, H. (1972): Belastung und Belastbarkeit von Ökosystemen. - Tagungsber. d. Ges. f. Ökologie Giessen, S. 19-26, Augsburg

HABER, W. (1980): Eine neue Ökosystem - Definition. - Nachrichten Gesellschaft für Ökologie 10, S. 14-15, Göttingen

HAGEDORN, J. & POSER, H. (1974): Räumliche Ordnung der rezenten geomorphologischen Prozesse und Prozeßkombinationen auf der Erde. - Abh. Akad. Wiss. Göttingen, Math.-Phys. Kl., III/29, S. 426-439

HENNIG, A. & ZEPP, H. (1991): Simulation der Bodenwasserdynamik mit linearen und nichtlinearen Speicherkaskaden. Eine praxisorientierte Alternative zu bodenphysikalisch-deterministischen Modellen. - in Vorbereitung

KLUG, H. & LANG, R. (1983): Einführung in die Geosystemlehre. - Die Geographie. Einführungen in Gegenstand, Methoden und Ergebnisse ihrer Teilgebiete und Nachbarwissenschaften. - Darmstadt, 187 S.

LESER, H. (1978): Landschaftsökologie. - Stuttgart, 433 S.

LESER, H. & STÄBLEIN, G. (1980): Legende der geomorphologischen Karte 1:25 000 (GMK 25), 3. Fassung im GMK-Schwerpunktprogramm. - Berliner Geogr. Abh. 31, S. 91-100

LESER, H. & KLINK, H.-J. (Hrsg.) (1988): Handbuch und Kartieranleitung Geoökologische Karte 1:25 000. - Forschungen zur dt. Landeskunde 228, Trier, 349 S.

MARKS, R. (1979): Ökologische Landschaftsanalyse und Landschaftsbewertung als Aufgaben der angewandten physischen Geographie. - Materialien zur Raumordnung XXI, Bochum, 133 S.

MOSIMANN, TH. (1990): Ökotope als elementare Prozesseinheiten der Landschaft. Konzept zur prozessorientierten Klassifikation von Geoökosystemen. - Geosynthesis 1, 56 S., Hannover

MÜCKENHAUSEN, E. (1962): Entstehung, Eigenschaften und Systematik der Böden der Bundesrepublik Deutschland. - Frankfurt/a. M., 142 S.

SCHULTZ, J. (1990): Die ökozonale Gliederung der Erde. - Geogr. Rundschau 42, H. 7-9, S. 423-431

TROLL, C. (1939): Luftbildplan und ökologische Bodenforschung. - Zeitschr. d. Ges. f. Erdkunde zu Berlin 76, S. 241-298

WIECHMANN, H. & BRUNNER, C. (1986): Pseudogleyic soils in the Kottenforst area. - Mitteilgn. Dtsch. Bodenkundl. Gesellsch. 47, S. 113-134

ZEPP, H. (1991): Eine quantitative, landschaftsökologisch begründete Klassifikation von Bodenfeuchteregime-Typen für Mitteleuropa. - Erdkunde 45, S. 1-17

ZEPP, H. & STEIN, S. (1991): Zur Problematik geoökologischer Kartierung in intensiv genutzten Agrarlandschaften - Ein Diskussionsbeitrag zur Hemerobiestufenerfassung im Rahmen der Geoökologischen Landschaftsaufnahme. - Geographische Zeitschrift 79, H. 2, S. 94-112

WASSERBILANZEN, STOFFEINTRAG, -TRANSPORT UND WECHSELWIRKUNGEN UND REGIONALE MODELLIERUNG DES HYDROLOGISCHEN PROZESSGEFÜGES IM EINZUGSGEBIET DER SIEG

von Wolfgang-Albert Flügel, Stephan Luckhaus und Heinz Schöler

Summary

Precipitation is considered to be the main input to catchments and also imports considerable amounts of anorganic salts. In combination with the human input by agriculture and industry it is the areal and saisonal variation of rainfall producing the hydrological input signal to a catchment which is than modified by a complex and interactive network of processes constituting the hydrological dynamics of the system. The response of the dynamic system to the input signal can be seen in changing soil moisture, varying groundwater levels and various hydrographs in the river. The movement of salts is closely connected to this hydrological dynamics as water is the most important medium to transport soluble salts through the system. The Sieg river was selected to study and model the combined water and salt transport dynamics active in a catchment with varying land use. The catchment is about 3000 skm in size and can be considered as representative for the Rheinische Schiefergebirge, a belt of middle range mountains consisting of nearly impermeable devonian shale. The hydrological project is part of the "Sonderforschungsbereich SFB-350" which was implemented by the Deutsche Forschungsgemeinschaft (German Research Association) in June 1990 at the University of Bonn.

Zusammenfassung

Der Wassereintrag in Flußeinzugsgebiete erfolgt überwiegend durch die Niederschläge, die zudem über lange Zeiträume hinweg einen bemerkenswerten anorganischen Stoffeintrag bewirken. Die flächenhafte und saisonale Variabilität des Niederschlagseintrags stellt zusammen mit dem anthropogenen Stoffeintrag (Landwirtschaft etc.) das hydrologisch-hydrochemische Impulssignal dar, das durch ein komplexes geohydrologisches Prozeßgefüge im Einzugsgebiet modifiziert, d.h. zeitlich verzögert, abgeschwächt oder verstärkt wird. Letzteres ergibt sich aus der Verknüpfung von klimatischen, physiographischen und geohydrologischen Faktoren im Einzugsgebiet. Als Ergebnis dieser Modifikationen wird der Bodenwasserhaushalt, die Grundwassererneuerung und der Gerinneabfluß als Summe der oberirdischen und unterirdischen Abflußkomponenten sowie die dort erfolgenden Stofftransporte gesteuert. Im beschriebenen dreijährigen Projekt soll im Rahmen des SFB's 350 das verknüpfte Prozeßgefüge von Wasser- und Stofftransport im Einzugsgebiet quantifiziert und modelliert werden.

1. Problemstellung und Arbeitsgebiet

Im Rahmen des SFB's 350 "Kontinentale Stoffsysteme und ihre Modellierung" werden im Einzugsgebiet der Sieg quantifizierende, systemanalytische Untersuchungen durchgeführt, deren Ziel die Darstellung und Modellierung der komplexen Dynamik der interaktiven, geohydrologischen Prozeßabläufe und des daraus resultierenden Transports von gelösten und festen Stoffen aus den Eintragsgebieten in die Vorfluter und aus dem Einzugsgebiet ist. Fragen der reliefgesteuerten Niederschlagsverteilung, des Feststofftransports sowie der Wasser- und Stoffdynamik in der ungesättigten und gesättigten Zone werden z. T. durch begleitende Untersuchungen mit untersucht sowie durch die methodische, meßtechnische und analytische Verknüpfung mit anderen Projekten des SFB's mit einbezogen. Das Siegeinzugsgebiet ist aus folgenden Gründen besonders für die Studie geeignet:
- Repräsentativ für ein Mittelgebirge im Anschluß an die Rheinische Bucht mit Anteilen am Flachland-, Hügelland- und Mittelgebirgsrelief.

- Im Luv der Kölner Bucht mit hohen Emissionen gelegen.
- Niederschläge nehmen vom Rhein von 600 mm auf 1400 mm im Quellgebiet zu.
- Dichte hydrometeorologische Instrumentierung vorhanden; Nutzung bestehender Meßnetze möglich; Wasserwirtschaftsbehörden interessiert und stellen Daten für die Modellierung zur Verfügung.

Aus der Gesamtfragestellung des Sonderforschungsbereiches und der zentralen Aufgabe des Projektes leiten sich für die Untersuchungen folgende Schwerpunkte ab:

1. Quantifizierung des Gebietsniederschlags und des damit verbundenen anorganischen und organischen Stoffeintrags sowie des Wasser- und Stoffaustrags auf Einzugsgebietsebene.
2. Analyse der hydrologischen Dynamik und Berechnung der Wasser- und Stoffbilanzen unter Einbezug der gesättigten und ungesättigten Zone.
3. Entwicklung eines übertragbaren Regionalisierungsansatzes basierend auf digital in GIS-Struktur gespeicherten Geländeaufnahmen und räumlich zugeordneter klimatologischer und geohydrologischer Systemparameter.
4. Erstellung eines zweidimensionalen Transportmodells zur Modellierung der Wasser- und Stoffflüsse im Einzugsgebiet.

2. Stand der Forschung

Wasser ist eins der bedeutendsten Transportmedien für gelöste und feste Stoffe und neben der Energie und dem Substrat der wichtigste abiotische Partialkomplex in den Geoökosystemen von Einzugsgebieten. Vor allem Säurebildner und Schwermetalle mit ökotoxikologischer Bedeutung wie z.B. Cd, Cr, Cu, Ni, Pb und Zn führen zu einer Belastung des Bodens und aquatischer Ökosysteme (UMWELTBUNDESAMT, 1989; KNEIB & RUNGE, 1989; SCHÖLER, 1985) und wurden landesweit untersucht (SCHLADOT & NÜRNBERG, 1982).

Die Hydrologie eines Einzugsgebietes wird von der saisonalen und flächenhaften Niederschlagsverteilung und der Modifikation dieses Eintrags durch klimatische und physiographische Faktoren bestimmt. Ein komplexes geohydrologisches Prozeßgefüge bestimmt entscheidend die Verteilung und den Transport der mit dem Niederschlag eingetragenen Stoffe im Geoökosystem (FLÜGEL, 1988a, 1989; FÜHRER et. al., STENSLAND et. al., 1986) und wird in multidisziplinären Ansätzen bearbeitet (EINSELE, 1986). Verlagerungen, Wechselwirkungen und chemische Umwandlungen von Stoffen in den verschiedenen Subsystemen wie Vegetation, Boden und Grundwasseraquifer werden neben den substratspezifischen Faktoren entscheidend von den hydrodynamischen und hydrochemischen Zustandsbedingungen des durchfließenden Wassers bestimmt (SONTHEIMER et. al.,1980; OBERMANN, 1982).

Der Stoffaustrag von Einzugsgebieten erfolgt zumeist in den Vorflutern, deren Abfluß sich aus oberirdischen und unterirdischen Komponenten zusammensetzt (FLÜGEL, 1979). Obwohl der Transport fester und gelöster Stoffe untrennbar an die hydrologische Dynamik des Einzugsgebietes geknüpft ist, beschränken sich Stofftransportuntersuchungen - nicht zuletzt auch wegen des erheblichen Meßaufwands - zumeist auf die Untersuchung saisonaler Schwankungen der Stoffkonzentrationen im Grundwasser und Vorfluter (SOKOLLEK et. al. 1983). Die hydrologische Dynamik wird nicht differenzierter einbezogen, obwohl die unterschiedliche Bedeutung der verschiedenen Abflußkomponenten insbesondere die des Interflow (FLÜGEL, 1979) herausgestellt werden. Das gilt insbesondere für Arbeiten, die im Einzugsgebiet der Sieg durchgeführt wurden und sich mit dem Stoffeintrag und -austrag durch die Landwirtschaft befassen (ERPENBECK, 1987; GRAMATTE, 1987; MOLLENHAUER, 1985; PETER, 1988; SCHULTE-WÜLWER-LEIDIG, 1985).

Untersuchungen in denen Wasser- und Stoffbilanz miteinander verknüpft behandelt und die Dynamik des Stofftransports ursächlich aus der Einzugsgebietshydrologie abgeleitet werden, sind aus dem Bereich der Gewässerversalzung durch Trockenfeldbau (FLÜGEL, 1987) und Bewässerungslandwirtschaft (FLÜGEL, 1989; FLÜGEL & KIENZLE, 1989) bekannt. Auch die Arbeiten zur Hydrologie der Elsenz im Kraichgau (BARSCH et. al., 1988; FLÜGEL, 1988a; FLÜGEL 1988b) verwenden diesen kombinierten Forschungsansatz. Dabei wird deutlich, daß diese Untersuchungen neben flächenbezogenen Informationen auch eine zeitlich differenzierte Datenerfassung und Probenahme im Gelände erfordern (FLÜGEL, 1986). Das Problem der Regionalisierung, d.h. des Flächenbezugs von Punktinformationen wird unterschiedlich behandelt. Der Einsatz von Geographischen Informationssystemen (GIS) ist besonders für die Bearbeitung größerer Einzugsgebiete ein unerläßliches Hilfsmittel um Relief- und Landnutzungsinformationen zur Ableitung der hydrologischen Dynamik und des daran gekoppelten Stofftransports in die Quantifizierung und Modellierung einzubringen (BARSCH & DIKAU, 1989; FRÄNZLE et. al., 1987; GOßMANN, 1989; STÄBLEIN, 1989).

Zur Modellierung der Niederschlag-Abfluß Beziehung (N-A Modelle) und der Wasserqualität existieren zahlreiche Modelle unterschiedlicher zeitlicher Auflösung (DVWK, 1987). Stellvertretend sollen hier die N-A Modelle NASIM und HSPF erwähnt werden. Das Modell NASIM (OSTROWSKI, 1982) läßt sich auf PC-Basis installieren und wird u.a. auch vom Landesamt für Wasser und Abfall in Düsseldorf eingesetzt (LWA, 1988). Durch eine baumartige Diskretisierung des Transportvorganges, bei der Kompartimente zu anderen Kompartimenten hin entwässern, wird eine besonders einfache mathematische Struktur erreicht. Von großer Bedeutung ist die Parameteranpassung auf der Basis von Geländemessungen.

Das HSPF-Modell kann ebenfalls auf PC-Basis installiert werden. Es modelliert Wasser- und Stofftransport unter Verwendung von Zeitreihen des Niederschlags und der Evapotranspiration. Andere Parameter wie Landnutzung und Bewuchs müssen entweder durch Kartierung erhoben oder geschätzt werden (HATZFELD & WERNER, 1989).

Für die Modellierung der ungesättigten Strömung in Niederschlag-Abfluß Modellen existiert eine ziemlich vollständige Theorie der partiellen Differentialgleichungen, die den Wasserfluß im porösen Medium beschreiben. Auch für den instationären Fall wurde deren Existenz bewiesen (ALT & LUCKHAUS, 1983; ALT et. al., 1984). Eine ziemlich vollständige Theorie des Skalenübergangs existiert auch für die gesättigt-ungesättigte Strömung im Boden. Für den Oberflächenabfluß besteht diese Theorie noch nicht, hier existieren jedoch heuristische Ansätze (KIRKBY, 1988).

Über den Einsatz Geographischer Informationssysteme (GIS) bei der Modellierung des Stofftransports ist bisher nur vereinzelt berichtet worden (ZÖLITZ, 1989). Dies liegt zum einen an der recht jungen Entwicklung in diesem Fachgebiet, zum anderen an fehlenden digitalen Geländeinformationen. Die Nutzung von Satellitendaten kann helfen diese Informationslücke zu schließen (MENDEL & SCHULTZ, 1987). Mit dem Programmpaket SPANS (KOLLARITS, 1990) ist ein leistungsfähiges GIS erhältlich, das den Anforderungen der hydrologischen Modellierung gerecht wird und zur interaktiven Modellentwicklung eingesetzt werden kann.

3. Erfahrungen in der Modellentwicklung

Erfahrungen in der verknüpfenden Forschung zu Fragen des kombinierten Wasser- und Stofftransports liegen aus mehrjährigen Untersuchungen aus dem humiden Klimabereich für das ca. 500 qkm große Einzugsgebiet der Elsenz im Kraichgau vor (BARSCH & FLÜGEL, 1988; FLÜGEL, 1979; FLÜGEL, 1988a), die in einer Habilitationsschrift unter Verwertung der Datenreihen von 1980 bis 1982 zusammengefaßt wurden (FLÜGEL, 1988b). Auch für größere Einzugsgebiete von bis zu ca. 6600 qkm Größe liegen zu diesem Fragenkomplex Erfahrungen aus einem fünfjährigen Arbeitsaufenthalt im semiariden Südafrika vor. Hier wurden bei der Erforschung der Gewässerversalzung durch Trockenfeldbau und durch die Bewässerungswirtschaft (FLÜGEL, 1987 und 1989; FLÜGEL & KIENZLE, 1989) die hydrologischen Dynamik der Einzugsgebiete mit dem Prozeßgefüge der Stoffverlagerung verknüpft. Dabei wurde auch ein Konzept zur Anwendung der automatischen Datenerhebung im

Gelände (FLÜGEL, 1986) sowie der Verwendung von Geographischen Informationssystemen (GIS) und Satellitenbildinformationen bei der Darstellung der Landnutzung als Eingangsdaten in Wasser- und Stofftransportmodelle entwickelt. Detailuntersuchungen zu diesen Fragestellungen werden in zwei Diplomarbeiten und zwei Dissertationen z.Zt. ausgewertet. Das Konzept der verknüpfenden Betrachtung von Wasser- und Stoffbilanzen wurde auch bei Projekten in der kontinentalen Arktis (FLÜGEL, 1981a und 1981b) sowie in der ozeanischen Antarktis (FLÜGEL 1985 und 1990) erfolgreich angewandt.

Es bestehen zudem vielseitige Erfahrungen in der Entwicklung und Anwendung hydrologischer Modelle (BARSCH & FLÜGEL, 1988; FLÜGEL 1988b; FLÜGEL, 1990). Die Theorie der instationären Strömung durch ein poröses Medium im gesättigten wie ungesättigten Bereich einschließlich des Überganges in der Gleichung wurde von ALT & LUCKHAUS (1983) und ALT et. al. (1984) mitentwickelt. Der Transport von Schwermetallen und von chlorierten Lösemitteln im Einzugsgebiet der Sieg wurde für die Jahre 1980 bis 1985 von SCHÖLER (1985) im Rahmen einer Habilitationsarbeit untersucht.

4. Forschungsziele

Die Quantifizierung und Modellierung der hydrologischen Dynamik und des mit ihr verbundenen anorganischen Stofftransports im Einzugsgebiet der Sieg stellt ein wesentliches Ziel des hydrologischen Forschungsprojektes im Siegeinzugsgebiet dar.

Im Vordergrund stehen zum einen die Bestimmung der Wasser- und Stoffbilanzen und die Quantifizierung des komplexen geohydrologischen Prozeß-gefüges durch Reihen- und Detailuntersuchungen, zum anderen die Verknüpfung von den in einem Geographischen Informationssystem (GIS) organisierten, flächenhaften und punktuellen digitalen Geländedaten mit dem zu entwickelnden zweidimensionalen Wasser- und Stofftransportmodell. Dabei kommt der Entwicklung eines reproduzierbaren Regionalisierungsansatzes für die Übertragbarkeit der punktuell vorhandenen Standortinformationen eine gesonderte Bedeutung zu. Im einzelnen ist die Bearbeitung von den im folgenden aufgeführten Fragenkomplexe im Siegeinzugsgebiet vorgesehen:

a. Bestimmung des Gebietsniederschlags und des damit verbundenen anorganischen Stoffeintrags sowie des korrespondierenden Gerinneaustrags an gelösten und festen Stoffen zur Berechnung der Wasser- und Stoffbilanzen.
b. Darstellung der hydrologischen Dynamik der Sieg und ihrer Nebenflüsse. Verknüpfung des quantifizierten Prozeßgefüges mit dem beobachteten Stofftransport.
c. Implementierung und Anwendung eines getesteten NA-Modells für das Siegeinzugsgebiet. Parameteroptimierung unter Verwendung der Geländedaten und vorhandener hydrometeorologischer Zeitreihen.
d. Kartierung und Digitalisierung der unterschiedlichen physiographischen Faktoren (Hydrographie, Böden, Geologie, Landnutzung, Siedlung etc.) im Einzugsgebiet und Organisation im GIS "SPANS" zur Erzeugung dreidimensionaler Verteilungsmodelle.
e. Verknüpfung dieser Verteilungsmodelle mit der hydrologischen Dynamik und dem daraus resultierenden Prozeßgefüge als Eingangsinformation für das Wasser- und Stofftransportmodell.
f. Erstellung eines zweidimensionalen Transportmodells für das Grundwasser und Begründung dieses Modells als singuläre Störung des vollen 3D-Modells.
g. Einführung von Nichtlinearitäten im Druckgradienten zur Modellierung der hydraulischen Wasserscheide in der ungesättigten Zone.
h. Homogenisierung für den Oberflächenabfluß.

5. Modelle und Daten

Es ist weiterhin angestrebt, in Zusammenarbeit mit dem Aachener Ingenieurbüro HYDROTEC eine Version des Niederschlags-Abflußmodells NASIM zu implementieren. Das HSPF-Modell wurde bereits installiert und wird im Rahmen einer Diplomarbeit im Einzugsgebiet der Bröhl getestet. Das Siegeinzugsgebiet ist hydro-meteorologisch sehr gut erfaßt. Somit ergibt sich die Möglichkeit, die Installationen auf einige intensiv aufzeichnende Stationen zu beschränken und im übrigen auf die öffentlichen Meßnetze zurückzugreifen.

Folgende Datensätze sind verfügbar:
- Mehrjährige Abflußreihen von insgesamt 27 Pegeln, die z.T. mit automatischen Anrufbeantwortern ausgerüstet sind. Die Abflußdaten dieser Pegel werden kostenlos zur Verfügung gestellt.
- Ein engmaschiges Netz von Grundwasserbeobachtungsrohren besteht im Unterlauf der Sieg, die vom STAWA-Bonn und dem Wahnbachtalsperrenverband betrieben werden. Für diese Rohre existieren wöchentliche Wasserstands- und monatliche Wassergütedaten, die ebenfalls kostenlos zur Verfügung gestellt werden.
- Tägliche Niederschlagsdaten existieren vom Deutschen Wetterdienst und von verschiedenen Betreibern auf Landesebene.
- Die digitale Aufnahme der Bodenkarten 1:50000 wurde vom Geologischen Landesamt (GLA) in Krefeld abgeschlossen. Die Daten stehen für ein Entgeld von DM 1.500 pro Kartenblatt zur Verfügung.
- Vom LWA werden die Ergebnisse der Modellierung des oberen Siegeinzugsgebietes kostenlos zur Verfügung gestellt.

Insgesamt ist die Datengrundlage fundiert genug, um ein Einzugsgebiet dieser Größenordnung bearbeiten zu können. Die notwendigen Installationen beschränken sich vorwiegend auf ergänzende Niederschlagsstationen und die digital aufzeichnende Messung des Stofftransports an Pegelstellen.

6. Methodik und Arbeitsprogramm

Die Bearbeitung der genannten Fragenkomplexe soll in enger Zusammenarbeit mit dem Landesamt für Wasser und Abfall (LWA) in Düsseldorf, dem STAWA in Bonn und dem Wahnbachtalsperrenverband durchgeführt werden, die sehr großes Interesse an den geplanten Untersuchungen haben. Auf der Basis dieser Zusammenarbeit wurde vereinbart Daten auszutauschen und einen Teil der bestehenden hydrologischen Meßstationen für die geplanten Installationen zu verwenden. Bei der Bearbeitung der Zielpunkte a bis h sollen folgende methodische Ansätze verfolgt werden:

- Zur Bestimmung des <u>Gebietsniederschlags</u> wird auf bestehende Meßnetze zurückgegriffen. Zusätzlich sollen Regenwippen mit angeschlossenen Dataloggern installiert werden. Mehrere Gebietsmodelle wie das Thiessen-Modell und nichtlineare, reliefabhängige Standortinterpolationen sollen im GIS "SPANS" getestet werden.
- Die <u>Interzeption</u> wird durch Verwendung bekannter Modelle (HOYNINGEN-HUENE, 1983) und Ergebnisse eigener Arbeiten (FLÜGEL, 1988a) einbezogen.
- Der <u>Stoffeintrag</u> soll an etwa 20 im Einzugsgebiet verteilten Standorten, die auch zur Niederschlagsmessung benutzt werden, als Summe der nassen und trockenen Deposition bestimmt und über den Gebietsniederschlag flächenhaft hochgerechnet werden. Als Eintragsfaktoren werden die Anionen SO_4, NO_3, Cl und PO_4 sowie die Erdalkali- und Alkalimetalle Ca, Mg, Na und K im Labor des Geographischen Instituts, die Schwermetalle Fe, Mn, Cd, Pb, Hg, Ni, Cu, Zn und Cr im Hygiene Institut untersucht.
- Der <u>Gerinneaustrag</u> wird an ausgewählten Pegeln in der Sieg und in mehreren ihrer Nebenflüsse durch die Abflußmessung bei gleichzeitiger Registrierung der elektrischen Leitfähigkeit des Durchflusses bestimmt. Die Leitfähigkeit in mS/m wird über Gesamtsalzanalysen geeicht und läßt

sich linear in Salzkonzentration (mg/l) umrechnen. Unter Verwendung der vom LWA und vom STAWA-Bonn zur Verfügung gestellten Abflußwerte läßt sich der Salzaustrag pro Zeiteinheit angeben.

- Der Feststofftransport, der auch für die Interpretation des Phosphateintrags von Bedeutung ist, wird durch wöchentliche Probenahme in einem Routineprogramm einbezogen. Im Labor wird die Korngrößenanalyse der Schwebe mit Hilfe eines Laserstrahlanalysegerätes bestimmt.
- Die Abflußkomponentenseparation wird an den instrumentierten Pegelstellen durch Analyse von Abflußzeitreihen durchgeführt. Die beobachteten Salzfrachten bei Basis-, Mittel- und Hochwasserabfluß werden mit dem unter- und oberirdischen Abflußkomponenten verknüpft. Mit Hilfe von Fallstudien in definierter Quelleinzugsgebieten wird ergänzend versucht den Einfluß des Interflow zu quantifizieren.
- In der Modellierung werden die ausgewählten N-A-Modelle implementiert und zuerst in ausgewählten Regionen, in denen eine Parameteroptimierung möglich ist, getestet. Im weiteren Verlauf der Modellentwicklung sollen die Möglichkeiten der Verarbeitung digitaler Geländeinformationen durch das GIS "SPANS" genutzt werden. Dabei werden sowohl die standortbezogenen Punktinformationen wie Niederschlag, Stoffeintrag, Bodenphysik und Bodenchemie interpolierend verwertet, als auch die vorhandenen und im Projekt zu erhebenden flächendeckenden Geländekartierungen verarbeitet und in dreidimensionalen Verteilungen dargestellt.
- Basis der Flächenkartierungen ist die TK25, aus der die Topographie und die Geologie des Einzugsgebietes digitalisiert werden. Die beim Geologischen Landesamt (GLA) Nordrhein-Westfalen vorhandenen digitale Datensätze der Böden im Siegeinzugsgebiet werden soweit möglich in die GIS-Datenbank eingespielt. Ergänzend wird die Landnutzung (Landwirtschaft, Forst, Siedlung) im Gelände kartiert und digitalisiert. Von den digitalen physiographischen Flächeninformationen werden dreidimensionale Verteilungsmodelle erstellt.
- Im GIS "SPANS" werden 3D-Verschneidungsreliefs erzeugt, die sich aus der Kombination der verschiedenen Verteilungsmodelle der Flächenkartierungen ergeben. Sie liefern die Eingangsdaten für das zu entwickelnde hydrologische Transportmodell. "SPANS" ist in der Lage bis zu 14 verschiedene 3D-Modelle übereinander zu projizieren und daraus dynamische Reliefs zu erzeugen. So lassen sich z. B. ein dreidimensionale Reliefs der Niederschlagsverteilung mit der entsprechenden Vegetationsdecke -ausgedrückt als Interzeptionsrelief - überlagern und daraus effektive Niederschläge errechnen, die das Relief des Bodenspeichers erreichen, dort einsickern und teilweise oberflächlich zum Abfluß kommen. Durch den Einbezug linearer Elemente wie Gerinneläufe und Tiefenlinien des Reliefs lassen sich die Wasser- und Stoffflüsse dem Relief anpassen und damit flächenhaft und linear modellieren.

7. Zeitplan

Die hydrometeorologischen Installationen sollen bis zum Ende 1991 abgeschlossen sein. Zeitgleich mit dem Fortschritt der Instrumentierungen beginnen die wöchentlichen Reihenuntersuchungen im Gelände und Labor. Im Rahmen von Geländepraktika und Diplomarbeiten sollen die bodenphysikalischen Faktoren der kartierten Bodentypen bestimmt werden. Nach Beginn des Projektes werden die zugesagten Daten eingeholt und auf dem Rechnersystem gespeichert. Nach Installation der beantragten Hard- und Software beginnt die Digitalisierung des Einzugsgebietes aus dem vorhandenen Kartenmaterial. Parallel dazu werden die ausgewählten N-A-Modelle installiert und an kleinen, gut bekannten Einzugsgebieten getestet. Die Mehrzahl der vorgestellten Zielpunkte soll auch in einem nachfolgenden Forschungsprojekt fortgeführt werden.

Literatur

ALT, H.W. & LUCKHAUS, S. (1983): Quasilinear elliptic parabolic differential equations. - Math. Z., 183, p. 311 - 341

ALT, H.W., LUCKHAUS, S. & VISINTIN, A. (1984): On nonstationary flow through porous media. - Ann. Mat. pura ed. appl., 136, p. 306 - 316

BARSCH & FLÜGEL (1988): Untersuchungen zur Hanghydrologie und zur Grundwassererneuerung am Hollmuth, Kleiner Odenwald. - Heidelberger Geographische Arbeiten, H. 66, S. 1 - 82

BARSCH, D. & DIKAU, R. (1989): Entwicklung einer digitalen geomorphologischen Basiskarte (DGmBK). - GIS, 3, S. 12 - 18

DVWK (1987): In der Bundesrepublik Deutschland angewandte wasserwirtschaftliche Simulationsmodelle. - DVWK-Mittlg., H. 12, 296 S.

EINSELE, G. (1986): Das landschaftsökologische Forschungsprojekt Naturpark Schönbuch. - VCH-Weinheim, 633 S.

ERPENBECK, C. (1987): Über Stoffaustrag mit dem Oberflächen- und Zwischenabfluß von landwirtschaftlichen Flächen verschiedener Nutzungsweise - ein Beitrag zur Klärung der Gewässerbelastung in Mittelgebirgslagen. -Diss. Univ. Gießen, 201 S.

FLÜGEL, W.-A. (1979): Untersuchungen zum Problem des Interflow. - Heidelberger Geographische Arbeiten, H. 56, 170 S.

FLÜGEL, W.-A. (1981a): Hydrologische Studien zum Wasserhaushalt hocharktischer Einzugsgebiete im Bereich des Oobloyah-Tals, N-Ellesmere Island, N.W.T., Kanada. - Heidelberger Geographische Arbeiten, H. 69, S. 311 - 382

FLÜGEL, W.-A. (1981b): Hydrochemische Untersuchungen von Niederschlägen, Bodenwasser, Seen und Flüssen im Oobloyah-Tal, N-Ellesmere Island, N.W.T., Kanada. - Heidelberger Geographische Arbeiten, H. 69, S. 383 - 412

FLÜGEL, W.-A. (1985): Hydrological investigations in Arctic and Antarctic drainage basins underlain by continuous permafrost. - Beiträge zur Hydrologie, Sonderheft 5.1, p. 111 - 126

FLÜGEL, W.-A. (1986): Automatic EC-logging in semi-arid salinity research. - Proceedings of the Symp. on Automatic Weather Stations and Data Logging Systems, Pretoria 11 - 12 November 1986, p. 81 - 93

FLÜGEL, W.-A. (1987): Dryland Salinity research in the Western Cape Province, Proc. Hydrol. Symposium, Grahamstown, South Africa, Vol. I, p. 113 - 131

FLÜGEL, W.-A. (1988a): Hydrochemische Untersuchungen von Niederschlag, Hangwasser, Grundwasser und Oberflächenabfluß im Bereich des "Hollmuth", Kleiner Odenwald. -Heidelberger Geographische Arbeiten, H. 66, S. 201 - 228

FLÜGEL, W.-A. (1988b): Hydrologische und hydrochemische Untersuchungen zur Wasser- und Stoffbilanz des Elsenzeinzugsgebietes im Kraichgau. - Habilitationsschrift, Geogr. Inst., Univ. Heidelberg.

FLÜGEL, W.-A. (1989): Groundwater dynamics influenced by irrigation and associated problems of river salination; Breede river, Western Cape Province, R. S. A. - IAHS-Publ. No. 185, p. 137 - 145

FLÜGEL, W.-A. (1990): Water balance and drainage simulation of an oceanic antarctic catchment on King George Island, Antarctic Peninsula. -Beiträge zur Hydrologie, Jg. 11,2, p. 29 - 52

FLÜGEL, W.-A. & KIENZLE, S. (1989): Hydrology and salinity dynamics of the Breede river, Western Cape Province, Republic of South Africa. - IAHS-Publ. No. 182, p. 221 - 228

FRÄNZLE, O., BRUHM, I., GRÜNBERG, K.-U., JENSEN-HUSS, K., KUHNT, D., KUHNT, G., MICH, K., MÜLLER, F. & REICHE, E.-W. (1987): Darstellung der Vorhersagemöglichkeiten der Bodenbelastung durch Umweltchemikalien. Umweltforschungsplan des Bundesministers für Umwelt, Naturschutz und Reaktorsicherheit. Forschungsbericht 10605026, Berlin 1987

FÜHRER, H.-W., BRECHTEL, H.-M., ERNSTBERGER, H. & ERPENBECK, Ch. (1988): Ergebnisse von neuen Depositionsmessungen in der Bundesrepublik Deutschland und im benachbarten Ausland. - DVWK-Mittlg. 14, 122 S.

GOSSMANN, H. (1989): GIS in der Geographie. - GIS, 3, S. 2 - 4

GRAMATTE, A. (1988): Über den Einfluß des Zustandes der Fließgewässer und ihres Uferbereiches auf die Wasserqualität von Trinkwassertalsperren - Untersuchungen, Geländeaufnahmen, Sanierungskonzepte. - Diss. Univ. Gießen, 188 S.

HATZFELD, F. & WERNER, H. (1989): Untersuchungen über Ansätze und Modelle zur Langfristsimulation von Erosionsprozessen auf landwirtschaftlichen Nutzflächen. - Jül-Spez-546, 214 S.

HOYINGEN-HUENE, v. J. (1983): Die Interzeption des Niederschlages in landwirtschaftlichen Pflanzenbeständen. - DVWK-Schriften, H. 57, S. 1 - 53

KIRKBY, M. (1988): Hillslope runoff processes and models. - Journal of Hydrology, 100, p. 315 - 339

KNEIB, W.D. & RUNGE, I. (1989): Methods and models on soil conservation for the estimation of inputs and risk assessment of pollutuion. Description of research status and needs. - Spez. Ber. KFA Jülich, Juel-Spez-545

KOLLARITS, S. (1990): SPANS-Konzeption und Funktionalität eines innovativen GIS. - Salzburger Geographische Materialien, H. 15, S. 37 - 46

LANDESAMT FÜR WASSER UND ABFALL (1988): Mathematische Modelle in der Wasserwirtschaft. - LWA-Materialien Nr. 4/88, 246 p

MENDEL, H.G. & SCHUTZ, G.A. (1987): Satelliten-Fernerkundung: Anwendungsmöglichkeiten in Hydrologie und Wasserwirtschaft. - Wasserwirtschaft, 77, S. 13 - 18

MOLLENHAUER, K. (1985): Mehrjährige Untersuchungen zum Verhalten von Oberflächenabfluß und Stoffabtrag landwirtschaftlicher Nutzflächen - Mittlg. Dtsch. Bodenkundl. Ges., 43, S. 873 - 878

OSTROWSKI, M.W. (1982): Ein Beitrag zur kontinuierlichen Simulation der Wasserbilanz. - Mittlg. Inst. f. Wasserbau u. Wasserwirtschaft, TU-Aachen, H. 42, 183 S.

PETER, M. (1988): Zum Einfluß der Abflußkomponenten Qo, Qi und Qg auf den Stofftransport von Wasserläufen aus Einzugsgebieten verschiedenen Bodennutzung in Mittelgebirgen mit speziellen hydromorphologischen Verhältnissen. - Diss. Univ. Gießen

SCHLADOT, J.D. & NÜRNBERG, H.W. (1982): Atmosphärische Belastung durch toxische Metalle in der BRD. Emission und Deposition. - Ber. KFA Jülich

SCHÖLER, H.F. (1985): Schwermetalle und halogenorganische Verbindungen im Sieggebiet. - Habilitationsschrift, Med. Fakultät, Univ. Bonn, 243 S.

SCHULTE-WÜLWER-LEIDIG, A. (1985): Der Einfluß unterschiedlicher landwirtschaftlicher Bodennutzung auf die Stofffrachten kleiner Wasserläufe der Wahnbachtalsperrenregion. - Diss. Univ. Gießen, 234 S.

SOKOLLEK, V., SÜßMANN, W. & WOHLRAB, B. (1983): Einfluß land- und forstwirtschaftlicher Bodennutzung sowie von Sozialbrache auf die Wasserqualität kleiner Wasserläufe im ländlichen Mittelgebirgsraum. - DVWK-Schriften, H. 57, S. 55 - 176

STÄBLEIN, G. (1989): Anforderungen an ein GIS bei der Naturraumpotentialanalyse. - GIS, 3, S. 26 - 31

STENSLAND, G.J., WHELPDALE, D.M. & OEHLERT, G. (1986): Precipitation chemistry. - Committee on Monitoring and Assessment of Trends in Acid Deposition (Hrsg.): Acid Deposition Long-Term Trends, p. 128 -199

UMWELTBUNDESAMT (1989): Daten zur Umwelt, E. Schmidt Verlag, Berlin

ZÖLITZ, R. (1989): Integrierte Umweltbeobachtung in Schleswig-Holstein - Aufgaben eines Geographischen Informationssystems in der angewandten Geoökologie. - GIS, 3, S. 19 - 25

ENERGIEBILANZANALYSE ZUR BEWERTUNG VON ÖKOSYSTEMLEISTUNGEN IM BONNER RAUM

D. Haserich, M. Thöne, D. Klaus
K.A. Boesler und J. Grunert

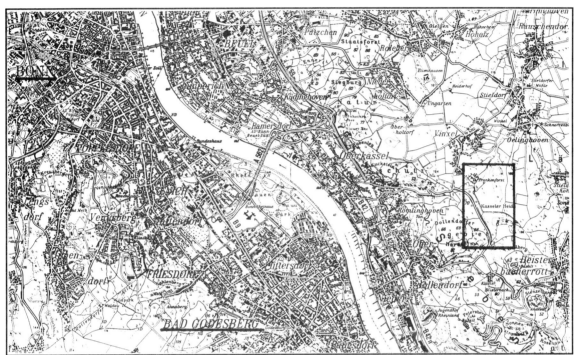

Abb. 1 Lage des Untersuchungsgebietes Gut Frankenforst im Bonner Raum

1. Problemstellung

Der Ausgleich zwischen ökonomischen Ansprüchen und ökologischen Rücksichten erfordert die Quantifizierung des im Wirtschaftsprozeß erfolgenden Naturverbrauchs. Nur wenn dieser exakt bekannt ist, lassen sich die wirklichen Kosten des Produktions- und Konsumverhalten bewerten und Ausgleichsmaßnahmen zu Gunsten der Natur planen, die deren nachhaltige Nutzung sichern. Nachhaltigkeit ist dann erreicht, wenn die Leistungskraft natürlicher Prozesse nach Ablauf wirtschaftlicher Prozesse gleich oder größer als zuvor ist (Harrison, 1989).

Seit einigen Jahren wird versucht, die Umwelt als vierten Produktionsfaktor neben Arbeit, Kapital und Boden in die volkswirtschaftliche Gesamtrechnung zu integrieren. Die Kosten, die zur Vermeidung bzw. Beseitigung von Umweltschäden aufzuwenden sind, gehen bei diesen Verfahren in die Gesamtbilanz ein. "Die Kenntnis der Beziehungen zwischen wirtschaftlicher Leistung, Verbrauch an Umweltressourcen und aufgewendeten Leistungen zur Umweltverbesserung ermöglicht es, das wirtschaftliche Wachstumsziel besser einzuschätzen und Konflikte zwischen ökonomischen und ökologischen Zielen darzustellen " (Hölder, 1991).

Die Leistungsanteile der natürlichen Potentiale am Ergebnis des Produktionsprozesses bleiben bei dieser Vorgehensweise unberücksichtigt. Wie groß die Vorleistungen der Böden, der vorangegangenen Fruchtfolgen, nahegelegener Naturschutzgebiete sowie der Stoffeinträge aus Luft und Wasser auf das Ergebnis des landwirtschaftlichen Produktionsprozesses sind, findet bislang keinen Niederschlag in den volkswirtschaftlichen Gesamtrechnungen. Die Analyse aller Energieflüsse, die in den interessierenden

Ökosystemen erfolgen, variieren aber deutlich in Abhängigkeit von allen Vorleistungen dieser Art.

Energieflußanalysen eröffnen deshalb die Möglichkeit einer getrennten Bewertung dieser natürlichen Leistungsanteile. Ziel dieses Beitrages ist es, die Methodik sowie erste Ergebnisse eines seit März 1991 laufenden Projektes am Geographischen Institut der Universität Bonn vorzustellen, in dem die flächenbezogene Quantifizierung aller natürlichen und technischen Energieflüsse in einem Ökosystem des Bonner Raumes versucht wird.

2. Nachhaltigkeit in der Landwirtschaft

Ähnlich wie in anderen Bereichen der Volkswirtschaft vollzog sich in der Landwirtschaft in den letzten Jahrzehnten eine Substitution der Einsatzfaktoren. Menschliche und tierische Arbeitskraft wurden ebenso wie organische Dünge- und Pflanzenschutzmaßnahmen durch technische Verfahren als Folge des permanenten Zwanges zur Steigerung der Arbeitsproduktivität ersetzt. Folge dieser Entwicklung ist eine Verschlechterung der langfristigen Effizienz des landwirtschaftlichen Produktionsprozesses, der zunehmend vom Einsatz fossiler Energieträger abhängig wird. Monokulturen, die bei Vollmechanisierung höchste Arbeitsproduktivität erzielen, sichern nur bei hinreichenden agrochemischen Schutzmaßnahmen Rentabilität. Folge ist eine Belastung des Grundwassers, eine verstärkte Erosion sowie nachlassende Bodenfruchtbarkeit. Die Ertragseinbußen, die Folge dieser Schädigungen sind, können vorübergehend durch verstärkte agrochemische Maßnahmen kompensiert werden, sodaß eine realistische Rentabilitätsrechnung erschwert wird.

Das Prinzip der Nachhaltigkeit ist bedroht, wenn der Umweltgebrauch in einen Umweltverbrauch übergeht, wie dies gegenwärtig in einigen Bereichen der deutschen Landwirtschaft zu beobachten ist. In diesem Sinne führt der Brundtland-Bericht aus: "Landwirtschaftliche Produktion wird sich langfristig nur erhalten lassen, wo die Grundlagen von Land, Wasser und Wäldern nicht verkommen..." und: " Genauere Richtlinien, die die Ressourcen schützen, sind erforderlich, um die landwirtschaftliche Produktivität zu verbessern." (Brundtland-Bericht 1987)

Grundlagen solcher Richtlinien, wie sie beispielsweise gegenwärtig im europäischen Raum mit dem Ziel einer Extensivierung der Landwirtschaft zur Minderung der Überschußproduktion erarbeitet werden, müßten die tatsächlichen Vorleistungen aller in den agraren Produktionsprozeß einfließenden Potentiale sein. Dazu sind aber alle natürlichen und anthropogenen Produktionsfaktoren gleichermaßen zu bewerten, was die völlige Kompatibilität aller beteiligten Energie-, Stoff-, Kapital- und Informationsflüsse/ -speicher zwingend erfordert.

Einen richtungweisenden Versuch die Kompatibilität zwischen den verschiedenen Ökosystemflüssen herzustellen, hat der amerikanische Ökologe H. T. Odum unternommen. Der Grundgedanke des Umrechnungsverfahrens basiert auf der einfachen Tatsache, daß alle Leistungen in Ökosystemen den Fluß freier Energie voraussetzen. Demzufolge können Stoff-, Kapital- und Informationsflüsse ebenso wie deren Speicherung durch freie Energieflüsse quantifiziert werden. Da die entscheidende Quelle freier Energieflüsse auf diesem Planeten die eingestrahlte Sonnenenergie ist, hat H.T. Odum vorgeschlagen, alle Flüsse in Solarenergieeinheiten umzurechnen. Dazu ist die Zahl der Sonnenenergieeinheiten zu bestimmen, die zur Aufrechterhaltung der jeweils zu analysierenden Flüsse auf den verschiedenen Stufen der Energiekaskade notwendig ist. H.T. Odum hat diese Form der Quantifizierung von Ökosystemflüssen als EMergy-Konzept bezeichnet.

Die EMergy-Konzeption soll im Rahmen des Forschungsprojektes an Hand der Flüsse der landwirtschaftlichen Produktionsprozesse des Versuchsgutes Frankenforst verifiziert werden. Es sollen produktionsbezogene EMergy-Bilanzen aufgestellt werden, sodaß die natürlichen und betrieblichen In- und Output Faktoren ebenso wie die natürlichen und betrieblichen Speichergrößen quantitativ bewertet werden können. Im Ergebnis sollte die Aussage möglich sein, ob und in welchem Umfang die natürlichen Potentiale als Folge des Produktionsprozesses geschädigt bzw. verbessert werden. Durch den Einsatz eines Geographischen Informationssystems (GIS) bei den Energieflußanalysen lassen sich diese Aussagen flächendeckend erzielen, sodaß flächen- und produktionsbezogene Entscheidungshilfen zur Sicherung einer nachhaltigen und effizienten Nutzung der Naturpotentiale möglich werden.

3. Der Untersuchungsbetrieb

Das Gut Frankenforst gehört zur Gemeinde Königswinter-Vinxel und liegt etwa 8 km östlich von Bonn im sogenannten Pleiser Hügelländchen. Der Betrieb umfaßt eine arrondierte Fläche von 115 ha, die sich aus 46 ha Ackerland, 37 ha Grünland und 22 ha Forst zusammensetzt (Abb. 2). 10 ha entfallen auf Hof-, Wege- und Gewässerflächen. Die landwirtschaftlich genutzte Fläche liegt in Höhen zwischen 130 - 196m ü. NN. Es herrschen Parabraunerden auf Löß und Pseudogleyböden auf verwittertem Trachyttuff mit hohem Tonanteil vor. Bei mittleren Jahresniederschlägen von 700 mm und Ackerzahlen zwischen 24 - 78, bzw. Grünlandzahlen zwischen 40 - 74 kann das Versuchsgut als mittlerer bis guter Betriebsstandort bezeichnet werden.

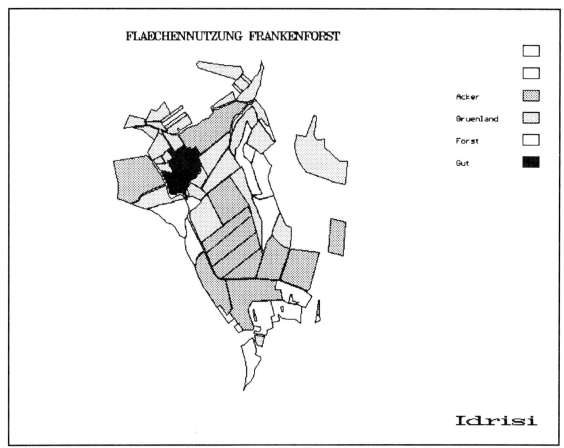

Abb. 2 Flächennutzungskarte des landwirtschaftlichen Versuchsgutes Frankenforst

Die Anbauprodukte auf den Ackerflächen sind Silomais, Wi-weizen, Wi-gerste, Hafer und Zwischenfrüchte. Der Anbau dient vorrangig zur Futterversorgung des eigenen Viehs.

Vorrangiges Forschungsziel des Versuchsgutes sind Maßnahmen zur Verbesserung der Tierproduktion. Dementsprechend ist der Tierbesatz und dessen Ver- und Entsorgung nicht typisch für landwirtschaftliche Betriebe gleicher Größenklasse in diesem Raum. Der Rindviehbesatz besteht aus 25 Milchkühen, 35 Mutterkühen, 70 Mastrindern und 50 Mastkälbern. Hinzu kommen 120 Zuchtsauen sowie deren Ferkel, 1.500 Mastschweine und 4.000 Legehennen.

Die bewaldeten Flächen werden nicht durch den Betrieb, sondern vom örtlichen Forstamt bewirtschaftet. Auf diesen Flächen erfolgten bislang nur zur Ertragssicherung unumgängliche Ausholzungen. Da weder Düngung noch Pestizidbehandlung durchgeführt wurden, bietet sich der Forst als naturnahes Ökosystem zu einem EMergy-Bilanzvergleich mit den Ackerflächen, die unter hoher Bewirtschaftungsintensität stehen, an.

4. Ökosysteme

Ökosysteme bestehen aus räumlich verorteten Systemteilen der organischen und anorganischen Welt, die durch sich selbstorganisierende Prozesse so miteinander durch Stoff-, Informations- und Energieflüsse vernetzt sind, daß ein eindeutig erkennbares Systemganzes mit langfristigem Bestand entsteht. In der Geographie werden unter Geosystemen außer den Ökosystemen auch die vom Menschen nach seinen Bedürfnissen umgestalteten räumlichen Vernetzungen zwischen Systemteilen der organischen und anorganischen Welt verstanden. Geosysteme müssen also nicht unbedingt eine selbstorganisierte Struktur aufweisen. Es hat sich in der Vergangenheit aber gezeigt, daß auch die nach menschlichen Zwecken ausgerichteten Systemstrukturen eine selbstorganisierte Struktur anstreben, wenn ihr Bestand langfristig erhalten bleibt. Deshalb ist es nicht unüblich, die Begriffe Geosystem und Ökosystem synonym zu verwenden, wie dies i.f. in diesem Beitrag geschieht.

Ein natürliches sich selbst regulierendes Ökosystem ist insbesondere durch ein Netz von miteinander rückgekoppelten Energieflüssen gekennzeichnet. Das Ziel der selbstorganisierten Ökosystemstruktur ist die langfristige Bestandserhaltung des Systems. Eine spezielle Ökosystemstruktur kann sich in der Konkurrenz mit anderen möglichen Ökosystemstrukturen nur behaupten, wenn sie so ausgelegt ist, daß die verfügbaren Energiequellen effizient zum Systemerhalt genutzt und ausreichende Energiespeicher zur Abpufferung von Störungen des Energieflusses angelegt werden.

Die Rückkopplung zwischen den Systemteilen ist im Ökosystem unerläßlich, damit jedes Systemteil zu jeder Zeit den Status des Gesamtsystems kennt, um seine dem Erhalt des Gesamtsystems angepaßten Leistungen den tatsächlichen Notwendigkeiten effizient anpassen zu können. Durch diese Rückkopplungen ist ein Ökosystem mehr als die Summe seiner Teile. Eine ausschließlich reduktionistische Betrachtungsweise von Ökosystemen kann deshalb niemals alle Information über diese Systeme bereitstellen.

Alle selbstorganisierten, systemerhaltenden Interaktionen zwischen den Systemteilen der Ökosysteme erfordern in Arbeit umsetzbare Energieflüsse. Energieflüsse entstehen durch Konzentrationsunterschiede in der räumlichen Energieverteilung, die durch den Energiefluß selbst abgebaut werden. Ein Energiefluß setzt also immer die Existenz einer Energiequelle und einer Energiesenke voraus. Der Energiefluß ist um so stärker, je höher der Konzentrationsunterschied zwischen Quelle und Senke ist.

Die zum Erhalt von Ökosystemen notwendigen Arbeiten erfordern eine Mindeststärke des Energieflusses. Nur der Anteil des Energieflusses, der diese Mindeststärke übertrifft, kann in Arbeit umgewandelt werden und repräsentiert den für das Ökosystem freien oder verfügbaren Energiefluß. Nicht die Stärke des Energieflusses, sondern die freie Energieflußdichte ist also für die Umwandlung in systemerhaltende Arbeit bedeutsam. Es ist wie mit einem beliebig breiten aber träge dahinfließenden Fluß, der zwar einen mächtigen Energiefluß repräsentiert, aber allenfalls den Antrieb einfachster Arbeiten erlaubt, weil die Energieflußdichte pro Zeit- und Flächeneinheit sehr gering ist. Staut man den Fluß auf, so erzielt man an eng begrenzten Auslassen eine hohe Energieflußdichte, die in hochdifferenzierte Arbeitsleistungen transformierbar ist.

5. Das EMergy-Konzept

Der mit Abstand bedeutendste freie Energiefluß auf diesem Planeten ist der solare, der allerdings nur über eine sehr geringe freie Energieflußdichte verfügt, da sich der solare Energiefluß mit wachsender

Sonnendistanz auf einen exponentiell wachsenden Raum verteilt, wodurch die freie solare Energieflußdichte entsprechend absinkt. Ohne vorangehende Konzentration ermöglicht der freie solare Energiefluß nur einfachste Arbeiten. Die hochkomplexen Steuerungsleistungen innerhalb von Ökosystemen erfordern deshalb eine Intensivierung der freien Energieflußdichte. Diese kann durch eine Konzentrationserhöhung der Energiequelle oder eine Konzentrationsminderung der Energiesenke erfolgen. Für die Energieflüsse auf der Erde ist die Energiesenke geringster Konzentration der Weltraum. Eine gegen diese Senke abgeschirmte großräumige Energiesenke noch geringerer Konzentration ist technisch ausgeschlossen.

Der stete Fluß von geringkonzentrierter Sonnenenergie kann durch Umwandlung in einfache Arbeit mit Hilfe dieser Arbeitsleistung in eine Energiequelle verwandelt werden, deren Energiekonzentrationsniveau so hoch ist, daß der daraus entstehende Energiefluß eine wesentlich höhere Energieflußdichte als der Ausgangsenergiefluß aufweist. Vergleichbar sind diese Bedingungen mit der geringen Energieflußdichte eines breiten, träge strömenden Flusses, die mit Hilfe eines Wasserrades in Arbeit umgesetzt einen kleinen Teil des Wassers in ein hochliegendes Staubecken pumpen kann. Das Staubecken repräsentiert eine neue hochkonzentrierte Energiequelle, die eine höherer Energieflußdichte ermöglicht. Im Arbeitsprozeß dissipiert um so mehr nicht mehr in Arbeit umsetzbare Energie, je höher die resultierende freie Energieflußdichte gegenüber der alten ist.

Energieflußtransformationen dieser Art erfolgen in Ökosystemen in hierarchischer Abfolge so lange, bis die freien Energieflußdichten erreicht sind, die zur Steuerung der Systeme ausreichen. Zwischen den dabei jeweils entstehenden Energiekonzentrationsstufen und ihrem Umfeld bilden sich Konzentrationsgradienten, die notwendige Voraussetzung für weitere energiekonzentrierende Arbeitsleistungen sind.

Die Zahl der hierarchisch angeordneten Transformationsstufen steigt mit zunehmender Systemkomplexität an. Die freie Energieflußdichte des Ausgangsenergiestromes begrenzt die Zahl der möglichen Konzentrationssteigerungen und damit zugleich die Systemkomplexität. Die Evolution anorganischer, organischer und gesellschaftlicher Systeme erfolgt solange in Richtung auf zunehmende Systemkomplexität, wie stufenweise Steigerungen der Energiekonzentration möglich sind.

Die hierarchische Struktur der Prozesse zur Energiekonzentration wird in der organischen Welt durch die photosynthetische Arbeit autotropher Organismen nachgezeichnet, die wiederum Nahrungsgrundlage für die pflanzenfressenden Organismen (Primärkonsumenten) sind, die ihrerseits von den fleischfressenden Organismen (Sekundär- u. Tertiärkonsumenten) verzehrt werden (Abb. 3). Mit ansteigender freier Energieflußdichte vergrößern sich auf allen trophischen Ebenen infolge des Qualitätszuwachses der Arbeitsleistungen die von den Organismen kontrollierten Arealgrößen sowie die Amplituden und Periodenlängen der zeitlichen Fluktuationen ihrer Systemzustandsabfolgen.

Energiekonzentrationshierarchien in anorganischen Systemen, beispielsweise im Klimasystem, verlaufen von einfachen Konvektionsblasen über Wolkenkluster zu so komplexen Gebilden wie den tropischen oder außertropischen Zyklonen.

Im gesellschaftlichen Bereich benötigen einfache Gesellschaften wie Sammler und Jäger nur geringe Energieflußdichten. Bäuerliche und bürgerliche Gesellschaften zeigen eine deutliche vertikale Struktur, deren Schichten unterschiedliche Energieflußdichten kontrollieren. Nicht nur die tatsächlich eingesetzten Energieflußdichten, sondern auch die Qualität der Informationen, die zur Steuerung der gesellschaftlichen Prozesse eingesetzt werden, sind schichtspezifisch. Je qualifizierter eine Information ist, um so mehr energiezehrende Versuche sind bis zu einem erfolgreichen Informationsgewinn erforderlich. Demzufolge lassen sich Energieflußdichten in Informationsflüsse transformieren.

Die Komplexität hat in der modernen Industriegesellschaft durch die Verfügbarkeit zunehmend höher konzentrierter Energiequellen und Informationsströme ein sehr hohes Niveau erreicht. Eine Steigerung der gegenwärtig erzielbaren Energieflußdichten ist vorstellbar, verspricht aber beim Einsatz der gegenwärtigen Technik keine ökonomischen oder gesellschaftlichen Gewinne, da eine weitere Komplexitätszunahme zu Instabilitäten und Effizienzverlusten führen könnte. Die weitere gesellschaftliche Differenzierung erfolgt dementsprechend bevorzugt auf der Basis qualitativer Verbesserungen der Informationsströme, die aus den bereits genutzten freien Energieflußdichten erzielt werden, solange hinreichende Energiemengen hoher Konzentration verfügbar gemacht werden können.

Diese Überlegungen zeigen, daß der in Kalorien meßbare Heizwert eines Systems oder eines Teilsystems keinen Aussagewert bezüglich seines Leistungspotentials aufweist. Ein Maß zur Quantifizierung dieses Potentials ist die Energiemenge, die zum Aufbau der zu untersuchenden Struktur aufgewandt wurde. Mit wachsender Zahl der Konzentrationsstufen vermindert sich deren effektiver Heizwert, während die freie Energieflußdichte sowie der Heizwert des Energieflusses, der zum Aufbau der Struktur erforderlich war, anwächst.

Wegen der überragenden Bedeutung der Sonnenenergie für alle Ökosysteme ist es sinnvoll, Solareinheiten als energetische Grundeinheit zu wählen. Für Strukturen auf jeder beliebigen Konzentrationsstufe kann dann die zu deren Aufbau eingesetzte Energie in Solareinheiten berechnet werden. Dabei muß von der Basis des solaren Energiestromes beginnend für jede Konzentrationsstufe bestimmt werden, wieviel Solareinheiten pro Joule der höherkonzentrierten Energie aufzuwenden sind. Ein so berechneter Quotienten wird als Transformationsrate der jeweiligen Konzentrationsstufe bezeichnet.

Multipliziert man den wahren Heizwert einer Struktur mit der Transformationsrate, so erhält man die als EMergy bezeichnete Joulezahl solarer Energie, die zum Aufbau der untersuchten Struktur aufgewandt wurde. Abbildung 3. verdeutlicht diesen Prozess an Hand der vereinfachten Nahrungskette eines Waldökosystems. Eine Million Joule solarer Energie werden im Photosyntheseprozess in 1000 Joule hochkonzentrierter chemischer Bindungsenergie der Pflanzen transformiert. 999000 Joule des solaren Energieflusses werden bei diesem Konzentrationsprozeß in dissipierende Wärmeenergie verwandelt, die zu keiner Arbeitsleistung mehr nutzbar ist. In den folgenden drei Konzentrationsstufen ist die Transformationsrate jeweils 1:10, sodaß auf der höchsten Konzentrationsstufe die Verfügbarkeit von einem Joule Heizwert durch die Dissipation von 999999 Joule solarer Energie erkauft wurde. Das wäre eine unverzeihliche Energieverschwendung, wenn den Systemen dieser höchsten Konzentrationsstufe nicht Steuerungsfunktionen zukämen, die für den langfristigen Bestand des Ökosystems Wald unabdingbar sind.

Die Unabdingbarkeit ergibt sich durch die Rückkopplung zwischen den Energieflüssen unterschiedlicher Energieflußdichte. Diese Rückkopplung bewirkt, daß der jeweils höher konzentrierte Energiefluß den weniger konzentrierten so steuert, daß dieser im Rahmen der bestehenden Umweltpotentiale maximiert wird. Geringste Mengen hochkonzentrierter Energie reichen aus, um die niederkonzentrierten Energieflüsse um ein Vielfaches zu verstärken. Entsprechend versucht der Mensch in modernen Agrarökosystemen durch den Einsatz hochkonzentrierter Energie die Transformation von solarer in chemische Energie zu intensivieren. Dabei sollten kleine Mengen der zugeführten hochwertigen Energie zu drastischen Ertragssteigerungen führen. Tatsächlich wird aber in der modernen Landwirtschaft oft mehr hochkonzentrierte fossile Energie zugeführt, als an zusätzlicher Nahrungsenergie gewonnen wird. Die EMergybilanzen lassen diese Fehlinvestitionen erkennbar werden.

Durch die Dominanz ökonomischer Steuergrößen innerhalb der Agrarwirtschaft treten natürliche Energiequellen wie Sonne, Niederschlag, Wind und Boden bei Rentabilitätsrechnungen und bei der Preisbildung in den Hintergrund. Dient in agrarökonomischen Analysen nur der Geldwert von Ertrag und Arbeit als Maß für die Effektivität und Produktivität der Agrarwirtschaft, so wird notwendigerweise die Bedeutung der nicht in Währungseinheiten zu messenden Umwelt fehleingeschätzt. Der Preis der Produkte spiegelt unter diesen Bedingungen ökonomisch-ökologische Fehlleistungen nicht wider.

Durch die Zuordnung eines "EMergy-zu-Geld" Verhältnisses ist es möglich, den in einer ökono-

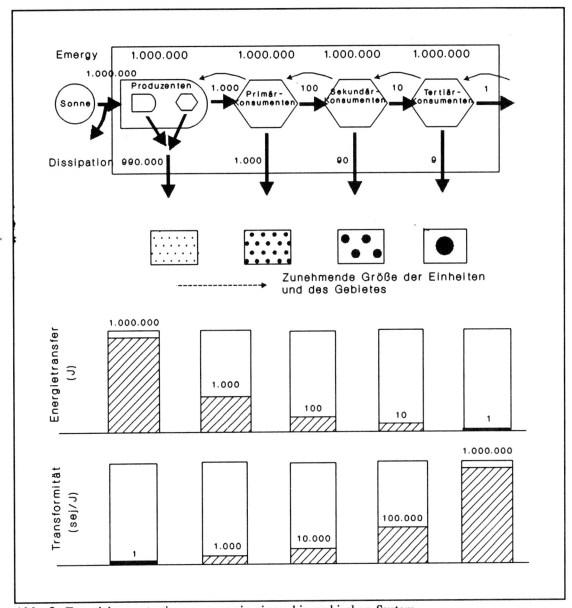

Abb. 3 Energiekonzentrationsprozesse in einem hierarchischen System

mischen Einheit zirkulierenden Geldwert näherungsweise in ein umfassendes EMergy-System zu integrieren. Nach der Methode H.T. Odums wird das gesamte jährliche EMergy-Budget einer Nation ins Verhältnis zum Bruttosozialprodukt gesetzt, daß durch diesen EMergy-Einsatz erzielt wurde. Auf diese Weise ist es möglich, Geldbeträgen EMergy-Werte zuzuweisen. Dienstleistungen lassen sich dadurch eMergetisch bewerten.

Von entscheidender Bedeutung zur integrativen Bewertung von Wirtschaft und Umwelt ist das Energie-Investitions-Verhältnis, das den ökonomischen Input in Beziehung zu dem natürlichen setzt. Je höher in einem Agrarökosystem der ökonomische Input im Verhältnis zu den frei verfügbaren Umweltfaktoren ist, um so uneffektiver ist die Systemleistung.

6. EMergy-Bewertung ökologischer Faktoren

Zur Bilanzierung der primären naturräumlichen Inputfaktoren im Bereich des Versuchsgutes Frankenforst werden im wesentlichen die Globalstrahlung, der Niederschlag, sowie der Boden herangezogen. Da die Globalstrahlung die Basiseinheit aller energetischen Transformationen (1 Joule Solarstrahlung = 1 SEJ) darstellt muß sie nur auf die betrachteten Flächeneinheiten umgerechnet werden (Tab. 1).

Der Niederschlag ist das Ergebnis des Zusammenwirkens der solaren Einstrahlung und der daraus entstehenden dynamischen und thermischen Vorgänge im Klimasystem. Auch bei der Entstehung z.B. der Wind- und Wellendynamik ist die Sonneneneinstrahlung beteiligt. Wind und Wellen sind wie der Niederschlag Sekundäreffekte der Strahlung. Die Transformationsrate ist bei allen drei Faktoren gleich, wenn für ihre Entstehung die gleiche Menge solarer Energie notwendig ist. Gehen in einen Prozess mehrere Sekundäreffekte ein, so wird nur der größte EMergyanteil bilanziert, um Doppelzählungen zu vermeiden.

Der Niederschlag ist allerdings auf zweierlei Weisen energetisch zu bewerten. Das Wasser den Lebensprozessen der Pflanzenwelt als Transport-, Lösungs- und Katalysatormedium. Dieser Anteil wird durch die Evapotranspiration quantifiziert und in Form der chemischen Energie des Niederschlags energetisch bilanziert. Die chemische Energie des Niederschlags spielt bei den Transport-, Lösungs- sowie katalytischen Prozessen in der Pedosphäre ebenfalls eine große Rolle. Die hier bedeutsamen Mengen sind durch die Bilanzierung des Bodenwasseranteils zu gewinnen.

Zur Berechnung der aktuellen chemischen Energie des Niederschlagswassers wird die durchschnittliche Lösungskonzentration des Niederschlagswassers ins Verhältnis zu der Konzentrationen gesetzt, die im Mittel maximal in der Natur erreicht wird und durch das mittlere Lösungsvermögen des Meerwassers repräsentiert wird. Das Lösungsvermögen "reinen" Wassers wird dementsprechend in Form von "Freier Energie" oder "Gibbs Freier Energie" quantifiziert.

Eine Umrechnung der aktuellen Energie in solare Energie-Einheiten erfolgt über die Transformationsrate, die für Regen 1.5 E4 SEJ beträgt (H.T. und E.C. Odum 1983). Das bedeutet, daß 1.5 E4 Joule solarer Energie aufgewand werden müssen, um ein Joule chemischer Niederschlagsenergie im Niederschlagswasser zu speichern. Der flächenbezogene Wert für die chemische Niederschlags-EMergy von Schlag I des Gutes Frankenforst ist in Tabelle 1 beispielhaft angeführt.

Der Niederschlag besitzt neben dem chemischen auch ein mechanisches energetisch wirksames Potential, daß als Geopotential bezeichnet wird. Das Geopotential beschreibt an Hand der flächenbezogenen Abflußwerte unter Bezugnahme auf die Höhendifferenzen zum Vorfluter bzw zum Austritt des Abflusses aus dem Untersuchungsgebiet, die kinetische Wirksamkeit der Reliefenergie, die entscheidend die Erosionsprozesse steuert (Tab. 1.).

Ein weiterer wichtiger natürlicher Inputfaktor ist der Boden, der ein bedeutender Energiespeicher der in geologischer Zeit geleisteten Arbeit der Natur ist. Diese kann anhand der im Boden enthaltenen mineralischen Bodenbestandteile (Verwitterungsprodukte) quantifiziert werden. Der Boden ist aber auch aktueller Speicher für die Bildungen biogener Prozesse, die den organischen Anteil des Bodenmaterials aufbauen. Werden Teile dieser Energiespeicher durch Erosion als Folge der Flächenbewirtschaftung abgetragen, so bedeutet dies den Verlust einer wesentlichen natürlichen Ressource, die in EMergyeinheiten schlagbezogen abgeschätzt werden kann. Dies ist für das Wirtschaftsjahr 1990 und den Schlag I des Gutes Frankenforst in Tabelle 1. geschehen.

Die aktuelle Energie des Humusanteils im Bodern wird von H.T. und E.C. Odum (1983) approximierend durch den Heizwert der organischen Substanz im obersten Bodenhorizont abgeschätzt. Um den energetischen Verlust des Agrarökosystems als Folge der Erosion zu quantifizieren, muß für den mineralischen und organischen Anteil des Oberbodens eine getrennte Erosionsrate bestimmt werden.
Für die erodierten Bodenanteile müssen dann gemäß ihrer Transformationsrate die EMergy-Werte addiert und als EMergy-Input in die Bilanz des Produktionsprozesses eingebracht werden (Tab. 1.).

Tab. 1 EMergy-Bilanz-Abschätzung der Inputfaktoren für das Wirtschaftsjahr 1990, Gut Frankenforst Schlag I. Das Verhältnis der ökologischen zu den ökonomischen EMergy-Inputs ist ohne Berücksichtigung der Arbeit/Dienstleistungs-EMergy 1:3, mit deren Berücksichtigung 1:6.

	Aktuelle Energie (Joule/ha/Jahr)	EMergy (E14 SEJ/ha/Jahr)
Globalstrahlungsinput	3.7 E13	0.37
Niederschlag (chem.)	3.47 E10	5.36
Niederschlag (geop.)	7.49 E8	0.067
Nettoverlust Verwitterungsprodukte	7.2 E4 g/ha/Jahr	1.24
Nettoverlust organ. Bodenbestandteile	1.69 E9	1.06
Summe: ökologischer EMergy-Input		8.097
Direkte Treibstoffe	3.39 E9	2.24
Indirekte Treibstoffe	1.19 E9	0.48
Arbeit/Dienstleistungen	-	(25.0)
Düngemittel	4.52 E8	22.17
Pestizide	7.94 E8	0.52
Saatgut	4.04 E8	0.27
Summe: ökonomischer EMergy-Input		25.68 (50.68)
Ernte-Ertrag, EMergy-Output	4.37 E10	(58.777)

7. EMergy-Bewertung ökonomischer Faktoren

Zur Bilanzierung aller ökonomisch relevanter Stoff- und Energieflüsse im Bereich des Gutes Frankenforst ist es sinnvoll, die verschiedenen landwirtschaftlichen Produktionsbereiche separat zu betrachten, soweit dies deren systemare Verflechtungen erlauben. Eine Untergliederung in die Bereiche Acker- und Grünlandbewirtschaftung, Forstwirtschaft und Milch- / Fleischproduktion erfolgte durch entsprechende schlagbezogene Zuweisungen der natürlichen und ökonomischen Energieflüsse, die beispielhaft in Abb. 4 dargestellt sind.

Als Untersuchungszeitraum der Energiebilanzen bietet sich in der Landwirtschaft das Wirtschaftsjahr an. Es beginnt mit der herbstlichen Stoppelbearbeitung und Aussaat, der die Bestandspflege und Düngung im Frühjahr und die Ernte im Spätsommer folgen.

Die Bilanzierung der vielen Einzelfaktoren erfolgt anhand der im Betrieb geführten Schlagkartei, die alle Maßnahmen innerhalb eines Wirtschaftsjahres schlagbezogen erfaßt. Dieser Kartei lassen sich bei sachgerechter Führung detaillierte Aussagen über den Arbeitsstunden-, Maschinen- und Produktionsmitteleinsatz entnehmen. Die EMergyberechnung für zwei wichtige ökonomische Einsatzfaktoren soll i.f. beispielhaft in Kurzform vorgestellt werden.

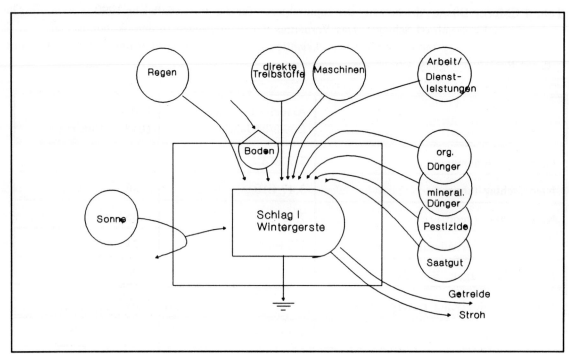

Abb. 4 Energieflüsse am Beispiel des Ackerschlags I, Gut Frankenforst

7.1 Treibstoffe

Einen wesentlichen energetischen Anteil an allen Input- Faktoren haben die zur Steuerung des Agrarsystems benötigten Treibstoffe. Fossile Energieträger wie Erdöl, Erdgas oder Kohle sind das Ergebniss eines mehrere Millionen Jahre dauernden geologischen Inkohlungsprozesses. Wie Abb. 5 zeigt, bedurfte es ca. 40.000 Joule solarer Energie, um 1 Joule in Form von Kohle entstehen zu lassen, die im Kraftwerk zur Erzeugung von Strom eingesetzt wird. Die Transformationsrate von Kohle beträgt demnach 4,00 E4 sej/J. H.T. Odum und Mitarbeiter haben für Kohle und flüssige Treibstoffe ein Equivalent von 1 : 1,65 (Kohle J / Treibstoff J) errechnet.

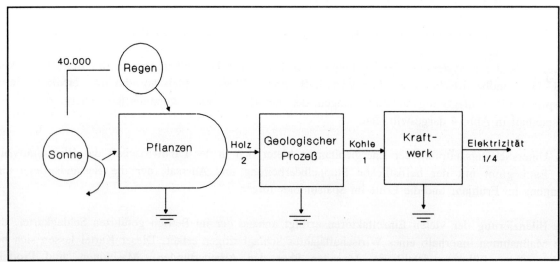

Abb. 5 Energiequalitätsstufen im Entstehungsprozeß von Kohle, bzw. Elektrizität (Energieangaben in Joule) nach H.T. Odum 1888(1)

Durch Multiplizieren dieses Equivalent-Wertes mit der Transformität von Kohle läßt sich die Transformationsrate von flüssigem Treibstoff bestimmen.
(1,65 Kohle J / fl. Treibstoff J) (4,00 E4 sej/Kohle J) = 6.6 E4 sej/ fl. Treibstoff J

Schlagbezogen lassen sich die im Produktionsprozeß direkt verbrauchten Treibstoffe und die indirekt beim Bau der eingesetzten Maschinen aufgewandten Energien getrennt abschätzen (Tab. 1) und in die Bilanz der ökonomischen Inputfaktoren aufnehmen.

7.2 Stickstoff-Düngemittel

Düngemittel haben einen bedeutenden Anteil an den heute erzielten Flächenerträgen. Neben den organischen Düngemitteln wie Gülle, Stallmist und Kompost spielen die mineralischen Düngemittel, die in energieaufwendigen industriellen Produktionsprozessen erzeugt werden, eine bedeutende Rolle. Industrieller Stickstoffdünger wird gewonnen, indem Stickstoff, der mit 78% den Hauptbestandteil der Luft bildet, unter hohem energetischen Aufwand gebunden wird (z.B. Haber-Bosch-Verfahren). Unterstellt man, daß Treibstoffe und Arbeit/Dienstleistungen die wesentlichen Faktoren bei der Herstellung von Stickstoffdünger sind, so müssen in einem ersten Schritt die EMERGY-Werte dieser beiden Größen errechnet werden. Die Energiemenge, die im Stickstoffdünger inkorporiert ist, wird durch "Gibb's freie Energie" erfaßt. Dies entspricht dem energetischen Potential, das durch den Gradienten zwischen dem gebundenem und dem in der Luft frei vorkommenden Stickstoff besteht.

Bezogen auf die Bedingungen in Deutschland liegen noch nicht alle notwendigen Bestimmungsgrößen für die EMergy-Berechnung der Düngemittel vor. Es fehlen Quantifizierungen der Transformationsraten für die Arbeits- und Dienstleistungsaufwendungen. H.T. und E.C. Odum (1983) ermittelten für Nordamerika Werte, die unter Berücksichtigung der Arbeit pro Tonne Stickstoffdünger bei 2,17 E9 J liegen, was einem EMERGY-Wert von 366 E13 sej entspricht. Danach ergibt sich eine Transformationsrate von 1,96 E6 für Stickstoffdünger, die näherungsweise auf die deutschen Bedingungen übertragbar ist.

Ähnliche Abschätzungen erfolgten unter Berücksichtigung der Angaben von H.T. Odum für Phosphat-, Kali-, u.a. Düngemittel. An Hand der so berechneten EMergy-Transformationsraten können schlagbezogen die EMergy-Werte für Düngemittel ebenso wie für den Pestizid- und Saatguteinsatz bestimmt werden (Tab. 1.).

7.3 Verhältnismäßigkeit der Energieinputs

In diesem Zusammenhang verdient Erwähnung, daß Stickstoffdüngemittel mit weit höherem Treibstoffaufwand produziert werden, als Phosphatdünger. Letztere haben eine höhere eMergetische Wertigkeit, da während des langen geologischen Entstehungsprozeß in Phospatdünger weit mehr natürliche Energie "inkorporiert" wurde, als bei der Produktion des gebundenen Stickstoffs im industriellen Herstellungsprozeß aufgewandt wird. Nach dem EMergy-Konzept berechnet beträgt das energetische Verhältnis zwischen Stickstoff und Phosphat 2:7, in herkömmlicher kalorischer Bewertung hingegen 7:2. Bei den Phosphaten finden bei herkömmlicher Bewertung nur die tatsächlich beim Gewinnungs- oder Produktionsvorgang vom Menschen aufgewandten Energiemengen Berücksichtigung.

Wie ein Vergleich der Tabellenwerte zeigt, besteht zwischen den ökologischen und den ökonomischen Energieinputs, ausgedrückt in EMergyeinheiten, ein Verhältnis von 1:3, wenn die Arbeit/DienstleistungsEMergy, deren Abschätzung mit besonderen Ungenauigkeiten verbunden ist, außer acht bleibt. Findet die Arbeit/DienstleistungsEMergy in Anlehnung an Abschätzungen, die den Arbeiten von H.T. Odum (1988) entnommen wurden, Eingang in die Bilanzierung, so wird jede ökologische, kostenfreie EMergyeinheit durch sechs mit Kosten verbundene ökonomische EMergyeinheiten im Produktionsprozess verstärkt. Ökologisch und ökonomisch wünschenswert wäre eine katalytische Verstärkung der kostenlosen natürlichen Energieinputs durch die ökonomischen, was durch eine

Umkehr der berechneten Relationen zum Ausdruck käme. Derartige Verhältnisse sind gegenwärtig nur noch für einige als wenig produktiv geltende Agrarwirtschaften von Entwicklungsländer kennzeichnend.

Diese hier vorgestellten ersten Abschätzungen zeigen trotz aller Unzulänglichkeiten, die durch die starke Bezugnahme auf die für Nordamerika von Odum bestimmten Transformationsraten bedingt sind, daß auf dem Gut Frankenforst, ähnlich wie in der gesamten industriell betriebenen Landwirtschaft, ein überraschend ungünstiges Verhältnis zwischen kostenloser natürlicher und erkaufter nichtregenerativer Energie besteht. Die Ausweitung der vorgestellten Bilanzierung auf andere Schläge und andere Anbauprodukte wird Vergleiche ermöglichen, die Entscheidungshilfen zur Optimierung des Verhältnisses ökologischer und ökonomischer Inputs beim landwirtschaftlichen Produktionsprozess anbieten.

8. Flächenbezogene Datenbearbeitung

Das Ziel des Projektes ist die flächengebundene Bilanzierung der Energieflüsse im Bereich des Gutes Frankenforst. Dieses Ziel kann mit Hilfe eines Geographischen Informationssystems erreicht werden.

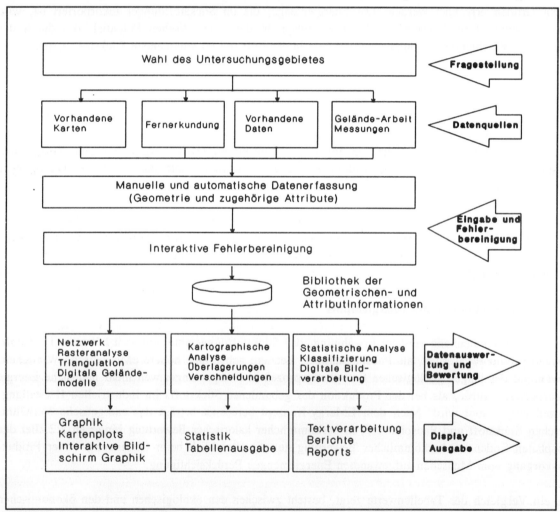

Abb. 6 Arbeitsschritte in einem Geographischen Informationssystem (nach J. Schaller 1985)

Unter einem GIS ist ein Computersystem zu verstehen (Hard- und Software), mit dem raumbezogene Daten erhoben, verwaltet, editiert und analysiert werden können (vgl. Ashdown, M. und J. Schaller 1990). Als funktionstüchtiges Informationssystem kann ein GIS erst dann bezeichnet werden, wenn

über die rein technischen Möglichkeiten des Computersystems hinaus Datenebenen zur Verfügung gestellt werden und zur Auswertung bereitstehen.
Abbildung 6. verdeutlicht notwendige Schritte bei der Erstellung eines GIS, d.h. dem Aufbau des Datenpools mit den operationellen Möglichkeiten des Computersystems.

Einzeldaten, Zeitreihen	- Niederschlagszeitreihen der Tageswerte 1989-90 vom Versuchsgut Frankenforst und der Klimameßstation Roleber (AMBF Bonn).
	- Abflußwerte des Pleisbacheinzugsgebiet (STAWA Bonn).
	- Sonnenscheindauer, Tageswerte (AMBF Bonn).
	- Globalstrahlung, Tageswerte (AMBF Bonn).
	- Min-Max Temperaturen, Tageswerte (AMBF Bonn).
	- Windgeschwindigkeiten (AMBF Bonn).
	- Verwitterungstiefe (ca. m/1000 Jahre) (Institut für Bodenkunde, Bonn)
	- Dichte des Verwitterungshorizonts (ca.) (Institut für Bodenkunde, Bonn)
Raumbezogene Daten (Digitalisiert)	- Aggregatklassen, Permeabilität, Bodenart und Gehalt an organischer Substanz des Oberboden (Diplomarbeiten an den Instituten für Bodenkunde und Geographie der Universität Bonn).
Raumbezogene Daten (Modelliert)	- Globalstrahlung/Rasterfläche
	- Abfluß/Raster
	- Erosionsabtrag/Raster
	- Reliefkenndaten/Raster
	Aufgrund der laufenden Arbeiten ist diese Liste nicht vollständig !

Tab. 2 Liste der Inputdaten naturräumlicher Faktoren

Im vorgestellten EMergy-Projekt werden i.w. bereits vorliegende Datenquellen wie topographische Karten, Schlagkarten, Bodenkarten etc. sowie Schlagkarteien, Klima-, Besonnungs-, Abfluß- und viele andere Meßreihen zur EMergyberechnung ausgewertet (s.a Tabelle 2.). Die Daten werden mit dem Programmpaket IDRISI in der Version 3.2 flächenbezogen aufgearbeitet. IDRISI ist ein aus PASCAL-Modulen bestehendes rasterorientiertes GIS, welches von der Clarc University Worcester, Massachusetts, entwickelt und vertrieben wird. Es kann als PC-gestütztes Low-Cost GIS angesehen werden, und läuft innerhalb des Projektes erfolgreich und mit guten Laufzeiten auf einem AT-386.

Zur graphischen Datenaufnahme großer Karten durch Digitalisierung, sowie der anschließenden interaktiven Edition der Vektordaten an einem Graphikbildschirm, war es notwendig, auf das für diese Zwecke umfangreicher und komfortabler ausgelegte Informationsystem ARC/INFO mit einem entsprechenden Digitalisiertableau zurückzugreifen. Anschließender Datentransfer von Vektordatensätzen zwischen beiden Systemen ist ohne größere Probleme möglich.

Von den bestehenden Möglichkeiten der Speicherung und Organisation räumbezogener Datensätze ist IDRISI im wesentlichen auf Rasterdaten ausgelegt, so daß eine Datenhaltung von Vektoren (Linien) und Polygonen (flächenbildende Linien) zwar möglich ist, zur weiteren Verarbeitung und Analyse die Vektor- oder Polygondatensätze aber auf jeden Fall aufgerastert werden müssen. Da IDRISI grundsätzlich einfacher strukturierte Polygondatensätze verwaltet, als dies bei ARC/INFO der Fall ist, war es sinnvoll, nur Vektoren aufzunehmen und diese erst innerhalb IDRISI als Polygone bearbeiten zu lassen.

Die Speicherung von Flächendaten in Form eines Rasters bringt zwangsweise eine geringere räumliche Auflösung mit sich, als dies bei grenzscharfen Polygonen der Fall ist. Als Vorteil muß angesehen werden, daß eine höhere Effizienz bei der rechnergestützten Verschneidung, Verrechnung und Modellierung der Datenebenen ermöglicht wird. Wegen der Vorgabe einer großmaßstäbiger Bearbeitung der EMergyanalysen wurde eine Rasterweite von 10 m gewählt (vgl. Valenzuela, C.R. und M.F. Baumgardner 1990).

Als topographische Kartengrundlage dienen die Blätter Vinxel, Heisterbacherrott, Oelinghoven und Oberdollendorf der Deutschen Grundkarte 1:5000. Den räumlichen Einheiten in Raster- oder begrenzender Polygonform werden zur Identifikation Attribute zugeordnet. Diese Attribute werden zum Teil direkt als reale oder codierte Vektorinformation bei der Digitalisierung der Karten eingegeben und innerhalb der Aufrasterung in IDRISI automatisch an die einzelnen Raster weitergegeben. Beispiele hierfür sind:

Codiert -topographische Elemente, wie z.B. Wege, Bäche etc.
         -Schlagnummern
         -Bodenartklassen
         -Klassen des Anteils organischer Substanz im Oberboden
         -Bodentypen
Real   -Höhenlinien

Eine weitere Möglichkeit der Zuordnung von Werten zu einzelnen Datenebenen ist die Modellrechnung z.B. der über das Relief differenzierten Globalstrahlung. Ein dritter Weg ist die Zuordnung von Attributwerten zu aggregierten räumlichen Einheiten, wobei im Falle des landwirtschaftlichen Betriebes im wesentlichen die Verknüpfung von agrarökonomischen Daten zu einzelnen Ackerschlägen zu nennen wäre. Diese Verknüpfung ist durch die Nutzung seperater Attributdateien möglich, wobei die Zuordnung von Werten zu entsprechenden Rastern oder Polygonen mit codierten Schlagnummern erfolgt. Als beispielhafte Anwendung hierzu kann die mit Hilfe des GIS erstellte Flächennutzungskarte dienen (s. Abb. 2).

Für die Attributdateiverwaltung bietet IDRISI nur eingeschränkte Möglichkeiten, sodaß teilweise die Tabellenkalkulation QATTRO-PRO zusätzlich benutzt werden muß. In einzelnen Datenbögen erfolgt neben der einfachen Kombination Schlag/EMergywert und deren Bereitstellung für IDRISI in einem Transferblock auch die Berechnung von Energiewerten, Transformationsraten und EMergywerten einzelner Faktoren.

Im Bereich der Datenauswertung werden neben der genannten Tabellenkalkulation auch die vielfältigen Routinen von IDRISI genutzt, z.B. bei der Erstellung eines Digitalen Höhenmodells (DHM). Die digitalisierten Höhenlinien aus einem Ausschnitt (2.2 x 1.6 km) der vier DGK 5000 sowie das mit Hilfe von IDRISI erstellte DHM wurde im Rahmen einer Diplomarbeit (Haserich, 1991) für das Projekt bereitgestellt. Für Abbildung 7 ist das DHM mit dem Programm PERSPEC dreidimensional dargestellt und mit dem Plotter der Großrechenanlage des Rechenzentrums der Universität Bonn ausgegeben worden.

IDRISI stellt alle notwendigen Module zur Verfügung, um aus Vektordaten mit entsprechender Höheninformation ein DHM durch Interpolation zu berechnen. Das DHM bildet die topographische Basisinformation, welche besonders im Bereich der Modellierung naturräumlicher Komponenten in weitere Berechnungen einfließt. Diese reliefbezogenen Modelle werden im wesentlichen über eigene Pascal-Programme gerechnet, deren Kompatibilität zu IDRISI stets gewährleistet sein muß.

Die Analysen schlagbezogener agrarökonomischer Faktoren, sowie die Bilanzierung verschiedener EMergy-Datenebenen erfolgt im Rahmen der kartographischen Analyse, also der Verschneidung einzelnen Ebenen. Im Bereich der graphischen Ausgabe bilden die PC- Peripherie- Hardware und die Ausgaberoutinen von IDRISI limitierende Faktoren. Die Qualitätsstandarts von Großrechner-Plottern können nicht erreicht werden. Zur Qualitätssteigerung der Bildschirmausgabe auf einem Graphikdrucker, wird das Programm PIZZAZ-Plus genutzt.

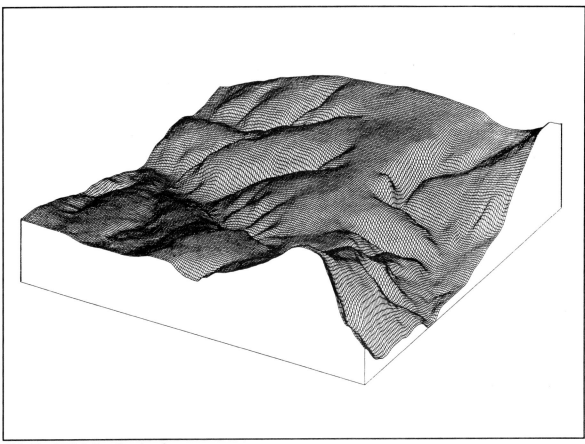

Abb.7 DHM Gut Frankenforst
(Rotation= Nord +150 Grad gegen den Uhrzeigersinn)
(Blickwinkel= +30 Grad über der Horizontalen)
(Überhöhung= 2 fach)

9. Modellrechnungen naturräumlicher Faktoren

Als primäre Geländeauswertung aus dem DHM ist die digitale Reliefanalyse zu nennen. Hierzu liegt dem Projekt das Programm GEOSPACE vor. GEOSPACE (incl. GEOTL, GEOTEN und GEOHEN) arbeitet kompatibel zu IDRISI und realisiert im Ansatz das für eine Großrechenanlage ausgelegte "Digitale Reliefmodell" von J. Bauer et. al (1985).

Die aus dem DHM errechneten Datenebenen sind:

Gefälle (auch über IDRISI-Module zu berechnen)
Exposition (")
Wölbung
Einzugsgebietsgrößen/Raster
Tiefenlinie
Entfernung zur Tiefen-/Höhenlinie

Ebenfalls auf der Basis des DHM, beziehungsweise der Exposition und des Gefälles jeder Rasterfläche ist das Programm GLOST erstellt worden. Durch das Programm GLOST ist es möglich für beliebige Zeiträume den Globalstrahlungsinput je Rasterpunkt des Reliefs zu bestimmen. GLOST ist mit IDRISI kompatibel. Die Modellierungsbasis bilden Arbeiten von G.D. Robinson (1966) und H. Junghans (1969). Errechnet werden potentielle, sowie aktuelle Globalstrahlungswerte (Kcal/cm^2) je Rasterfläche.

Neben digitalen Bilddateien (Gefälle, Exposition) muß eine Definitionsdatei klimatisch-geographischer Größen vorliegen.

Für die Berechnung aktueller Strahlungswerte, ist zusätzlich eine Zeitreihe mit Sonnenscheindauerwerten (Tageswerte) bereitzustellen. Das Modell ist hinsichtlich der Sonnenscheindauer anhand der im 2 km südlich gelegenen Agrarmeteorologischen Beratungs- und Forschungsstelle (AMBF Bonn) gemessenen Globalstrahlung optimiert worden, also nicht universell anwendbar. Zur Reduktion der Laufzeiten ist es bei der potentiellen Strahlung möglich, Minuten- oder Tagesintervalle zu wählen. Bei der Berechnung der aktuellen Strahlung können Minutenintervalle linear integriert werden. Für das Versuchsgut Frankenforst liefert ein Programmlauf mit der Integration von 20 min Schritten aktuelle Globalstrahlungswerte für 1990, die um +0.4 % von den in Roleber gemessenen Werten abweichen. Insgesammt steigen die Fehler bei Intervallen < 20 (Minunten/Tage) nicht über 1% an. Die interne Geländeabschattung durch Gegenhänge spielt auf Frankenforst nur eine untergeordnete Rolle. Durch die Angabe morgen- wie abendlicher Horizontabschattungen von +3 Grad über der Horizontalen wird auch der Strahlungsverlust tiefer gelegener Hangbereiche ausreichend approximiert.

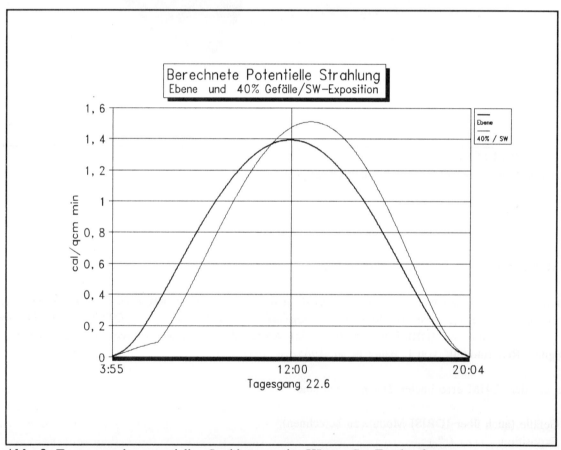

Abb. 8 Tagesgang der potentiellen Strahlung zweier Hänge, Gut Frankenforst

Abbildung 8. verdeutlicht beispielhaft die Differenzierung der potentiellen Einstrahlung anhand der Gegenüberstellung eines Tagesganges einer Ebene zu dem eines geneigten Hanges.

Für die EMergy-Analysen der verschiedenen Anbaufrüchte kann mit Hilfe der entwickelten Modelle der Strahlungsinput während der jeweiligen Kulturperioden mit einer durch die Anbaufrüchte codierten Schlagkarte verschnitten werden. Abb. 9 zeigt eine hierzu dienende digitale Karte des durch das Relief modifizierten aktuellen Globalstrahlungsinputs für das Jahr 1990 .

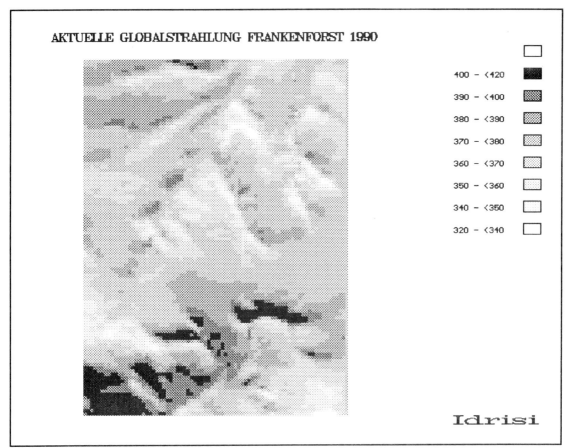

Abb. 9

10. Laufende Arbeiten und Probleme

Ein weiteres Modul für den Inputfaktor Abfluß ist in Arbeit. Mit Hilfe der Wasserhaushaltsgleichung sollen modellhaft die Abflußwerte für einzelne Rasterflächen approximiert werden. Dabei finden die Evapotranspiration, die Interzeption, sowie die Änderung des Bodenwasserhaushalts Berücksichtigung. Zur Bestimmung der Bodenverluste durch Erosion während der Anbauperiode 1989-90 auf Gut Frankenforst soll das Programmpaket IDRIM87 benutzt werden. IDRIM87 wird im Rahmen einer Diplomarbeit erstellt und modifiziert die bereits existierende großrechnergestützte " Universal Soil Loss Equation (MUSEL87)" (Hensel, H. und H.-R. Bork 1988), sodaß eine kompatible Nutzung mit IDRISI möglich wird.

Die flächenbezogenen Energieflußbilanzen für die natürlichen Inputfaktoren des Agrarsystems erfordern einen hohen Arbeitsaufwand zur Modellierung und Programmierung der Parameter. Der Fortgang der Arbeiten ist aber, soweit dies gegenwärtig zu bewerten ist, durch keine unüberwindlichen Schwierigkeiten gefährdet.

Die Bestimmung der ökonomischen Inputfaktoren wird ganz erheblich dadurch erschwert, daß ein großer Teil der notwendigen Energiewerte bisher noch nicht bestimmt wurde. Andere Energiewerte sind zwar bekannt, die Berechnungsverfahren aber nicht zugänglich oder nur unvollständig nachvollziehbar. Ein nicht unerheblicher Teil der bekannten und nachvollziehbaren Energiewerte wird von verschiedenen Autoren so unterschiedlich bewertet, daß eigene Analysen unumgänglich sind.

Probleme besonderer Art entstehen bei der Bewertung von Information. Die Qualifikation eines Diplomlandwirtes kommt beispielsweise in der großen Informationsdichte, die seine Steuerungsentscheidungen bestimmt, zum Ausdruck. Die im Studium erworbene und abgespeicherte Information muß ebenso wie die später hinzugekommene praktische Erfahrung energetisch bewertet und auf die relevanten Entscheidungen eines Wirtschaftsjahres anteilig umgelegt werden. H.T. Odum (1988(2)) hat Vorschläge unterbreitet, wie hochqualifizierte Arbeit bzw. Dienstleistung energetisch zu bewerten ist, denen man nicht in allen Teilen folgen kann. Hier müssen eigene Ansätze entwickelt und erprobt werden.

Die Transformationsraten, deren Kenntnis bei der Umrechnung in Solareinheiten unabdingbar ist, sind für viele relevante Konzentrationsprozesse von H.T. Odum (1988(1)) zusammengestellt worden. In Einzelfällen treten allerdings Widersprüchlichkeiten auf, die nur durch eigene Versuche in Verbindung mit einer regen wissenschaftlichen Kommunikation zu lösen sein werden.

Trotz dieser Probleme zeigen bereits die ersten einfachen EMergy-Bilanzen, daß eine deutliche Verbesserung der Investitionsraten zur Sicherung einer nachhaltigen Landnutzung unumgänglich sein wird.

Zusammenfassung

Seit einigen Jahren werden Versuche angestrebt, die Umwelt als zusätzlichen Produktionsfaktor in die volkswirtschaftliche Ge-samtrechnung zu integrieren. Voraussetzung für die Bewertung aller natürlichen Potentiale, die für den Ablauf wirtschaft-licher Prozesse benötigt werden, ist deren Quantifizierung sowie die Kompatibilität zu den anderen Produktionsfaktoren.
Nach der EMergy - Konzeption des amerikanischen Ökologen H. T. Odum werden am Beispiel des landwirtschaftlichen Betriebes 'Gut Frankenforst' alle natürlichen und ökonomischen In- und Output-faktoren eines Wirtschaftsjahres erfaßt und in Energie- (Solar-) einheiten umgerechnet.
Eine Analyse der Energieflüsse und -speicher eines Agraröko-systems eröffnet die Möglichkeit einer exakten, flächenbezogenen und integrativen Quantifizierung und Bewertung aller Faktoren.
Durch das Ergebnis der Untersuchungen lassen sich Aussagen machen, inwieweit die natürlichen Potentiale in Folge des Pro-duktionsprozesses geschädigt bzw. verbessert wurden. Darüber hinaus sollen Bewirtschaftungsmöglichkeiten erarbeitet werden, die eine nachhaltige Nutzung der Umwelt zum Ziel haben.

Summary

Since several years it has been attempted to integrate the en-vironment as an additional production factor in the total calcu-lation of economy. A precondition for evaluating the natural potentials which are substantial for economic processes is to quantify them and to make them compatible to the production factors.
According to the EMergy-concept of the American ecologist H.T. Odum all natural and economic in- and output factors which occur in a year are recorded and transformed into energy-(solar-) units. The studies are being carried out at the research farm 'Gut Frankenforst'.
The analysis of energy-flows and energy-stores in an agro-ecosystem provide an exact, area-based and integrative quantifi-cation and evaluation of all factors. The study results reveal to which extent the natural potentials were damaged or improved by the production process. Furthermore, agricultural techniques shall be worked out, which guarantee a sustaining use and stability of the ecological factors.

Die Autoren möchten sich bei Herrn Dr. Griese, dem Leiter des Versuchsgutes Frankenforst, für die freundliche Unterstützung herzlich bedanken.

Literatur

AHMAD, Y.I. et al. (Hrsg.): Environmental and Natural Resource Accounting and their Relevance to the Measurement of Substainable Development. Washington 1989

ASHDOWN, M. & SCHALLER, J.: Geographische Informationssysteme und ihre Anwendung in MAB-Projekten, Ökosystemforschung und Umweltbeobachtung. in: MAB-Mitteilungen, 34, 1990

BAUER, J. et al: Ein digitales Reliefmodell als Voraussetzung für ein deterministisches Modell der Wasser und Stoffflüsse. in: Landschaftsgenese und Landschaftsökologie, 10, 1985

DOROW, F.: Probleme der monetären Bewertung in einer umweltökonomischen Gesamtrechnung. in: Hölder et al. (Hrsg.), Stuttgart 1991

HARRISON, A.: Introducing Natural Capital into the SNA. in: Ahmad, Y.I. et al. (Hrsg.)

HAUFF, V. (Hrsg.): Unsere gemeinsame Zukunft. Der Brundtland-Bericht der Weltkommission für Umwelt und Entwicklung. Greven 1987

HENSEL, H. & H.-R. BORK: EDV-gestützte Bilanzierung von Erosion und Akkumulation in kleinen Einzugsgebieten unter Verwendung der modifizierten Universal Soil Loss Equation. in: Landschaftsökologisches Messen und Auswerten, 2.2/3, 1988

HÖLDER, E et al (Hrsg.): Wege zu einer Umweltökonomischen Gesamtrechnung. Forum der Bundesstatistik, Bd. 16, Stuttgart 1991

JUNGHANS, H.: Sonnenscheindauer und Strahlungsempfang geneigter Ebenen. Berlin 1969

KLAUS, D.: Vom Sein zum Werden - Räumliche Systeme mit chaotischer Dynamik. in: Geographische Rundschau, 2, 1991

KURATORIUM FÜR TECHNIK UND BAUWESEN IN DER LANDWIRTSCHAFT E.V. (Hrsg.): Energie und Agrarwirtschaft. KTBL-Schrift 320, Münster-Hiltrup 1987

LEIPERT, CH.: Die heimlichen Kosten des Fortschritts. Frankfurt 1989

ODUM, H.T. & E.C. ODUM: Odum Energy Analysis Overview of Nations - Workingpaper. Laxenburg 1983

ODUM, H.T.: Energy Analysis of the Environmental Role in Agriculture. in: Stanhill, G. (Hrsg.): Energy and Agriculture. Advanced Series in Agricultural Science 14, Berlin 1984

ODUM, H.T.: Energy, environment and public policy - A guide to the analysis of systems. in: UNEP Regional Seas reports and Studies, 95, 1988(1)

ODUM, H.T.: Self-Organization, Transformity and Information. in: Science, Vol. 242, 1988(2)

PIMENTEL, D. & M. PIMENTEL: Food, Energy and Society. New York 1979

ROBINSON, G.D.: Solar Radiation. Amsterdam, London 1966

RUHR-STICKSTOFF-AG (Hrsg.): Faustzahlen für Landwirtschaft und Gartenbau. Münster-Hiltrup 1988 (11. überarb. Aufl.)

SCHALLER, J.: Anwendung geographischer Informationssysteme an Beispielen landschaftsökologischer Forschung und Lehre. in: Verhandlungen der Gesellschaft für Ökologie, 13, 1985

VALENZUELA, C.R. und M.F. BAUMGARDNER: Selection of appropriate cell size for thematic maps. in: ITC Journal, 3, 1990

VERZEICHNIS DER AUTOREN DIESES BANDES

Dipl.-Geogr. Dirk Barion	Geographisches Institut der Universität Bonn Meckenheimer Allee 166 5300 Bonn 1
Prof. Dr. Achim Boesler	Geographisches Institut der Universität Bonn Meckenheimer Allee 166 5300 Bonn 1
Dr. Johannes Botschek	Institut für Bodenkunde der Universiät Bonn Nußallee 13 5300 Bonn 1
Dipl.-Geogr. Harald Bühre	Geographisches Institut der Universität Bonn Meckenheimer Allee 166 5300 Bonn 1
Dipl.-Geogr. Karl-Heinz Erdmann	MaB-Geschäftsstelle der BFANL Konstantinstr. 110 5300 Bonn 2
Prof. Dr. Wolfgang-Albert Flügel	Geographisches Institut der Universität Bonn Meckenheimer Allee 166 5300 Bonn 1
Prof. Dr. Jörg Grunert	Geographisches Institut der Universität Bonn Meckenheimer Allee 166 5300 Bonn 1
Dipl.-Geogr. Ulrike Hardenbicker	Geographisches Institut der Universität Bonn Meckenheimer Allee 166 5300 Bonn 1
Dirk Haserich	Geographisches Institut der Universität Bonn Meckenheimer Allee 166 5300 Bonn 1
Prof. Dr. Dieter Klaus	Geographisches Institut der Universität Bonn Meckenheimer Allee 166 5300 Bonn 1
Prof. Dr. Stefan Luckhaus	Institut für Angewandte Mathematik Wegelerstr. 6, 10, Beringstr. 6 5300 Bonn 1
Dipl.-Geogr. Brigitte Odinius	Geographisches Institut der Universität Bonn Meckenheimer Allee 166 5300 Bonn 1
Dipl.-Geogr. Sabine Roscher	BFANL Konstantinstr. 110 5300 Bonn 2
Dipl.-Geogr. Petra Sauerborn	Geographisches Institut der Universität Bonn Meckenheimer Allee 166 5300 Bonn 1
Prof. Dr. Heinz Schöler	Hygieneinstitut Bonn-Venusberg 5300 Bonn 1
Prof. Dr. Armin Skowronek	Institut für Bodenkunde der Universiät Bonn Nußallee 13 5300 Bonn 1
Dipl.-Geogr. Maternus Thöne	Geographisches Institut der Universität Bonn Meckenheimer Allee 166 5300 Bonn 1

Markus Weber	Geographisches Institut der Universität Bonn Meckenheimer Allee 166 5300 Bonn 1
Dipl.-Ing.agr. Thomas Weyer	Institut für Bodenkunde der Universiät Bonn Nußallee 13 5300 Bonn 1
Dr. Harald Zepp	Geographisches Institut der Universität Bonn Meckenheimer Allee 166 5300 Bonn 1